国家示范性高职院校优质核心课程系列教材

动物科学基础

姜凤丽　主编

中国农业大学出版社
·北京·

内 容 简 介

全书共分十二项任务,从动物体的基本结构细胞开始,分别介绍了动物体的基本组成与结构,动物体内有机物、无机物的代谢过程,动物体内各系统、器官、组织的生理功能,拓宽了教材的适用范围。

图书在版编目(CIP)数据

动物科学基础/姜凤丽主编. —北京:中国农业大学出版社,2011.1(2017.7 重印)
ISBN 978-7-5655-0160-9

Ⅰ.①动… Ⅱ.①姜… Ⅲ.①动物学 Ⅳ.①Q95

中国版本图书馆 CIP 数据核字(2010)第 241833 号

书　名	动物科学基础		
作　者	姜凤丽　主编		
策划编辑	董　田　伍　斌	责任编辑	莫显红
封面设计	郑　川	责任校对	陈　莹　王晓凤
出版发行	中国农业大学出版社		
社　址	北京市海淀区圆明园西路 2 号	邮政编码	100193
电　话	发行部 010-62818525,8625	读者服务部	010-62732336
	编辑部 010-62732617,2618	出　版　部	010-62733440
网　址	http://www.cau.edu.cn/caup		
经　销	新华书店	e-mail:	cbsszs @ cau.edu.cn
印　刷	北京鑫丰华彩印有限公司		
版　次	2011 年 1 月第 1 版　2017 年 7 月第 4 次印刷		
规　格	787×980　16 开本　21 印张　385 千字		
定　价	36.00 元		

图书如有质量问题本社发行部负责调换

国家示范性高职院校优质核心课程系列教材
建设委员会成员名单

主 任 委 员　蒋锦标

副主任委员　荆　宇　宋连喜

委　　　员　（按姓名汉语拼音排序）

蔡智军	曹　军	陈杏禹	崔春兰	崔颂英	丁国志
董炳友	鄂禄祥	冯云选	郝生宏	何明明	胡克伟
贾冬艳	姜　君	姜凤丽	李继红	梁文珍	钱庆华
乔　军	曲　强	田长永	田晓玲	王国东	王润珍
王艳立	王振龙	相成久	肖彦春	徐　凌	薛全义
姚卫东	邹良栋				

编审人员

主　编　姜凤丽(辽宁农业职业技术学院)

副主编　宋连喜(辽宁农业职业技术学院)

　　　　曲　强(辽宁农业职业技术学院)

　　　　于　明(辽宁农业职业技术学院)

　　　　刘衍芬(辽宁农业职业技术学院)

　　　　谢拥军(湖南岳阳职业技术学院)

　　　　李佳伶(沈阳农业大学高职技术学校)

参　编　温　萍(辽宁农业职业技术学院)

　　　　杨荣芳(辽宁农业职业技术学院)

　　　　刘慧娟(辽宁农业职业技术学院)

　　　　谢淑玲(辽宁农业职业技术学院)

　　　　李春华(辽宁农业职业技术学院)

　　　　王艳立(辽宁农业职业技术学院)

　　　　陈晓军(辽宁农业职业技术学院)

　　　　崔春兰(辽宁农业职业技术学院)

　　　　谷思燚(辽宁农业职业技术学院)

　　　　王申锋(河南农业职业学院)

　　　　裴严军(荆州职业技术学院)

主　审　田长永

序

　　我国高等职业教育在经济社会发展需求推动下,不断地从传统教育教学模式中蜕变出新,特别是近十几年来在国家教育部的重视下,高等职业教育从示范专业建设到校企合作培养模式改革,从精品课程遴选到"双师型"教师队伍构建,从质量工程的开展到示范院校建设项目的推出,经历了局部改革到全面建设的历程。教育部《关于全面提高高等职业教育教学质量的若干意见》(教高[2006]16号)和《教育部、财政部关于实施国家示范性高等职业院校建设计划,加快高等职业教育改革与发展的意见》(教高[2006]14号)文件的正式出台,标志着我国高等职业教育进入了全面提高质量阶段。切实提高教学质量已成为当前我国高等职业教育的一项核心任务。而以课程为核心的改革与建设成为高等职业院校当务之急。目前,教材作为课程建设的载体、教师教学的资料和学生的学习依据,存在着与当前人才培养需要的诸多不适应。一是传统课程体系与职业岗位能力培养之间的矛盾;二是教材内容的更新速度与现代岗位技能的变化之间的矛盾;三是传统教材的学科体系与职业能力成长过程之间的矛盾。因此,加强课程改革、加快教材建设已成为目前教学改革的重中之重。

　　辽宁农业职业技术学院经过10年的改革探索和3年的示范性建设,在课程改革和教材建设上取得了一些成就,特别是示范院建设中的32门优质核心课程作为物化成果之一,教材现均已结稿付梓,即将与同行和同学们见面交流。

　　本系列教材力求以职业能力培养为主线,以工作过程为导向,以典型工作任务和生产项目为载体,立足行业岗位要求,参照相关的职业资格标准和行业企业技术标准,遵循高职学生成长规律、高职教育规律和行业生产规律进行开发建设。教材建设过程中广泛吸纳了行业企业专家的智慧,按照任务驱动、项目导向教学模式的需求,构建情境化学习任务单元,在内容选取上注重了学生可持续发展能力和创新能力培养,教材具有典型工学结合特征。

　　本套以工学结合为主要特征的系列化教材的正式出版,是学院不断深化教学改革,持续开展工作过程系统化课程开发的结果,更是国家示范院建设的一项重要成果。本套教材是我校多年来开展按农时季节工艺流程工作程序开展教学活动的一次理性升华,也是借鉴国外职业教育经验的一次探索尝试,这里面凝聚了各位编委的大量心血与智慧。希望该系列教材的出版能为推动基于工作过程系统化课程体系建设和促进人才培养质量提高提供更多的方法及路径,能为全国农业高职院校的教材建设起到积极的引领和示范作用。当然,系列教材涉及的专业较多,编者对现代教育理念的理解不一,难免存在各种各样的问题,希望得到专家的斧正和同行的指点,以便我们改进。

该系列教材的正式出版得到了姜大源、徐涵等职业教育专家的悉心指导,同时,也得到了化学工业出版社、中国农业大学出版社及相关行业企业专家和有关兄弟院校的大力支持,在此一并表示感谢!

蒋锦标

2010 年 12 月

前　言

　　动物科学基础是畜牧兽医类专业的一门专业平台课程，主要任务是说明动物的生长基础、动物的基本组织结构和功能、动物生长发育的基本原理及过程，论述的是动物正常的组织结构与生理功能以及体内的代谢过程的一般规律。学习专业平台课程的目的就是在遵循动物生长发育自然规律的前提下，通过良好的饲养管理，影响动物的生长状态，让动物更好地为人类服务。

　　由于长期受学科体制、学科教育的影响，动物类专业的专业平台课程仍然以家畜解剖学、家畜生理学、动物生物化学的面目存在，即使是有所改革，也只是在内容和授课时间上加以压缩，新的课程结构和内容体系并没有形成，相应的教学材料更没有达到职业教育的标准。

　　按照职业教育教学改革的要求，2007 年我们以《家畜解剖学》、《家畜生理学》、《动物生物化学》为基础，以为专业服务和"必需、够用"为原则，结合专业课教学内容，以任务为载体，打破学科体系，进行充分整合，删繁就简，重新形成新的结构体系，编写了《动物科学基础》。经过几年的教学实践，也为了适应高职教育发展的需求，在保证教材先进性和科学性的基础上，力求突出教材的适用性，又重新设计编写了本教材，力求体现理实一体化，在传统教材的模式上进行了大胆的改革尝试，拉近了课程与后续专业课程及专业活动的距离，充分体现了课程的平台作用。

　　全书分十二项任务，从动物体的基本结构——细胞开始，分别介绍了动物体的基本组成与结构，动物体内有机物、无机物的代谢过程，动物体内各系统、器官、组织的生理功能，拓宽了教材的适用范围。

　　全书每一项任务都设有学习目标、学习方法、相关内容，每一任务后有课后练习，以便于学生掌握主要内容。在正文中适当穿插了知识链接栏目，作为知识的延伸部分。理论与生产实际结合，旨在增强教材趣味性，加强与专业课程及专业活动的联系。此外，教材在内容安排上尽量做到重点突出，详略得当。在内容阐述上力求语言简练，条理清晰，深入浅出，通俗易懂，图文并茂，以便增强教材的直观性和

1

概括性。

本书任务一由姜凤丽设计编写,任务二由于明、裴严军设计编写,任务三由李桂伶设计编写,任务四由王申锋、崔春兰设计编写,任务五由谢拥军、谷思燊设计编写,任务六由刘衍芬、温萍设计编写,任务七由宋连喜设计编写,任务八由杨荣芳、刘慧娟设计编写,任务九由谢淑玲、李春华设计编写,任务十由王艳立、陈晓军设计编写,任务十一由姜凤丽、李桂伶设计编写,任务十二由曲强、宋连喜设计编写。全书由姜凤丽、宋连喜统稿,田长永主审。

本书中的插图主要摘自《家畜解剖》(范作良)、《家畜生理》(范作良)、《动物生物化学》(刘莉)、《生物化学》(杨志敏、蒋立科)、《畜禽解剖学》(陈耀星)、《动物生物化学》(张喜南)、《家畜繁殖学》(张忠诚)等书籍,在此表示感谢。

在本教材出版之际,仅向为本教材编写工作提供过帮助和支持的所有人士表示诚挚的谢意!

由于编者水平有限,加之时间仓促,教材中难免有疏漏、不足甚至错误之处,恳请同行及专家批评指正。

《动物科学基础》编写组

2010 年 8 月 20 日

目　录

任务一 动物细胞结构、活动观察识别

学习目标

● 熟练掌握细胞结构及各种物质的生理活动。
● 能正确解决生产及临床的实际问题。

学习方法

相关内容学习结合实际操作。

相关内容

细胞是生物有机体形态结构、生理功能和遗传发育的基本单位。单个细胞具有新陈代谢、生长发育、繁殖、遗传和变异等全部生命过程,但不能单独实现多细胞机体的完整生命过程。

子任务一 动物细胞基本结构观察

学习目标

熟练掌握细胞结构特点及功能。

学习方法

相关内容学习结合实际操作。

相关内容

一、细胞的形态和大小

构成动物机体的细胞形态多种多样,有圆形、扁平形、多边形、梭形或长圆柱形、星形等。细胞的大小相差悬殊,细胞的形态和大小与其执行的功能和所处的部位密切相关。

二、细胞的构造与功能

动物细胞由细胞膜、细胞质和细胞核三部分组成(图 1-1)。

(一)细胞膜

细胞膜是细胞表面一层连续而封闭的界膜,亦称原生质膜或细胞质膜。它起着维持细胞内环境相对稳定的作用,同时完成调节细胞的物质交换、代谢活动、信息传递和细胞识别等功能。

生物膜是细胞膜、核被膜及构成各种膜性细胞器(如线粒体、内质网、高尔基复合体、溶酶体等)膜的统称,都具有基本相同的结构和组成,但又各具特点。

1. 细胞膜的结构　细胞膜的是由脂质双层镶嵌球蛋白构成,此外还有少量多糖。这些多糖与膜脂、膜蛋白结合,形成糖脂和糖蛋白,并从细胞膜外表面伸出覆盖在细胞外表面形成外膜。这些糖类在细胞膜上不是杂乱无章地随意分布,而是细胞行为的表面标志,它们与细胞的抗原结构、受体、细胞免疫、细胞识别和细胞癌变均有密切关系。

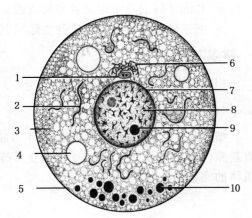

1.中心体　2.线粒体　3.细胞质　4.液泡　5.细胞膜
6.内质网　7.核膜　8.核质　9.核仁　10.内含物

图 1-1　细胞结构模式图

2. 细胞膜的功能

(1)物质运输:细胞内液和细胞外液间的物质交换均需通过细胞膜。

①扩散作用:物质从高浓度区通过细胞膜运送到低浓度区的不耗能过程。物质扩散速度不仅取决于浓度梯度、物质粒子大小和电荷,脂溶度也起一定的决定作用。

②主动运输:某些物质可以逆浓度梯度进入或移出细胞。必须依靠细胞膜上的"泵",并需 ATP 为载体蛋白直接提供能量。

【知识链接】如转运 Na^+、K^+ 的钠钾泵等,实际上就是 Na^+-K^+ ATP 酶,是膜中的内在蛋白,可以把细胞内的 Na^+ 泵出细胞外,同时把 K^+ 泵入细胞内。另一种对细胞基本功能有重要作用的是钙泵,即 Ca^{2+} ATP 酶。

③胞吞作用与胞吐作用:大分子物质不能以渗透方式跨越细胞膜,而是通过细胞膜本身的运动,以形成小泡的方式将细胞外物质摄入细胞内,即胞吞作用;而胞吐作用则是把胞质小泡内的大分子物质排出细胞外。胞吞作用和胞吐作用需能量供应,也需肌动蛋白和肌球蛋白的参与。

(2)构成受体:细胞膜上有的蛋白质可作为受体,能接受外界化学信号,如激素、神经递质、药物等的作用。信号与细胞膜的受体相结合,引起受体蛋白发生构型变化,导致细胞内部继发一系列生理效应。

【知识链接】细胞膜上的受体种类很多,如激素受体、神经递质受体、抗原受体等。不同的受体接受不同的信号,引起细胞内不同的生理反应。

(3)细胞膜抗原:细胞膜上有些蛋白质和糖标记着种、属、个体以及各型细胞的特征,它们对另一种动物或个体可作为抗原,使其产生相应的抗体,从而引起免疫反应。此外,细胞膜还参与细胞的运动、细胞分化和保护等作用。

【知识链接】存在于各种细胞和血小板膜上的组织相容性抗原以及红细胞膜上与血型有关的血型抗原等。同型细胞借此相互识别,对异体组织或器官产生排斥;输血时要求血型相同。

(二)细胞质

细胞质是细胞内进行代谢作用和执行各种机能活动的场所,包括细胞质基质、细胞器和细胞内含物。

1. 基质 是半透明胶状物质,含较多蛋白质,约占细胞蛋白质总量的 20%~25%,由水、糖类、脂类、无机盐和酶类等组成。

2. 细胞器 是细胞质内具有一定形态结构和化学组成、执行一定生理功能的结构。动物细胞中具备界膜的细胞器包括线粒体、内质网、高尔基复合体、溶酶体和过氧化物酶体,其中线粒体具有由双层单位膜组成的界膜,并独立存在于细胞质中。

细胞质内非膜性细胞器主要有核糖体、微管和微丝等。

3. 内含物 是细胞质内具有一定形态的营养物质或代谢产物,包括脂肪、糖原、蛋白质、分泌颗粒及色素颗粒等。

(三)细胞核

细胞核是细胞遗传物质的储存场所和细胞机能的控制中心,哺乳动物体内除成熟红细胞没有核外,其余细胞均有细胞核。

一个细胞通常含一个细胞核,但骨骼肌细胞可有数百个核。核通常位于细胞中央,但也有位于细胞基部或偏于一侧的。细胞核的体积随细胞周期而变化,准备分裂的间期细胞核比刚分裂后的细胞核要大些;代谢活性高的细胞,其核略大于生理活性低的细胞。

1. **细胞核的构造** 细胞核由核膜、核基质、核仁和染色质构成。

(1)核膜:是细胞核表面由两层单位膜组成的被膜,它将核物质与细胞质隔开。核膜最重要的功能是调节细胞核与细胞质间的物质交换,核膜外层附有核糖体,说明它有合成蛋白质的功能。

(2)核基质:除去核膜、核仁和染色质以外,存在于细胞核内的物质称核基质,含有水、无机盐和多种酶类,如 DNA 聚合酶、核糖核酸酶等。核基质为核内代谢提供稳定的良好环境,也为核内物质运输和可溶性代谢产物提供必要的介质。

(3)核仁:核仁是球形的致密体,直径 $2\sim5~\mu m$,一个细胞核内常有 $1\sim2$ 个核仁,也有 $3\sim5$ 个者。核仁无界膜包裹,主要由纤维成分、颗粒成分和核仁基质组成。核仁与细胞内蛋白质合成有密切关系。

(4)染色质:染色质是遗传物质的一种存在形式,是由脱氧核糖核酸(DNA)、核糖核酸(RNA)、组蛋白和非组蛋白组成的纤维状复合物。染色质分散存在于核内,当细胞进行有丝分裂时,染色质高度螺旋化,卷曲成染色体,并在核膜消失后,散布于细胞质中。因此,染色质和染色体的组成成分相同,但构型各异,相间地出现于细胞周期中的不同功能阶段。

染色体的数目和形状随动物种类而异,但各种动物染色体的数目和构型是恒定的。

【知识链接】不同动物的染色体数:马 64 条,牛 60 条,猪 38 条,绵羊 54 条,山羊 60 条,驴 62 条,鸡 78 条,鸭 80 条。染色体在体细胞内的数目是二倍体,即双倍体,而在成熟的性细胞(如精子中),其数目只有体细胞的一半,为单倍体。在体细胞的染色体中,每两个同源染色体相互配对。

2. **细胞核的功能** 细胞核一方面通过储存在 DNA 上亲代的遗传物质的复制和传递,于细胞分裂时传给子代,并影响子代的性状;另一方面在分裂间期通过 DNA 上遗传信息的转录和翻译,合成各种蛋白质(包括酶)。

三、细胞的生命现象

(一)细胞繁殖

细胞以分裂的方式进行繁殖。细胞分裂是细胞一分为二的增殖过程,从而产生新细胞,借以促进机体的生长、发育及补充衰老死亡的细胞。细胞分裂包含细胞核和细胞质的分裂,主要有三种形式:无丝分裂、有丝分裂和减数分裂。

(二)细胞分化、衰老和死亡

细胞分化是指在个体发育进程中,细胞发生化学组成、形态结构和功能彼此互异逐步改变的现象。如动物由一个简单的受精卵转变成具有高度复杂性和结构性的胚胎,而后又发育成具有多种复杂生理功能的完整的个体。衰老和死亡。细胞分化存在于生物体的整个生命过程之中,在胚胎期表现明显。

【知识链接】不同类型细胞的寿命差异很大,一般说来,高度分化的神经元和肌细胞在出生后停止分裂,其寿命可与个体寿命等长;红细胞在血液循环中存留约120天;中性粒细胞在正常情况下仅活8天。

子任务二　酶的生理功能观察

学习目标

掌握影响酶活性因素,解决生产及临床的实际问题。

学习方法

相关内容学习结合实际操作。

一、原理

酶是指化学本质为蛋白质的生物催化剂。在一定条件下,酶促反应进行的能力为酶活性(酶活力)。影响酶活性的因素是多方面的,如温度、pH 及某些化学物质等都会影响酶的催化活性。在一定条件下,能使酶活性达到最高时的温度即酶的最适温度,而能使酶活性达到最高时的 pH 即酶的最适 pH。例如,唾液淀粉酶的最适温度是 37℃,而最适 pH 是 6.8。能增高酶活性的物质称为酶的激活剂,能降低酶活性却又不使酶变性的物质叫酶的抑制剂。凡能使蛋白质变性的因素都可以使酶因变性而丧失活性。酶活性通常是通过测定酶促化学反应的底物或产物量的变化来进行观察的。

淀粉————————————糊精————————————→麦芽糖＋淀粉
加碘后:蓝色　　　　紫红色、暗红色或红色等　　棕黄色、碘本身颜色本实验用唾液淀粉酶为材料来观察酶活性受理化因素影响的情况。唾液中含有唾液淀粉酶,唾液淀粉酶的底物是淀粉。淀粉在该酶的催化作用下会随着时间的延长而出现不同程度的水解,从而得到各种糊精乃至麦芽糖、少量葡萄糖等水解产物。而碘液能指示淀粉的水解程度—淀粉遇碘可呈紫色、暗褐色与红色,而麦芽糖与葡萄糖遇碘则不呈颜色反应。

二、试剂及器材

(1)0.5%(W/V)淀粉溶液:称取 0.5 g 可溶性淀粉,加少量预冷的蒸馏水,在研钵中调成糊状,再徐徐倒入约 90 mL 沸水,同时不断搅拌,最后加水定容为100 mL 即成。要求新鲜配制。

(2)稀碘溶液:称取 1.2 g I_2、2 g KI,加少量蒸馏水溶解后,再加蒸馏水至200 mL。保存于棕色瓶中,用前 5 倍稀释。

(3)不同 pH 溶液:

A 液——0.2 mol/L Na_2HPO_4 溶液:称取 35.62 g $Na_2HPO_4 \cdot 12H_2O$,将之溶于蒸馏水后定容至 1 000 mL。

B 液——0.1 mol/L 柠檬酸溶液:称取 19.212 g 无水柠檬酸,将之溶于蒸馏水后定容 1 000 mL。

①pH 5.0 缓冲液——取 A 液 10.3 mL、B 液 9.7 mL 混合而成。

②pH 6.8 缓冲液——取 A 液 14.55 mL、B 液 5.45 mL 混合而成。

③pH 8.0 缓冲液——取 A 液 19.45 mL、B 液 0.55 mL 混合而成配好缓冲液后应用酸度计验证。

(4)0.5%(W/V)蔗糖溶液:称取蔗糖 0.5 g,将之溶于蒸馏水后定容 100 mL。

(5)斑氏试剂:

A 液——称取无水 $CuSO_4$ 17.4 g,将之溶于 100 mL 预热的蒸馏水中,冷却后用蒸馏水稀释至 150 mL。

B 液——称取柠檬酸钠 173 g、Na_2CO_3 100 g,再加蒸馏水 600 mL,加热溶解后冷却,用蒸馏水稀释至 850 mL。

将 A 液与 B 液混合即得斑氏试剂。

(6)1%(W/V):NaCl 溶液:称取 NaCl 1 g,将之溶解后用蒸馏水稀释至100 mL。

(7)1%(W/V)$CuSO_4$ 溶液:称取无水 $CuSO_4$ 1 g,将之溶解后用蒸馏水稀释至100 mL。

(8)白瓷板(或比色板)。

(9)恒温水浴锅。

(10)电炉。

三、方法与步骤

(一)酶液的提取本实验采用人的唾液淀粉酶

用水漱口 2 次,然后含一口蒸馏水约 1 min,吐入小烧杯中,如浑浊可用二层纱布过滤,取滤液 10 mL 加水 1～3 倍,备用。

(二)酶的活性实验

1. 温度对酶活性的影响 取 4 支试管,编好号,按表 1-1 操作。

表 1-1

管号	淀粉液（mL）	稀释唾液（mL）	水温（℃）	颜色
1	3	1	0	
2	3	1	0	
3	3	1	37～40	
4	3	1	90 左右	

(1)在比色板各孔中加碘液 1 滴,每隔 1～2 min 用滴管从第三管中取反应液重滴,滴入比色板一孔中,观察碘液颜色变化。每次取反应液之前,都应将滴管洗净后才能取反应液。待检查到碘液颜色不变时,取出第四管冷却后,再取出第一管,两管同时各加入碘液 1 滴,观察颜色变化。

(2)取出第二管置于 37～40℃水浴中,10 min 后,加入 2 滴碘液,将其颜色与第一管比较,观察有何变化?

2. pH 对酶活性的影响 取 3 支试管,编号后按表 1-2 操作。

表 1-2   mL

管号	淀粉液	pH 5 缓冲液	pH 6.8 缓冲液	pH 8 缓冲液	酶液	颜色反应
1	3	1	0	0	1	
2	3	0	1	0	1	
3	3	0	0	2	1	

混匀,置 37～40℃水浴箱中。每隔 1 min,从 2 号管中取 1 滴反应液与碘混合观察,待呈黄色时,向各试管中加入 1～2 滴碘液,充分混匀,观察并记录各管内的

颜色变化。

3. 激活剂和抑制剂对酶活性的影响　取 3 支试管按表 1-3 操作。

表 1-3

mL

管号	淀粉液	1% $CuSO_4$	0.5% NaCl	酶液	蒸馏水	颜色
1	2	1	0	1	0	
2	2	0	1	1	0	
3	2	0	0	1	1	

混匀，置于 $37\sim40\,^\circ\!C$ 水浴箱中。每隔 $1\sim2$ min，在比色板上用碘液检查 2 号管，待碘液不变色时，再向各管中加入碘液 $1\sim2$ 滴，观察各管内容物的颜色变化。

4. 酶的专一性　取 2 支试管，按表 1-4 操作。

表 1-4

mL

管号	淀粉液	蔗糖液	酶液	现象
1	2	0	1	
2	0	2	1	

将试管放入 $37\sim40\,^\circ\!C$ 水浴箱中，保温 10 min 左右，取出后向各管加入班氏试剂 1.0 mL，放入沸水中煮数分钟，观察现象。

相关内容

一、酶的概念

动物细胞的新陈代谢是通过许多化学反应完成的。酶是由活细胞产生的，在细胞内外起催化作用的蛋白质，又称为生物催化剂。而动物体内所有由酶催化的反应则称为酶促反应。

二、酶的化学组成

酶的化学本质是蛋白质。近年来人们已搞清了几十种酶的氨基酸排列顺序，而且还人工合成了核糖核酸酶等。

(一)酶的分类

1. 根据酶分子的组成，可将酶分为两大类

(1)单纯蛋白质酶类：单纯蛋白质酶类完全由氨基酸所组成，酶分子中不含非

蛋白质物质。如淀粉酶、蛋白酶、核糖核酸酶等。

(2)结合蛋白酶类:这类酶分子中除蛋白质部分外,还含有非蛋白质部分,蛋白质部分称为酶蛋白,决定酶的专一性。非蛋白质部分称为辅助因子,酶蛋白与辅助因子单独存在时,均无活力,二者结合后才有活力称为全酶。

$$全酶＝酶蛋白＋辅助因子$$

辅助因子包括金属离子和小分子的有机化合物。金属离子可以参加酶的活性中心,传递电子或在底物与酶之间起桥梁作用。有机物中有些与酶蛋白结合牢固的称为辅基,有些与酶蛋白结合疏松的,可用透析法除去的称为辅酶。但二者之间无严格界限,主要是由维生素和核苷酸构成的。

(3)常见的辅酶和辅基:

①维生素 PP 和 NAD^+ 和 $NADP^+$:

NAD^+:尼克酰胺腺嘌呤二核苷酸,也称辅酶Ⅰ。

$NADP^+$:尼克酰胺腺嘌呤二核苷酸磷酸,也称辅酶Ⅱ。

NAD^+ 和 $NADP^+$ 是脱氢酶的辅酶,是由维生素 PP 形成的,在生物体内起到传递氢的作用,NAD^+ 和 $NADP^+$ 接受氢形成 NADH 和 NADPH(图 1-2)

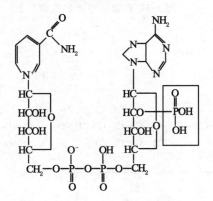

图 1-2　NAD^+ 和 NADP 的结构

②维生素 B_2 和 FMN 和 FAD:

FMN——黄素单核苷酸;FAD——黄素腺嘌呤二核苷酸。

FMN 和 FAD 是黄素脱氢酶的辅酶,是由核黄素形成的,亦起到传递氢的作用,FMN 和 FAD 接受氢后形成 $FMNH_2$ 和 $FADH_2$(图 1-3)

③泛酸和辅酶 A(图 1-4)　辅酶 A(CoA～SH)是传递酰基的。

④维生素 B_6 和磷酸吡哆醛、磷酸吡哆胺:

磷酸吡哆醛和磷酸吡哆胺是转氨酶的辅酶,是由维生素 B_6 中的吡哆醛和吡哆胺形成的。

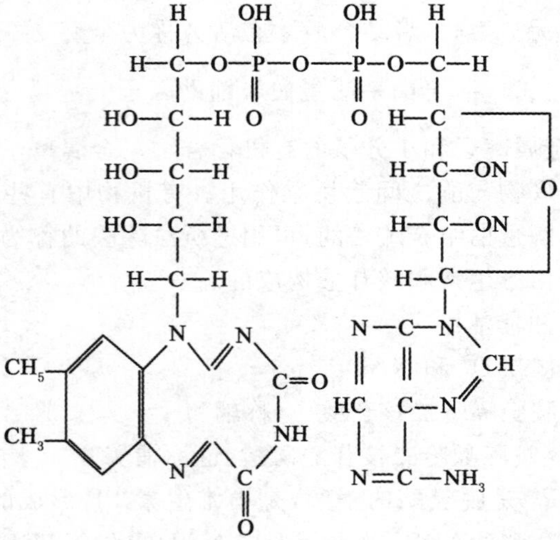

图 1-3　黄素腺嘌呤二核苷

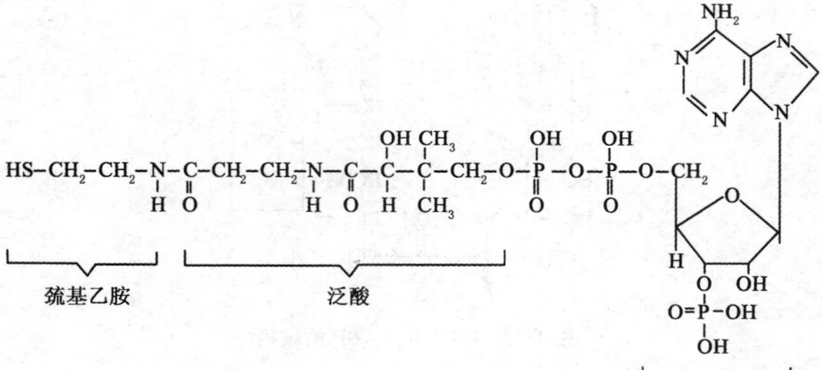

图 1-4　辅酶 A 结构

2. 单体酶、寡聚酶和多酶复合体

依据酶蛋白结构的特点,可将酶分为单体酶,寡聚酶和多酶复合体。

(1)单体酶类:这类酶是由一条肽链组成,相对分子质量为 13 000～35 000。

多为水解酶,均属球蛋白。如核糖核酸酶、胃蛋白酶(原)、羧基肽酶(原)等。

(2)寡聚酶:由两个或多个亚基组成的酶称为寡聚酶。相对分子质量由3.5万至几百万,其酶蛋白都有四级结构。如己糖激酶[4](4-亚基数目下同)、磷酸果糖激酶[2]等。

(3)多酶复合体:多酶复合体是由多种酶通过非共价键结合形成的一种多酶络合物,一般由2～6个功能相关的酶组成,它们互相配合,依次进行连续的一系列催化反应。这种作用除有利于一系列反应的连续进行外,对于保证代谢的方向、速度和不受干扰等均有重要意义。

(二)酶的结构与功能

1. 酶的活性中心　酶的活性中心是指酶分子中能直接与底物作用或结合形成酶底物复合物,并催化底物发生化学变化的特殊部位,又称活性部位或活性区域(图1-5)。

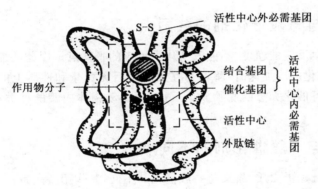

图1-5　酶的活性中心示意图

通常酶的活性中心包括两个部分:与底物结合的部分称为结合中心(部位);催化底物发生化学变化的部分称催化中心(部位),有些酶这两个中心不易区分。

酶活性中心是酶起催化作用的关键部位。活性中心的基团按其功能可分为两类:与底物结合的基团称为结合基团,催化底物发生化学变化的基团称为催化基团,两者均属于活性中心内的必需基团。而位于活性中心以外能形成和维持酶活性中心的构象,使活性中心有关基团保持最适空间位置的基团,则称为活性中心以外的必需基团。以上这些与酶催化作用有关的基团均称为酶的必需基团。

2. 酶原和酶原的激活 动物体内有些酶在细胞内合成以及刚分泌出来时,是一种没有活性的蛋白质——酶的前身物,称为酶原,如胃蛋白酶原,胰蛋白酶原、凝血酶原等。但丧失活性的酶不能称为酶原。

从无活性的酶原转变成有活性的酶,这一转变过程称为酶原的激活。酶原在一定条件下经适当的物质作用,切断一个或几个特殊的肽键,使酶分子中某些肽段脱落,从而使酶分子构象发生一定的改变,形成有活性的酶,这种能使酶原激活的物质称为致活剂,致活剂本身是酶则称致活酶;还有一些酶能激活同类酶原,这种作用称自身致活。

3. 同工酶 同工酶是指一些结构不同而能催化同一化学反应的酶。自 1959年发现乳酸脱氢酶(LDH)同工酶以来,已陆续发现的同工酶约有 500 种,其中研究最多的是 LDH 同工酶。

三、酶的作用特点

(一)酶与一般催化剂的共同点

能加速化学反应的速度,不能改变化学反应的平衡点。因此酶能加速正、逆反应的进行;在催化反应加速时,酶本身在反应前后无数量和性质上的变化,因而只需少量的酶即可催化大量的底物发生反应,因此动物体内酶的种类虽多但每种酶的含量却很少。

(二)酶与一般催化剂的不同点

由于酶本身是蛋白质,故又与一般催化剂不同,其作用特点是:

1. 反应条件温和 酶促反应必须在常温(37℃)、常压(1 个大气压)和 pH 近中性的溶液条件下进行。高温、高压强酸和强碱等剧烈条件都会导致酶蛋白变性,从而使酶失去催化活性。

2. 催化效率极高 酶催化效率极高,通常比一般催化剂高 $10^6 \sim 10^{13}$ 倍。例如过氧化氢酶和铁离子都能催化 H_2O_2 分解为 H_2O 和 O_2。在相同条件下,过氧化氢酶比铁离子催化同一反应的速度快 10^{11} 倍。

3. 具有高度专一性 酶只能催化某一类或某一种特定的反应,生成特定的产物。酶对底物的这种选择性,称为酶的专一性。酶比一般催化剂的选择性严格得多。酶的专一性有下列三种类型:

(1)绝对专一性:这一类酶对于底物的结构及反应类型要求非常严格,只能催化一种底物发生一定类型的化学反应。例如:脲酶只能催化尿素的水解反应,对尿素的衍生物,如甲基尿素,则毫无作用。

$$H_2N-\overset{\overset{\text{O}}{\|}}{C}-NH_2 \ + H_2O \xrightarrow{\text{尿酶}} 2NH_3 + CO_2$$

（2）相对专一性:相对专一性的专一程度要比绝对专一性低一些,对底物的选择性不太高。相对专一性又可分为键专一性和基团专一性。例如:脂肪酶不仅能水解脂肪,也能水解脂类;蛋白酶都能水解肽键。

$$R-\overset{\overset{\text{O}}{\|}}{C}-O-R' \xrightarrow{\text{脂肪酶}} R-CO\boxed{OH} \ + \ \boxed{H}O-R'$$

（3）立体异构专一性:几乎所有的酶对于立体异构体都具有高度的专一性,即酶只能催化一种立体异构体发生某一种化学反应,而对另一种立体异构体则无催化作用。立体异构专一性分为旋光异构专一性和几何异构专一性。如乳酸脱氢酶只能对 L-型乳酸起催化作用,而对 D-型乳酸则无作用。延胡索酸酶只能催化反丁烯二酸水解成苹果酸,而对顺丁烯二酸则不起作用。

$$HO-\overset{\overset{\text{CH}_3}{|}}{\underset{\underset{\text{COOH}}{|}}{C}}-H \ +NAD^+ \underset{\text{乳酸脱氢酶}}{\rightleftharpoons} \overset{\overset{\text{CH}_3}{|}}{\underset{\underset{\text{COOH}}{|}}{C}}=O \ +NADH+H^+$$

L-乳酸　　　　　　　　　丙酮酸

$$HOOC-\overset{}{\underset{}{C}}-H \atop H-\overset{}{\underset{}{C}}-COOH \ +H_2O \underset{\text{延胡索酸}}{\rightleftharpoons} HO-\overset{\overset{\text{COOH}}{|}}{\underset{\underset{\underset{\underset{\text{COOH}}{|}}{\text{CH}_2}}{|}}{C}}-H$$

反丁烯二酸(延胡索酸)　　　　　　　　　L-苹果酸

四、酶的作用机制

(一)活化能

在一个化学反应体系中,并不是所有的反应物分子都能发生反应,只有那些能量已达到或超过了该反应所要求的"能阈"水平的分子,才能发生反应。通常把这些分子称为活化分子。使一般分子变为活化分子所需的能量称为活化能。而反应的速度与活化分子数有关,活化分子越多,则反应速度越快。并且,活化分子数的多少与活化能高低有关。如果某一反应所需要的活化能较大,则活化分子较少,反应速度较慢;反之,反应所需要的活化能较低,则活化分子数较多,反应速度较快。酶是生物催化剂,能使反应的活化能大大地降低,从而提高催化效率(图 1-6)。

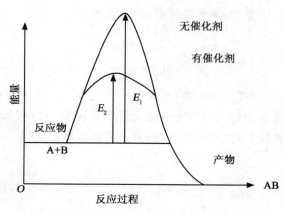

图 1-6　催化反应中能量变化 E_1、E_2 表示活化

(二)酶的作用机制

1. 中间产物学说　酶如何能降低反应所必需的活化能?用中间产物学说能够得到部分的解释。中间产物学说认为,酶首先与底物结合成酶-底物复合物,然后转变成不稳定的酶-过渡态中间物复合物,再生成酶-产物复合物,最后从酶分子上释放产物。此反应过程可以用下式表示:

$$E+S \longrightarrow ES \longrightarrow ES^- \longrightarrow EP \longrightarrow P+E$$

式中:ES 为酶底物复合物,S^- 为过渡态中间物,ES^- 为酶-过渡态中间物复合物,EP 为酶-产物复合物。

由于酶促反应中间产物的形成,改变了原来的反应途径,同时使底物的构象和某些学键发生改变,极易形成产物,从而加快了反应速度。

2. 诱导契合学说　酶对底物为什么有专一性?酶与底物如何形成中间产物?1958 年科什兰德提出了诱导契合学说,他认为,酶分子的活性部位结构原来并不与底物分子的结构互补,但活性部位有一定的柔性,当底物分子与酶分子相遇时,可以诱导酶蛋白的构象发生相应的变化,使活性部位上各个结合基因与催化基因达到对底物结构正确的空间排布与定向,从而使酶与底物互补结合,产生酶-底物复合物,并使底物发生化学反应(图 1-7)。

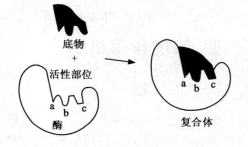

图 1-7　酶的诱导契合学说示意

五、影响酶促反应速度的因素

(一)底物浓度对酶促反应速度的影响

在酶浓度、温度、pH 等条件固定不变的情况下,当底物浓度较低时,反应速度随底物浓度的增加而迅速升高,呈正比关系,属于一级反应;当底物浓度较高时,反应速度亦随着底物浓度的增加而升高,但变得缓慢,表现为混合级反应;当底物浓度很大而达到一定极限时,则反应速度达到最大值。此时,再增加底物浓度,反应速度也不再升高,表现为零级反应。用反应速度对底物浓度作图,以形成一条矩形双曲线(图 1-8)。

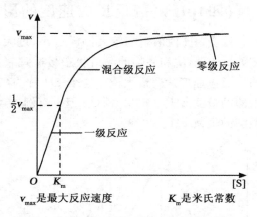

v_{max} 是最大反应速度　　　　K_m 是米氏常数

图 1-8　底物浓度与酶促反应速度的关系

(二)酶浓度对酶促反应速度的影响

当其他条件相同而底物浓度又足以使所有的酶都能结合为酶-底物复合物时,酶促应速度与酶的浓度成正比(图 1-9)。

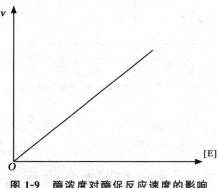

图 1-9　酶浓度对酶促反应速度的影响

(三)温度对酶促反应速度的影响

化学反应速度随温度升高而加快。但是,酶是蛋白质,温度升高一定限度时会发生变化,在温度升高超过一定限度时会发生变性。在温度较低时,反应速度随温度升高而加快;但温度超过一定数值之后,酶受热变性的影响占优势,反应速度反而随温度升高而减慢(图 1-10)。使反应速度达到最大值时的温度被称为最适温度。动物体内各种酶的最适温度一般为 37～40℃,接近于体温。酶的最适温度不是恒定的常数,它与底物种类、介质 pH、离子强度、保温时间等因素有关。

【知识链接】临床上的麻醉方法很多,其中有一种方法是低温麻醉,低温能降低酶活性,以减慢组织细胞的代谢速度,从而提高机体对氧和营养物质缺乏的耐受性,由此可以耐受手术时对机体的各种不良影响。

(四)pH 对酶促反应速度的影响

酶受 pH 值的影响较大,pH 过小、过大都能使酶蛋白变性而失活。只有在特定的 pH 下,酶和底物的解离状态最适宜它们相互结合,并发生催化作用,从而使酶促反应速度达到最大值。这个 pH 称为酶的最适 pH(图 1-11)。家畜体内大多数酶的最适 pH 为 6.5~8.0。但也有例外,如胃蛋白酶的最适 pH 为 1.5,肝精氨酸酶的最适 pH 为 9.8。

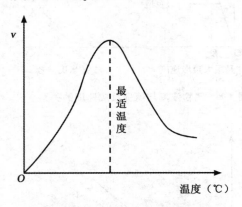

图 1-10　温度对酶促反应速度的影响

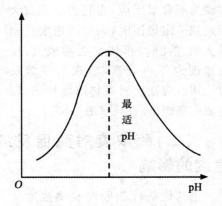

图 1-11　pH 对酶促反应速度的影响

酶的最适 pH 不是一个常数,它的大小与底物的种类与浓度、缓冲液的性质与浓度、质的离子强度、温度、反应时间有关。

(五)激活剂对酶促反应速度的影响

凡是能提高酶活性的物质,都称为激活剂。有些酶的激活剂是金属离子,包括 Cu^{2+}、Mg^{2+}、Zn^{2+}、K^+、Na^+ 等;有些酶的激活剂是 Cl^-、Br^-、I^- 等无机阴离子。如唾液淀粉酶需要 Cl^- 激活,羧肽酶需要 Zn^{2+} 激活,DNA 酶需要 Mg^{2+} 激活。这些离子的存在能起到维持酶分子的构象和使活性中心稳定的作用,从而提高酶的活性。有些酶的激活剂是小分子有机化合物,如半胱氨酸、维生素、谷胱甘肽等,它们能使酶分子中二硫键还原成有活性的巯基,从而提高酶的活性;还有乙二胺四乙酸(EDTA),它是金属螯合剂,能除去酶分子中的重金属杂质,从而解除重金属离子对酶的抑制作用。有的酶还需要其他酶蛋白激活。

激活剂的作用是相对的，一种酶的激活剂对另一种酶来讲，还可能是抑制剂。不同浓度的激活剂对酶活性的影响也不同，往往是低浓度下起激活作用，高浓度下起抑制作用。

（六）抑制剂对酶促反应速度的影响

某些物质，如有机磷杀虫剂、磺胺类药物等，并不引起酶蛋白变性，却能够与酶分上的某些必需基团相结合，改变其性质，从而使酶活性降低，甚至于完全丧失。这种作用称为抑制作用，这种物质称为抑制剂。

抑制作用分为可逆抑制作用和不可逆抑制作用两大类。

1. 可逆抑制作用　抑制剂与酶分子的必需基团以非共价键形式相结合，从而抑制酶活性，用透析等物理方法可以除去抑制剂，使酶活性得到恢复。这种抑制作用，称为可逆抑制作用；这种抑制剂称为可逆抑制剂。可逆抑制作用主要有下列两种类型。

（1）竞争性抑制作用：有些抑制剂的分子结构与底物分子结构十分相似，因而也能够与酶分子的结合基团相结合，从而抑制酶活性。抑制剂和底物对酶的结合，是相互竞争、相互排斥的。这种抑制作用，称为竞争性抑制作用；这种抑制剂，称为竞争性抑制剂。例如，琥珀酸脱氢酶能够催化琥珀酸脱氢变成延胡索酸。

竞争性抑制剂在临床治疗方面十分重要，不少药物实际上就是酶的竞争性抑制剂。例如，氨基喋呤是二氢叶酸还原酶的竞争性抑制剂，从而抑制了四氢叶酸的合成反应，而四氢叶酸是核酸合成不可缺少的辅酶。因此，这种药物能抑制癌细胞，治疗白血病。

磺胺类药物是治疗细菌性传染病的有效药物。它能抑制细菌的生长繁殖，而不伤害人和畜禽。细菌体内的叶酸合成酶能催化对氨基苯甲酸变成叶酸，而磺胺类药物与对氨基苯甲酸的结构非常相似。因此，对叶酸合成酶有竞争性抑制作用。人和畜禽能够利用食物中的叶酸，而细菌不能利用外源的叶酸，必须自己合成。一旦合成叶酸的反应受阻，细菌便停止生长和繁殖。因此，磺胺类药物有抑制细菌生长繁殖的作用，又不伤害人和畜禽。

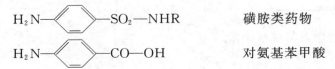

17

（2）非竞争性抑制作用：有些抑制剂和底物可以同时结合在酶分子的不同部位上，形成酶-底物-抑制剂三元复合物。

换句话说，就是抑制剂与酶分子结合后，不妨碍该酶分子再与底物分子结合；但是，在酶-底物-抑制剂三元复合物中，酶分子不能催化底物反应，即酶活性丧失。这种抑制作用，称为非竞争性抑制作用。

2. 不可逆性抑制作用　有些抑制剂，能以共价键与酶分子的必需基团相结合，从而抑制酶活性，用透析、超滤等物理方法，不能除去抑制剂使酶活性恢复。这种抑制作用，称为不可逆抑制作用；这种抑制剂，称为不可逆抑制剂。不可逆抑制剂种类很多。

【知识链接】家畜的有机磷农药中毒，其机理是有机磷化合物能与胆碱酯酶的酶蛋白活性有关的丝氨酸上的羟基牢固结合（图 1-12），从而强烈地抑制胆碱酯酶的活性，而且是不可逆性抑制作用，致使神经传导介质乙酰胆碱不能水解成乙酸和胆碱，乙酰胆碱在动物体内蓄积，引起一系列神经症状。

常见的有机磷化合物有：敌百虫、乐果、杀螟松、对硫磷、内吸磷（1059）等。

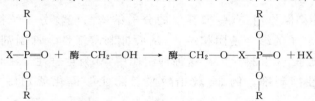

X：常为卤素，如 F、Cl 等；R 为烷基，酶为乙酰胆碱酯酶

图 1-12　有机磷与乙酰胆碱酯酶结合反应

子任务三　细胞内释放与 ATP 的计算

学习目标

● 掌握能量生成的过程，能准确计算能量。
● 能解决生产及临床的实际问题。

学习方法

相关内容学习与观察计算。

相关内容

一、生物氧化

(一)生物氧化的概述

营养物质在生物体内的氧化称为生物氧化。由于生物氧化是在组织细胞中线粒体内进行的,所以又称组织氧化或细胞氧化。生物氧化是动物呼吸时所吸入的氧,在组织细胞内将代谢物进行氧化分解,在氧化分解的过程中消耗氧,释放能量,最终产生 CO_2 和 H_2O,通过呼吸把 CO_2 排出体外,因此,又将生物氧化称为组织呼吸或细胞呼吸。

(二)生物氧化的特点

(1)是在体温(37℃)、常压、pH 值近中隆(pH 7.4)和有水的条件下进行的。

(2)在酶的催化下,分阶段逐步地完成氧化反应的。

(3)能量是逐步释放出来的。这样所产生的能量就不会使体温迅速上升而损害机体,并可使释放出来的能量代谢得到有效的利用。

(4)所产生的能量,通常以生成 ATP 的形式贮存起来。当机体需要时又可由三磷酸腺苷(ATP)释放出来,供机体需要。

二、水的生成及能量的释放

(一)呼吸链

生物氧化的过程是从底物脱氢开始的,将脱下来的氢通过递氢体的传递,至 CoQ 释放出氢质子(H^+),并将电子转移到细胞色素体系上,再经细胞色素类的传递,最后将电子传递给被激活的氧分子(O^{2-}),并释放出能量。H^+ 和 O^{2-} 结合生成水。这种由供氢体、递氢体、递电子体和受氢体所组成的传递链,称为呼吸链或生物氧化体系。

1. 呼吸链的组成及其作用机理　迄今发现呼吸链的组成成分已有 20 多种,大体上可分为五类:

(1)尼克酰胺脱氢酶类:以 NAD^+ 或 $NADP^+$ 作为辅酶的脱氢酶类,称为尼克酰胺脱氢酶类。这一类脱氢酶类目前已知有 200 多种,它是生物氧化过程中的主要脱氢酶类。该酶首先激活代谢物中的氢,并使其从代谢物上脱落,脱下的两个氢原子由其辅酶(NAD^+ 或 $NADP^+$)接受,其中一个氢原子加到吡啶环氮对位的碳原子上,另一个氢原子解离为质子(H^+)和电子(e),质子释放到介质中,电子与吡啶环上的五价氮(N^{5+})结合,参与传递氢的氧化还原反应。

(2)黄素脱氢酶类:黄素脱氢酶的种类比较多,其辅基有两种,即黄素单核苷酸(FMN)和黄素腺嘌呤二核苷酸(FAD)。黄素酶的递氢作用是通过其中辅基中的异咯嗪环 N_1 和 N_6 位上接受(还原)或释放(氧化)两个氢,从而发生氧化还原作用的,反应如图1-13。

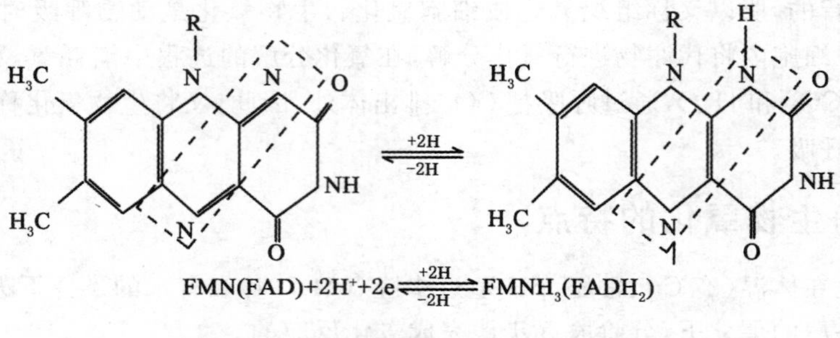

$$FMN(FAD)+2H^++2e \underset{-2H}{\overset{+2H}{\rightleftharpoons}} FMNH_3(FADH_2)$$

图1-13 黄素脱氢酶的氧化还原反应

(3)铁硫蛋白:(Fe-S)是呼吸链中的一类(已发现 9 种之多)电子传递体,它含有非卟啉铁和对酸不稳定的硫。Fe-S 在线粒体内膜上常常和其他递氢体或递电子体结合成一个活泼的无机硫和两个铁原子,在氧化型时两个铁原子都是三价的,还原后,其中一个铁原子转变成二价的铁,所以铁硫蛋白可能是一种单电子传递体。

(4)辅酶 Q:(CoQ)是一种脂溶性醌类化合物,广泛的存在于生物界,故称为泛醌。其分子中苯醌结构能可逆的加氢还原成氢醌,在呼吸链中起递氢的作用。不同来源的 CoQ 所含异戊二烯侧链不同。人和猪等高等动物 CoQ 的侧链由 10 个异戊二烯单位构成,又称为 CoQ_{10}。CoQ 主要在黄素蛋白与细胞色素之间传递氢。反应如图1-14。

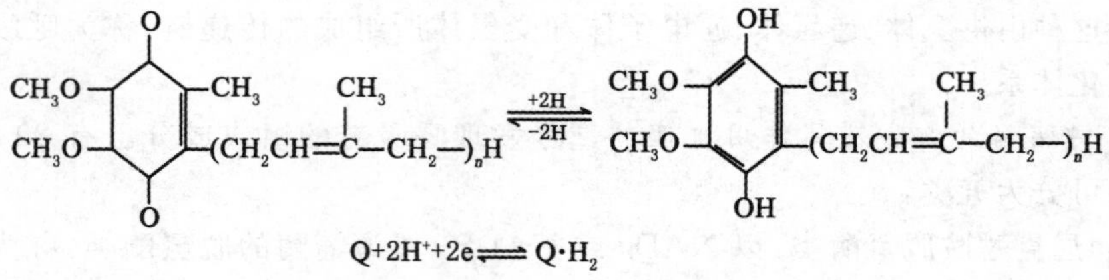

$$Q+2H^++2e \rightleftharpoons Q \cdot H_2$$

图1-14 辅酶 Q 的递氢反应

(5)细胞色素类:细胞色素类是呼吸链中传递电子的一类色素蛋白,其辅酶

(基)为非卟啉铁衍生物。各种细胞色素的结构不同,根据所含辅酶结构和不同而将细胞色素分为若干种(现已知有 30 种),但参与线粒体中电子传递者有 b、c_1、c、a 和 aa_3 五种。

上述五种呼吸链组成成分,在线粒体内膜都占有固定的空间位置和方向,底物脱出的氢,通过呼吸链逐步传递,最后生成 H_2O;与此同时释放出能量,其中相当大的一部分以 ATP 形式贮存下来,供机体完成各种生理功能的需要。

2. 机体内两种主要呼吸链 NADH 呼吸链和 $FADH_2$(又称琥珀酸)呼吸链两种。这是根据代谢物脱氢后的初始受氢体不同划分的。

(1)NADH 呼吸链:由于生物氧化过程中绝大多数脱氢都是以 NAD^+ 作为辅酶的酶,因此作用最广泛。糖、脂肪和蛋白质分解代谢中的脱氢氧化反应绝大部分是通过 NADH 呼吸链来完成的(图 1-15)。

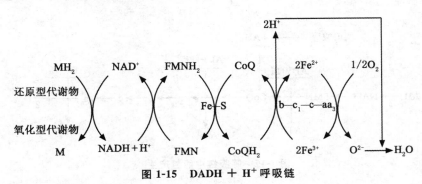

图 1-15 $DADH + H^+$ 呼吸链

(2)$FADH_2$ 呼吸链:以 FAD 为辅基的脱氢酶类较少,主要有琥珀酸脱氢酶、α-磷酸甘油脱氢酶、酯酰 CoA 脱氢酶。这些酶催化底物脱氢后,使辅基 FAD 转变为 $FADH_2$ 通过 CoQ 进入呼吸链,最后生成水并释放出能量(图 1-16)。

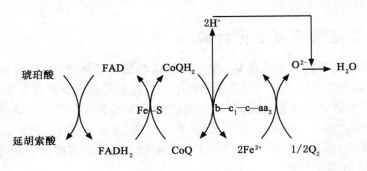

图 1-16 $FADH_2$ 呼吸链

（二）能量的释放与 ATP 的生成

已知代谢物脱下的氢经过呼吸链，最终产生水并释放出能量。以下主要讨论能量释放的简要机理。

1. 呼吸链中 ATP 产生的部位　根据线粒体离体实验证明，从底物脱下的两个氢原子，通过 $NADH^+$ 呼吸链传递给氧生成永，就要消耗 3 个无机磷，生成 3 分子 ATP。通过呼吸链消耗的无机磷原子数与氧原子数的比值称为 P/O 比值（P：O 比值）。NADH 呼吸链的 P/O 比值为 3。而 $FADH_2$ 呼吸链只产生 2 分子 ATP，因而 P/O 比值为 2。此外，根据电化学计算对各传递体之间释放的能量多少表明，只有 FMN 之间可以各生成 1 分子 ATP。

从图 1-17 可以看出在于 ATP 是在 FMN-CoQ、Cytb-c_1 和 Cyt-O_2 三个部位产生的。

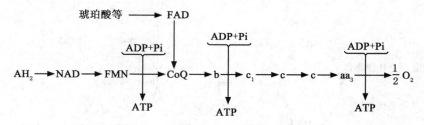

图 1-17　呼吸链中能量产生

2. 胞液内 NADH＋H 的氧化　代谢物在胞液内氧化时所形成的 NADH＋H^+ 必须进入线粒体才能被氧化，但它本身不能透过线粒体内膜，需通过几种穿梭作用才能将氢转入线粒体内氧化。其中 α-磷酸甘油穿梭作用产生 2ATP，而苹果酸穿梭作用则产生 3ATP。

（三）高能键及高能化合物

生物氧化所释放出来的能量，除一部分以热的形式散发外，其余转变成化学能，蕴藏在某些化合物分子的某些化学键中。不同的化学键所贮存的能量不一样，有的化学键水解时释放能量较高，有些则较低。若化学键本解后所释放的能量高于 28 260 J（7 000 cal）/mol 的化学键，称为高能键，并用"～"符号表示，如 ATP；低于 20 900 J（5 000 cal）/mol 的化学能称为低能键。凡含有高能键的化合物统称为高能化合物，如磷酸肌酸。

拓展知识

一、氧化磷酸化作用

(一)概述

释放能量的生物氧化反应和二磷酸腺苷(ADP)磷酸化生成物 ATP 相偶联的作用,称为氧化磷酸化作用。根据生物氧化的方式不同,可将氧化磷酸化作用分为电子传递体系磷酸化和底物水平磷酸化。

在生物氧化过程中,质子(H^+)和电子沿着呼吸链逐步转移的过程中逐步氧化放能,使 ADP 与高能磷酸键(Pi)结合生成 ATP。这种氧化放能与 ADP 磷酸化吸能相偶联的作用称为氧化磷酸化作用,又称为电子传递体系磷酸化。

此外,机体还可以通过底物脱氢、脱水、引起分子重排,使能量重新分布,从而形成高能键,这种高能键转移给 ADP 形成 ATP 的过程称为底物水平磷酸化。例如,酵解过程中 3-磷酸甘油醛脱氢并吸收 1 分子 Pi 形成 ATP,1,3-二磷酸甘油酸生成 1 个高能磷酸键,通过磷酸甘油酸激酶的作用,转移给 ADP 生成 ATP 的反应。

(二)氧化磷酸化的阻抑作用

呼吸链是一种链式反应,只要抑制其中的任何一个环节,都能使生物氧化中断,能源断绝,这种作用称为氧化磷酸化阻抑作用。起抑制作用的物质,称呼吸链抑制剂。这种阻抑作用可在呼吸链 FMN-CoQ、Cyt-b 到 Cyt-c_1 和 Cyt-aa_3 到 O_2 的三个点上发生(图 1-18)。最常见的是氰化物中毒,动物中毒后,氰化物可使呼吸链氧化中断,虽肺仍能呼吸,但细胞呼吸却几乎完全停止,可使动物很快死亡。

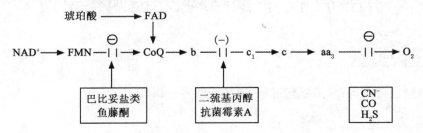

图 1-18　氧化磷酸化阻抑作用示意

【知识链接】鸡舍内通风换气不良,造成鸡的呼吸困难,缺氧,黏膜发绀,甚至饲养员也发生同样的情况,主要是由于硫化氢浓度过高,切断了呼吸链,致使氧化磷酸化不能正常完成而产生中毒所致。

(三)氧化磷酸化的解偶联作用

有些物质能够抑制 ADP 与 Pi 形成 ATP 的磷酸化作用,但呼吸链中的传递作用和氧化放能过程还能正常进行,从而使氧化释放出来的能量不能贮存和利用,大部分以热的形式散失掉。这种作用称为氧化磷酸化解偶联作用。凡能拆散氧化磷酸化相偶联作用的物质称解偶联剂。

解偶联剂一般为脂溶性的物质,含有酸性基团,如 2,4-二硝基苯酚(DNP)、双香豆素及某些病菌释放的可溶性毒素等。这种解偶联作用的结果是使 ADP 增加,进而刺激呼吸链加快氧化放能,导致体温升高。

二、能量的转移、贮存和利用及体温调节

动物体物质分解代谢过程中释放出来的能量,有一部分是以 ATP 形式保存下来。当机体合成代谢需要能量时,又以 ATP 为中心供给,所以 ATP 是机体重要的能量传递者。

体温的维持也与生物氧化过程有关。正常体温的维持是产热和散热两个过程动态平衡的结果。机体的热量来自体内各器官组织所进行的氧化分解反应。

主要的产热器官是内脏器官、脑和骨骼肌等。安静时主要靠内脏产热,尤以肝脏的代谢水平最高,产热量最大。骨骼肌的产热量变化很大,安静时产热很少,而劳动或运动时则大量产热。

子任务四　核酸结构、功能观察识别

学习目标

识别核酸结构,熟悉复制过程,服务后续专业课程。

学习方法

模型观察过程中进行相关内容学习。

相关内容

核酸是细胞核中一种含磷量较高的酸性物质,包括脱氧核糖核酸(DNA)和核糖核酸(RNA)两种,DNA主要分布于细胞核内,是遗传信息的贮存和携带者,是遗传的物质基础。RNA主要分布在细胞质,参与遗传信息表达的过程,在蛋白质生物合成过程中起重要作用。

一、核酸的化学组成

(一)核酸的化学组成

组成核酸的元素有 C、H、O、N、P 等,其中磷的含量为 9%～10%。核酸的基本组成成分包括含氮碱、戊糖和磷酸。现将核酸的组成成分简述如下:

1. 含氮碱 核酸分子中的含氮碱分为嘌呤碱和嘧啶碱两类。

(1)嘌呤碱:嘌呤碱有腺嘌呤和鸟嘌呤两种,它们都是嘌呤的衍生物。

嘌呤　　　　　　　　腺嘌呤(A)　　　　　　　鸟嘌呤(G)

(2)嘧啶碱:嘧啶碱有胞嘧啶、尿嘧啶和胸腺嘧啶三种。它们都是嘧啶的衍生物。

嘧啶　　　　胞嘧啶(C)　　　　尿嘧啶(U)　　　　胸腺嘧啶(T)

(3)稀有碱基:除上述几种主要碱基外,核酸分子还含有少量其他碱基,称为稀有碱基。稀有碱基多是碱基经修饰而成的,常见的有 7-甲基鸟嘌呤、5-甲基胞嘧啶,5,6-二氢尿嘧啶等。

2. 戊糖 组成核酸的戊糖有核糖和脱氧核糖,它们均为 β-呋喃糖。DNA 分

25

子中戊糖为 β-D-2-脱氧核糖，RNA 分子中的戊糖为 β-D-2-核糖。

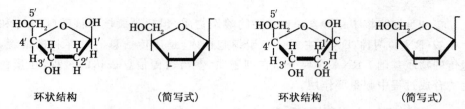

环状结构　　　　　　（简写式）　　　　　　环状结构　　　　　　（简写式）

3.磷酸　磷酸是核酸的重要组成分，参与核酸的构成。

两类核酸的基本组成成分如表 1-5 所示。

表 1-5　核酸的基本组成成分

核酸组成成分	DNA	RNA
嘌呤碱	腺嘌呤、鸟嘌呤	腺嘌呤、鸟嘌呤
嘧啶碱	胞嘧啶、胸腺嘧啶	胞嘧啶、尿嘧啶
戊糖	β-D-2-脱氧核糖	β-D-脱氧核糖
磷酸	磷酸	磷酸

（二）核酸的基本组成单位——单核苷酸

1.核苷　核苷是由糖与含氮的碱脱水缩合生成的化合物。戊糖第一位碳原子上的羟基与嘌呤碱第九位氮原子上的氢缩合，脱水形成糖苷键，生成嘌呤核苷；戊糖第一位碳原子上的羟基与嘧啶碱第一位氮原子上的氢缩合，脱水形成糖苷键，生成嘧啶核苷。核糖与碱基缩合生成的化合物，称为核糖核苷；脱氧核糖与含氮碱缩合生成的化合物称为脱氧核糖核苷。

一磷酸腺苷（5′-AMP）　　　　　一磷酸脱氧腺苷（5′-dAMP）

核苷可根据其分子中的碱基和戊糖来命名,如腺嘌呤与核糖或脱氧核糖生成的核苷称为腺嘌呤核苷或脱氧腺嘌呤核苷,简称腺苷和脱氧腺苷;胞嘧啶与核糖或脱氧核糖生成的核苷称为胞苷或脱氧胞苷。

2. 核苷酸　核苷酸是由核苷戊糖上的羟基与磷酸酯化而成,即核苷的磷酸酯称核苷酸,包括横向发展糖核苷酸和脱氧核糖核苷酸。由于核糖核苷的的戊糖环上 $2'$、$3'$、$5'$ 位上都有自由的羟基,都可与磷酸结合形成 3 种不同的核苷酸,分别称为 $2'$-核苷酸、$3'$-核苷酸和 $5'$-核苷酸。脱氧核糖核苷的戊糖环上只有 $3'$ 和 $5'$ 位上有自由羟基,因此只能生成 $3'$-脱氧核苷酸和 $5'$-脱氧核苷酸。

常见的核苷酸及其缩写符号见表 1-6。

表 1-6　常见的核苷酸及缩写符号

碱基	核糖核苷酸(NMP)	脱氧核糖核苷酸(dNMP)
腺嘌呤(A)	腺苷酸(AMP)	脱氧腺苷酸(dAMP)
鸟嘌呤(G)	鸟苷酸(GMP)	脱氧鸟式苷酸(dGMP)
胞嘧啶(C)	胞苷酸(CMP)	脱氧胞苷酸(dCMP)
尿嘧啶(U)	尿苷酸(UMP)	脱氧胸苷酸(dTMP)
胸腺嘧啶(T)		

二、核酸的分子结构

(一)核酸的连接方式

核酸分子中核苷酸的连接方式为一个核苷酸戊糖 $3'$ 碳上的羟基与下一个核苷酸戊糖 $5'$ 碳上的磷酸脱水缩合成酯键,此键称 $3'$,$5'$ 磷酸二酯键。许多核苷酸通过 $3'$,$5'$ 磷酸二酯键连接成长的多核苷酸链,称多核苷酸,即核酸。在链的一端为核苷酸戊糖 $5'$ 碳上连接的磷酸,称为 $5'$-磷酸末端或 $5'$ 末端;链的另一端为核苷酸戊糖 $3'$ 碳上的自由羟基,称 $3'$-羟基末端或 $3'$ 末端。

多核苷酸链的结构见图 1-19。

由核糖核酸通过 $3'$,$5'$-磷酸二酯键相连组成的多核苷酸链是所有 RNA 的共同结构;由脱氧核糖核苷酸通过 $3'$,$5'$-磷酸二酯键组成的多核苷酸链是所有 DNA 的共同结构。

(二)DNA 的分子结构

1. DNA 的一级结构　DNA 的主链骨架是由脱氧核糖、磷酸不断重复构成,所

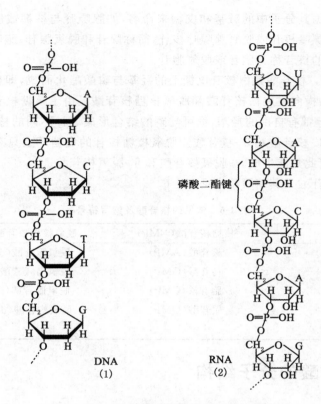

图 1-19　核酸的多核苷酸结构

不同的只是碱基不同,故 DNA 的一级结构也可指 DNA 分子中碱基的排列顺序。

通常书写 DNA 的顺序总是从 $5'$-末端到 $3'$-末端,$5'$ 末端在左侧,$3'$ 末端在右侧。

2. DNA 的二级结构　DNA 的二级结构呈双螺旋结构,螺旋的两条链走向相反,但相互平行,一条链自上而下走向为 $5'$ 到 $3'$,而另一条链自下而上走向也为 $5'$ 到 $3'$(图 1-20,图 1-21)。

3. DNA 的三级结构——超螺旋结构　DNA 分子的三级结构是指双螺旋进一步扭曲的构象(图 1-22)。

(三)RNA 的分子结构

1. RNA 的分类　细胞内存在有 3 种主要的 RNA,即信使 RNA(mRNA)、转运 RNA(tRNA)、核糖体 RNA(rRNA)。

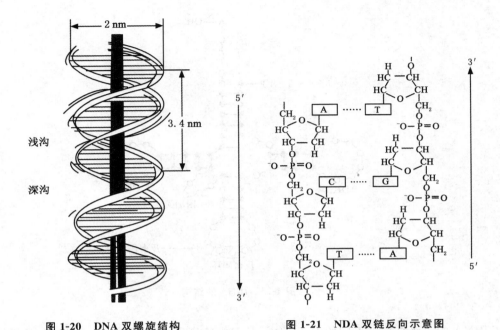

图 1-20　DNA 双螺旋结构　　　　　图 1-21　NDA 双链反向示意图

（1）mRNA：mRNA 含量最少，仅占细胞内 RNA 总量的 3‰～5‰，mRNA 是蛋白质生物合成的直接模板，传递 DNA 的遗传信息，决定着每一种蛋质肽链中氨基酸的排列顺序，所以细胞内 mRNA 的种类是最多的。

（2）tRNA：tRNA 分子最小，含量约占细胞内 RNA 总量的 15%。其生理功能是在蛋白质生物合成中作为运输活化氨基酸的工具（图 1-23）。

（3）rRNA：rRNA 是核糖体的组成成分，含量最多，约占细胞内 RNA 总量的 80%。rRNA 与蛋白质组成核糖体提供蛋白质生物合成的场所。

2.RNA 的一级结构　RNA 的基本组成单位是 AMP、GMP、CMP 和 UMP 四种核苷酸。核苷酸之间通过 3′,5′-磷酸二酯键相连形成多核苷酸链。RNA 的一级结构是指多核苷酸链中核苷酸的组成及排列顺序，和 DNA 一样，也是由 5′端向 3′端延伸。

除少数病毒外，RNA 分子均为单链结构：单链结构的 RNA 在局部由于自身折叠卷曲，可形成双螺旋区，双螺旋区内通过碱基配对，即 A 与 U、G 与 C 之间形成氢键，不配对的部分形成突环，即"发夹"结构。这样的结构称为

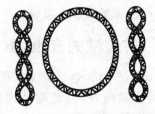

图 1-22　DNA 双螺旋环状结构及环式

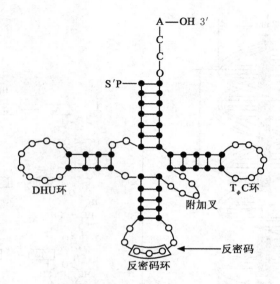

图 1-23　tRNA 的结构

RNA 的二级结构。不同的 RNA 分子其双螺旋区所占比例不同。RNA 在二级结构的基础上还可进一步折叠扭曲形成三级结构。

三、核酸的理化性质

（一）核酸的一般性质

核酸呈酸性。DNA 为白色类似石棉样的纤维状物，RNA 及核苷酸都呈白色粉末样结晶，均微溶于水，不溶于乙醇、氯仿等有机溶剂。

（二）紫外吸收

嘌呤碱和嘧啶碱具有很强的紫外吸收作用，由它们组成的核酸在紫外光 260 nm 波长处有最大吸收峰。故利用这一特性可对核酸进行定量测定。

（三）核酸的变性、复性和杂交

1. DNA 的变性　在某些因素如加热、酸、碱、尿素、乙醇等的影响下，DNA 分子中的氢键断裂，使螺旋结构松开，形成无规则的线团状分子。这个过程称为DNA 的变性。

2.DNA 的复性　变性的 DNA 在一定条件下,分开的两条互补链重新结合形成螺旋结构,这一过程称为 DNA 的复性或退化。复性后的 DNA 可恢复其原来的理化性质和生物学活性。

3.分子杂交　加热变性后的 DNA,经退化处理后可复性。不同来源的单链 DNA,只要两链的多数碱基能够互补,经退化处理后,就可形成新的杂合的双螺旋结构,这种按碱基配对而使完全或不完全互补的两条单链相互结合,称为核酸的杂交。杂交不仅在 DNA—DNA 序列之间进行,而且也能在 DNA—RNA 序列之间进行,形成 DNA—RNA 杂交分子。

杂交技术在核酸的结构与功能、遗传性疾病的诊断、肿瘤的病因学以及基因工程等的研究上具有重要作用。

四、核酸的生物合成

(一)DNA 的复制

复制是指 DNA 的生物合成,即以亲代的 DNA 为模板合成子代 DNA 的过程。DNA 在复制时是以半保留的方式进行的,即亲代 DNA 双螺旋的氢键断开,解离成两股单链,以每股单链为模板,按照碱基配对原则,合成新的互补链。由于亲代DNA 的两股链彼此互补,这样新合成的两个子代DNA 分子完全相同,且碱基顺序完全一致。每个子代 DNA 分子中,分别有一条链来自亲代 DNA,另一条链是新合成的。因此,称这种复制方式为半保留复制。通过这种复制机制,可使遗传信息准确地由亲代传递给子代(图 1-24)。

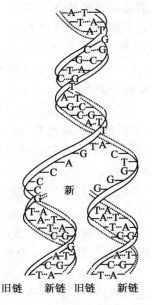

1. 参与 DNA 复制的有关酶类

(1)DNA 聚合酶:以亲代 DNA 为模板合成子代DNA 的酶,称为 DNA 聚合酶,又叫 DNA 指导的DNA 聚合酶(DDDP)。其作用是,以 DNA 为模板,在引物的 $3'$-OH 末端利用四种脱氧核苷三磷酸(dNTP),按照 $5' \rightarrow 3'$ 方向合成 DNA。对大肠杆菌的 DNA 聚合酶研究最为清楚,在大肠杆菌中发现有三种 DNA 聚合酶,分别为 DNA 聚合Ⅰ、Ⅱ、Ⅲ。

DNA 聚合酶Ⅰ是一种多功能酶,具有 $5' \rightarrow 3'$ 聚合酶活性,能催化 DNA 链按 $5' \rightarrow 3'$ 方向延长;还具

旧链　新链　旧链　　新链

图 1-24　DNA 的半保留复制

有核酸外切酶的活性,外切方向 $5'\to3'$ 或 $3'\to5'$。其中 $3'\to5'$ 外切酶活性能辨认错配的核苷酸对,并把错配的核苷酸切除,这是它的校对功能;而 $5'\to3'$ 外切酶活性则具有切除 RNA 引物与突变片段的功能。此外,DNA 聚合酶Ⅰ还有填补脱去 RNA 引物留下的空隙的作用。

DNA 聚合酶Ⅱ具有 $5'\to3'$ 聚合酶活性,但需在无 DNA 聚合酶Ⅰ与 DNA 聚合酶Ⅲ的情况下才起作用,也具有 $3'\to5'$ 方向外切酶活性。

DNA 聚合酶Ⅲ在细胞内含量很少,但催化反应速度快,每分钟能催化 104 个Ⅰ核苷酸聚合,是三种酶中活性最强的,在复制时起主要作用。它同 DNA 聚合酶Ⅰ一样具有两种核酸外切酶的活性,外切方向可以是 $5'\to3'$ 或者 $3'\to5'$。

在真核生物中已发现的 DNA 聚合酶有 α、β、γ、δ。DNA 聚合酶是真核生物中 DNA 复制时起主要作用的酶;β-DNA 聚合酶有最强的核酸外切酶的活性,可能与 DNA 的修复作用有关;γ-DNA 聚合酶存在于线粒体,参与线粒体 DNA 的复制。

(2)引物酶:是一种特殊的 RNA 聚合酶,能催化合成 RNA 引物的形成,参与 DNA 复制的起始。DNA 聚合酶是不能催化复制起始的,必须有引物参与。DNA 在复制时先由 RNA 聚合酶与模板上的起始部位结合,以 DNA 为模板先合成一小段 RNA 作为 DNA 合成,该 RNA 聚合酶称为引物。

(3)DNA 连接酶:DNA 连接酶是在 DNA 复制过程中起最后缝合缺口的作用,是催化以氢键结合于模板上的 DNA 链的两个子代 DNA 片段,通过磷酸二酯键连接起来的酶。其连接方式是将一个 DNA 片段的 $3'$-OH 末端与另一个 DNA 片段的 $5'$-P 末端通过形成磷酸二酯键相连。

DNA 连接酶还在 DNA 的修复、重组、剪接过程中起重要作用,是基因工程中重要的工具酶。

2.DNA 的复制过程　DNA 的合成以 4 种 dNTP 为底物,在 DNA 模板指令下,按照碱基配对原则,由 DNA 聚合酶催化,在 DNA 的 $3'$-OH 末端添加脱氧核苷酸,沿 $5'\to3'$ 的方向合成模板互补链。DNA 复制过程大体可分为三个阶段,即复制的起始、延长和终止。

(1)复制的起始:无论是原核生物还是真核生物,DNA 的复制都是在固定的起始点上开始的。

原核生物如大肠杆菌细胞内的复制,总是从一个固定的起始点开始,向两个相反的方向同时进行,称为双向复制。真核生物的染色体较复杂,有多个复制起始点,同时形成多个复制单位,每个复制单位称为复制子。在 DNA 复制时,首先由解链蛋白酶识别并结合于复制起始点,使 DNA 双螺旋局部解链形成"复制眼",复制眼两端形状像叉状,故称为复制叉(图 1-25)。

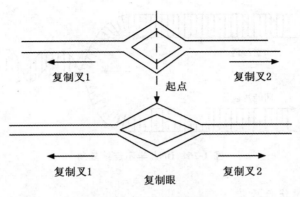

图 1-25　DNA 复制眼

　　单链 DNA 结合蛋白结合到分开的单链上,使其处于稳定的解链状态。引物酶以解开双链的一段 DNA 为模板,以脱氧核苷三磷酸为底物,按 $5'→3'$ 方向合成一个短链 RNA 引物,此引物末端为合成新的 DNA 的起点。

　　(2)新链的延长:在 RNA 引物的 $3'→OH$ 末端,由 DNA 聚合酶Ⅲ催化四种脱氧核苷三磷酸,分别以 DNA 的两条链为模板,按 $5'→3'$ 方向合成一条新的 DNA 链。亲代 DNA 分子两条链的走向是相反的,一条是 $5'→3'$,一条是 $3'→5'$,而新链的形成方向始终是按 $5'→3'$ 的方向进行的。所以,随着双链的解开,复制叉向前移动,在旧链的 $3'→5'$ 方向形成的新链可以随复制叉的移动而连续的合成,这条新链常称为领头链。而由于另一条旧链的方向是 $5'→3'$ 方向,新链的合成方向与复制叉前进方向相反,这条新链称为随后链,随后链的合成是由多个 RNA 引物引导、一段一段地、不连续进行的,这些不连续复制的片段,是由日本学者冈崎等人发现的,所以称为冈崎片段。已合成的冈崎片段由 DNA 聚合酶发挥 $5'→3'$ 核酸外切酶的活性,从 $5'$ 末端除去 RNA 引物,并用脱氧核苷酸填补缺口,最后由 DNA 连接酶将各片段连接起来,形成完整的随后链(图 1-26)。

　　延长过程是一条子链连续的合成,另一条子链不连续合成,所以常称为半不连续的复制。

　　(3)复制的终止:复制具有终止位置,在大肠杆菌细胞中,由于 DNA 呈一环型,其终点大约在起始原点,但机理尚不清楚。复制终止,由 DNA 聚合酶Ⅰ填补空隙,最后由连接酶连接封口。

　　综上所述,DNA 的复制过程包括:①DNA 双链解开复制起始;②RNA 引物的形成;③DNA 链的延长;④切除 RNA 引物,填补缺口,连接冈崎片段;⑤切除和修复掺入 DNA 链的脱氧尿苷酸和错配碱基。

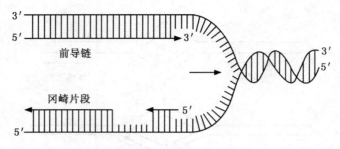

图 1-26　DNA 半不连续复制

3. DNA 的损伤与修复

（1）DNA 的损伤：主要是指某些物理、化学因素引起的细胞中 DNA 的化学结构发生改变，复制和转录功能受到阻碍的现象。

（2）损伤的修复：细胞内存在一系列的担任修复的酶系，可以通过不同的途径除去 DNA 分子上的损伤，恢复其正常的结构与功能。

修复保护是非常重要的功能。若细胞失去了修复功能，DNA 就会发生突变。

（二）RNA 的生物合成

1. DNA 指导下的 RNA 合成-转录

（1）转录的概念：转录是以 DNA 为模板指导 RNA 包括 mRNA、tRNA、rRNA 的合成，即是在 DNA 指导的 RNA 聚合酶催化下，以 DNA 的任一条链为模板，以四种 NTP（ATP、GTP、CTP、UTP）为原料，按照碱基配对规律，合成一条与 DNA 链互补的 RNA 链的过程。

在转录过程中，双链 DNA 只有一条链被作为模板，这条链称为模板链或有意义链。与之互补的另一条链则称为反意义链，或称为编码链。有意义链在转录过程中充当转录的模板，指导 RNA 的合成，编码链对于 RNA 的合成也是不可缺少的，被转录出的 RNA 链的核苷酸顺序与编码链完全相同，只是其中的 T 被 U 取代了。两条 DNA 链不同时转录的现象称为不对称转录。DNA 分子上编码链和模板链是相对的。RNA 的合成方向也是 $5' \rightarrow 3'$ 的方向（图 1-27）。

（2）RNA 聚合酶：RNA 聚合酶又叫转录酶，全称为依赖 DNA 的 RNA 聚合酶（DDRP），与 DNA 复制中催化 RNA 引物合成的引物酶不同，是一种较复杂的多亚基构成的全酶。

（3）转录过程：由 RNA 聚合酶催化的转录过程可分为起始、延长和终止三个步骤。

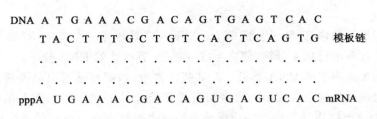

图 1-27 双链 DNA 转录模式

①转录的起始:RNA 聚合酶与模板的辨认、结合是转录起始的关键,通常在模板链上存在着称为启动子或启动区的部位。启动子是 DNA 分子中可以与 RNA 聚合酶特异结合的部位,即是转录开始的基因上特殊的碱基序列。启动子一般包括 RNA 聚合酶的识别位点、结合位点和转录起始位点三部分。

转录起始不需引物,为首的第一个核苷酸总是 GTP 或 ATP,GTP 更为常见,很少有嘧啶核苷酸。

②RNA 链的延长:起始复合物形成后,也就是当第一个磷酸二酯键形成后,因子即从启动子处脱落下来并可循环使用,由核心酶催化 RNA 链的延长。RNA 链的合成方向是沿着 $5' \rightarrow 3'$ 方向进行的,与模板链是反向平行的。RNA 聚合酶在延伸新生 RAN 链时继续使 DNA 螺旋解链,以便暴露出模板链。而新生的 RNA 链与模板链的结合不及 DNA 双链紧密,随着转录的进行,RNA 链的 $5'$PPP 端所在区段不断脱离模板链,模板链与编码链重新形成双链(图 1-28)。

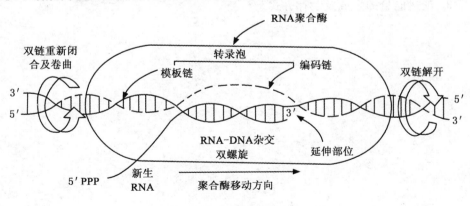

图 1-28 转录的延长

③转录的终止:转录的终止是指 RNA 聚合酶在模板的某一位置停顿,RNA 链从转录复合物上脱离出来的现象。提供转录终止信号的 DNA 序列称为终

35

止子。

（4）转录后的修饰：转录合成的 RNA 不一定是成熟有功能的 RNA 分子。因此，转录后常需进行加工修饰，使之生成成熟的、有活性的 RNA 分子。

2.RNA 指导下的 RNA 合成　在某些生物中，核糖核酸可以是遗传信息的携带者，并能通过复制而合成出与自身相同的分子，比如一些只含 RNA 的病毒就是以 RNA 为遗传物质的。被这些病毒感染的寄主细胞中含有特殊的 RNA 复制酶，能在病毒 RNA 指导下合成新的 RNA，称为 RNA 的复制。RNA 复制酶具有很高的模板专一性，只识别病毒自身的 RNA，对寄主细胞或其他病毒的 RNA 均无反应。

课后练习

一、填空

1. 易化扩散主要是指_____溶性物质的跨膜转运，它_____细胞膜蛋白的帮助，是_____转运的一种形式。

2. DNA 复制的过程包括复制的_____、_____、_____。

3. RNA 的种类包括_____、_____、_____。

二、简答题

1. 什么是辅酶和辅基？常见的辅酶和辅基有哪些？

2. 说明温度对酶促反应速度的影响。

3. 论述能量的生成及贮存方式。

任务二　运动与被皮系统结构、活动观察识别

学习目标

- 掌握运动系统的组成，全身骨、骨连接和肌肉的划分及各种家畜不同部位骨、骨连接和主要肌肉的结构特点。
- 掌握皮肤及其衍生物毛、蹄、乳腺的形态构造。
- 能识别畜体全身骨骼的名称；四肢关节的名称；全身部分肌肉的名称。
- 能描述骨的一般构造和关节的基本构造。
- 能认识皮肤的组织构造及常见皮肤衍生物的形态和构造。

学习方法

相关内容学习结合实践操作。

子任务一　骨骼的识别

学习目标

能准确识别骨骼的形态，确定骨骼位置。

学习方法

相关内容学习结合实践操作。

相关内容

骨是一个器官，具有一定的形态和功能，主要由骨组织构成，坚硬而富有弹性，有丰富的血管和神经，能不断地进行新陈代谢和生长发育，并具有改建、修复和再生能力。骨基质内有大量钙盐和磷酸盐沉积，是畜体的钙、磷库，参与体内的钙、磷代谢与平衡。骨髓有造血和防卫功能。

一、骨骼的基本知识

(一)骨的形态、分类

畜体各骨由于机能不同而有不同形态,基本可分为长骨、短骨、扁骨和不规则骨四种类型。

1. 长骨　长骨呈长管状,分为骨体和骨端。骨体又名骨干,为长骨的中间较细部分,骨质致密,内有空腔,称骨髓腔,含有骨髓。骨干表面有血管、神经出入骨而形成的滋养孔。骨的两端膨大,称骨骺(骨端)。长骨多分布于四肢游离部,主要作用是支持体重和形成运动杠杆。

2. 短骨　短骨略呈立方形,大部位于承受压力较大而运动又较复杂的部位,多成群分布于四肢的长骨之间,如腕骨和跗骨。有支持、分散压力和缓冲震动的作用。

3. 扁骨　扁骨呈宽扁板状,分布于头、胸等处,如顶骨、额骨、肩胛骨和髋骨等。常围成腔,支持和保护重要器官,如颅腔各骨保护脑,胸骨和肋参与构成胸廓保护心、肺、脾、肝等。扁骨亦为骨骼肌提供广阔的附着面,如肩胛骨等。有些扁骨的内部有比较大的含气腔隙称之为窦,如额骨的额窦和上颌骨的上颌窦等。

4. 不规则骨　形状不规则,功能多样,如椎骨等。不规则骨一般构成畜体中轴,起支持、保护和供肌肉附着作用。

(二)骨的构造

骨由骨膜、骨质和骨髓构成,此外尚含有血管和神经等(图 2-1)。

1. 骨膜　是覆盖在骨表面(关节面除外)的一层结缔组织膜。包裹于除关节面以外整个骨表面的称骨外膜;衬在骨髓腔内面的称骨内膜。骨外膜富有血管、淋巴管及神经,故呈粉红色,对骨的营养、再生和感觉有重要意义。内层为成骨层,富有细胞,在幼龄期非常活跃,直接参与骨的生长,到成年期则转为静止状态,但它终生保持分化能力,在骨受损伤时,能参与骨质的再生和修补。

【知识链接】在骨的手术中应尽量保留骨膜,以免发生骨的坏死和延迟骨的愈合。

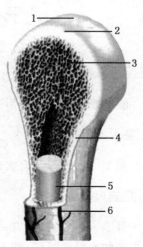

1. 软骨　2. 骨膜　3. 骨松质
4. 骨密质　5. 骨髓　6. 血管

图 2-1　骨的构造

2. 骨质　骨质是骨的主要组成部分,可分骨密质和骨松质。骨密质位于骨的表面,构成长骨骨干和骨骺,以及其他类型骨的外层,质地致密,抗压、抗扭曲力强。骨松质位于骨的内部,呈海绵状,由许多交织成网的骨小梁构成。骨松质小梁的排列方向与受力的作用方向一致。骨密质和骨松质的这种配合,使骨既坚固又轻便。

3. 骨髓　填充于长骨的骨髓腔和骨松质的腔隙内,由多种类型的细胞和网状组织构成,并有丰富的血管分布。胎儿及幼龄动物全是红骨髓,有造血功能,随动物年龄的增长,骨髓腔内的红骨髓逐渐被黄骨髓所代替。黄骨髓主要是脂肪组织,具有贮存营养的作用。当机体大量失血或贫血时,又能转化为红骨髓而恢复造血机能。

【知识链接】骨松质中的红骨髓终生存在,临床上常进行骨髓穿刺,检查骨髓,以诊断疾病。

4. 血管　骨具有丰富的血管。骨膜动脉分布于骨外膜上,并有无数的分支分布于骨质中。较大动脉从骨的滋养孔进入,经骨髓腔分布于骨髓。

5. 神经　神经与血管并行分布于骨上,在骨膜中有特殊的感觉神经末梢。骨膜、骨质和骨髓中均有丰富的神经分布。

(三)骨的化学成分及物理特性

骨是体内最坚硬的组织,并具有弹性,能承受压力和张力。骨的这种性质,不仅取决于骨的形态和内部结构,而且与骨的化学成分有密切关系。骨含有机质和无机质两种化学成分,有机质使骨具有弹性和韧性,无机质则使骨增加硬度。有机质主要包含骨胶原纤维和黏多糖蛋白,这些有机质约占骨重的1/3。骨重的另外2/3是以碱性磷酸钙为主的无机盐类。如用酸脱去无机盐类,骨虽仍具有原骨形态,但柔软而有弹性;将骨燃烧除去有机质,其形态不变,但骨脆而易碎。有机质和无机质在骨中的比例,随年龄和营养健康状况不同而变化。幼畜的骨有机质相对多些,较柔韧,易变形;老龄畜的骨无机质相对较多,骨质硬而脆,易折碎。新鲜骨呈乳白色或粉红色,干燥骨轻而色白。

【知识链接】妊娠和泌乳母畜骨内的钙质可被胎儿吸收或随乳汁排出,使母畜骨质疏松而发生软骨症,故应注意给妊娠或哺乳母畜合理提供钙质。饲料配比失调时,可因无机质较少而发生软骨病。因此,应注意饲料成分的合理调配,以预防软骨病的发生。

(四)骨的连结

骨与骨之间借助纤维结缔组织、软骨或骨组织相连,形成骨连结。由于骨间连结及其运动情况不同,可分为两大类,即直接连结和间接连结。

1. **直接连结**　两骨的相对面或相对缘借结缔组织直接相连,其间无腔隙,不活动或仅有小范围活动,以保护和支持功能为主。根据骨连结间组织的不同,分为纤维连结和软骨连结。纤维连结如头部诸骨之间的缝,桡骨和尺骨之间的韧带连结。这种连结大部分是暂时性的,随着年龄的增长而骨化,转变为骨性结合。软骨连结如椎体之间的椎间盘,这种连结,在正常情况下终生不骨化。

2. **间接连结**　为骨连结中较普遍的一种形式。骨与骨不直接连结,其间有滑膜包围的腔隙,能进行灵活的运动,故又称滑膜连结,简称关节。

(1)关节的结构:关节的基本构造包括关节面、关节软骨、关节囊和关节腔四部分。关节中也有血管、神经和淋巴管等,有的关节还有韧带、关节盘等辅助结构(图 2-2)。

关节面:是骨与骨相接触的光滑面,骨质致密,形状彼此互相吻合,其中一个略凸或呈球形,称关节头;另一个略凹,称关节窝。

关节软骨:是附着在关节面上的一层透明软骨,光滑而有弹性和韧性,可减少运动时的冲击和摩擦。

关节囊:是包围在关节周围的结缔组织囊。囊壁分内外两层,外层是纤维层,厚而坚韧,有保护作用;内层是滑膜层,薄而柔润,有丰富的血管网,能分泌滑液。

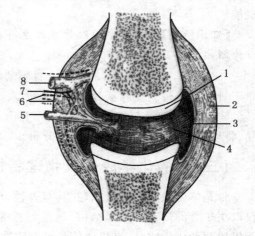

1.关节软骨　2.关节囊的纤维层　3.关节囊的滑膜层
4.关节腔　5.动脉　6.感觉神经纤维　7.植物性
神经(交感神经节后纤维)　8.静脉

图 2-2　关节构造模式图

关节腔:是关节软骨和关节囊之间的腔隙,内有少量淡黄色的滑液,起润滑关节和营养关节软骨的作用。

关节的辅助结构:主要有韧带和关节盘。韧带是在关节囊外连在相邻两骨间的致密结缔组织带,以加强关节的稳固性。关节盘是位于两关节面间的纤维软骨板,它有加强关节的稳固性,缓冲震动等作用,多在活动性大的关节内分布,如下颌关节、股胫关节等。

(2)关节的运动形式:关节在肌肉的牵引下,可做各种运动。关节的运动形式与关节面的形状及其相关韧带的排列有着密切的关系。主要有以下几种:

屈和伸:屈是关节角度减少;伸是角度增大。

内收和外展：内收是肢体向正中矢面移动；外展是使骨远离正中矢面的运动。

旋动：四肢绕本身的纵轴而进行的运动称旋动。肢体由前面转向内侧叫内旋；肢体由前面转向外侧叫外旋。

（3）关节的类型：单关节和复关节：根据组成关节的骨数划分为单关节和复关节两种。单关节由相邻的两骨构成，如肩关节。复关节由两块以上的骨构成，或在两骨间夹有短骨或关节盘组成，如腕关节、膝关节等。

单轴关节、双轴关节和多轴关节：根据关节运动轴的数目，可将关节分为单轴关节、双轴关节和多轴关节三种。单轴关节一般只能沿横轴在矢状面上作屈、伸运动，如肘关节、膝关节、跗关节和趾关节等。双轴关节是由凸并呈椭圆形的关节面和相应的窝结合形成的关节，除可沿横轴做屈、伸运动外，还可沿纵轴左右摆动，如环枕关节和下颌关节。多轴关节是由半球形的关节头和相应的关节窝构成的关节，这种类型的关节除能做屈、伸、内收和外展运动外，还能做旋转运动，如肩关节和髋关节。

二、畜体全身骨骼识别

家畜全身骨骼，按其所在部位分为头部骨骼、躯干骨骼、前肢骨骼和后肢骨骼四部分（图 2-3）。

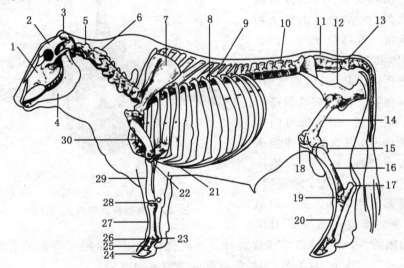

1.上颌骨　2.额骨　3.角突　4.下颌骨　5.环椎　6.枢椎　7.肩胛骨　8.肋骨　9.胸椎　10.胸椎　11.荐椎　12.髋骨　13.尾椎　14.股骨　15.腓骨　16.胫骨　17.跟结节　18.膝盖骨　19.跗骨　20.跖骨　21.胸骨　22.尺骨　23.籽骨　24.蹄骨　25.冠骨　26.系骨　27.掌骨　28.腕骨　29.桡骨　30.臂骨

图 2-3　牛的全身骨骼

（一）躯干骨及其连结

1. 躯干骨　躯干骨包括脊柱、肋和胸骨。它们连接起来构成胸廓。脊柱由一系列椎骨借软骨、关节和韧带连结而成,构成畜体的中轴,前端连接头骨。脊柱的作用是支持体重,保护脊髓,传递推动力,参与胸腔、腹腔及骨盆腔的构成。椎骨依其所在部位分为颈椎、胸椎、腰椎、荐椎和尾椎五个部分(表2-1)。

表 2-1　各种家畜椎骨各段数目(块)

家畜	颈椎	胸椎	腰椎	荐椎	尾椎
牛	7	13	6	5	16～20
羊	7	13	6～7	4	3～24
猪	7	14～15	6～7	4	20～23
马	7	18	6	5	15～21

（1）椎骨的一般构造(图2-4):各段椎骨的形态和构造虽有不同,但基本相似。每个椎骨均由椎体、椎弓和突起组成。

椎体是椎骨的腹侧部分,呈短柱状。前端突出为椎头,后端凹陷为椎窝。相邻椎骨的椎头和椎窝相连结。椎弓位于椎体的背侧,与椎体共同围成椎孔。全部椎骨的椎孔依次相连,形成椎管,主要容纳脊髓。椎弓基部的前后缘各有一对切迹,相邻椎弓的切迹合成椎间孔,供血管和神经通过。突起有三种,从椎弓背侧向上方伸出的一个突起,称棘突。从椎弓基部向两侧伸出的一对突起,称横突。横突和棘突是肌肉

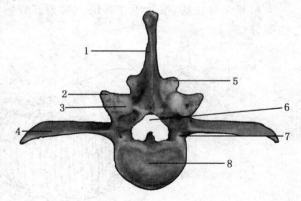

1.棘突　2.乳突　3.前关节突　4.横突
5.后关节突　6.椎孔　7.前椎切迹　8.椎头
图 2-4　典型椎骨的构造(前面)

和韧带的附着处,对脊柱的伸屈或旋转运动起杠杆作用。从椎弓背侧的前后缘各伸出的一对突起为前、后关节突,相邻椎骨的关节突构成关节。

（2）各种椎骨的主要特点:

颈椎:家畜的颈部骨骼是作为头的支柱和头部运动的杠杆,所以必须坚固而灵活。第一颈椎呈环状,又称寰椎。由背侧弓和腹侧弓围成。两弓的前面形成一较深的关节窝,与枕骨髁形成环枕关节。两弓的后面则形成鞍状关节面,与第二颈椎

(枢椎)形成环枢关节。横突呈翼状,叫寰椎翼,其外侧缘可在体表触摸到。寰椎的背弓较薄,无棘突。第二颈椎又叫枢椎,椎体最长,前端形成齿状突,伸入寰椎的椎孔内,形成可以转动的环枢关节,便于头部的旋转运动。第3~5颈椎的形状大致相似,具有典型椎骨的一般构造。主要特点为关节突很强大,横突分前后二支,横突基部有横突间孔,各颈椎的横突间孔连成横突管。第六颈椎除具有与第3~5颈椎相同的特点外,其腹侧的横突呈平板状,称为腹板。第七颈椎是向胸椎过渡椎骨,一般棘突较长,横突一对,无横突孔,椎窝两侧具一对小关节面,称为肋后窝,可与第一肋形成关节。

胸椎:椎体前后端的两侧有前、后肋凹,与肋头成为关节。横突较短,其游离端腹侧面有关节小面,称横突肋凹,与相应的肋结节成关节。棘突特别发达,第2~6棘突最高,是鬐甲的骨质基础。

腰椎:是构成腹腔顶壁的骨质基础,横突长,呈上下压扁的板状突,伸向外侧。第一腰椎的横突短,第2~5腰椎逐渐增长,第6腰椎较短。棘突发达,其高度与后部胸椎的相等,相邻关节突连接坚固,以增加腰部的牢固性。

荐椎:位于荐部,构成骨盆腔顶壁的骨质基础。荐椎互相愈合在一起叫荐骨。荐骨横突相互愈合,前部宽阔为荐骨翼,翼的上后方有三角形的耳状关节面,与髂骨成关节。第1荐椎椎体的腹侧缘略凸,为荐骨岬。

尾椎:数目变化较大。前几个尾椎仍具有椎弓,椎体、棘突和横突,向后则逐渐退化,仅保留椎体,并逐渐变细,形成尾杆。在前几个尾椎腹侧有一对腹侧棘,中间形成一沟,内有尾中动脉通过,临床上常在此进行脉诊。

(3)肋:细长而呈弓形,无骨髓腔,属扁骨,构成胸腔的侧壁,左右成对。其对数与胸椎数目相同。肋由肋骨和肋软骨组成。肋骨位于背侧,肋软骨位于腹侧。前几对肋骨以肋软骨与胸骨相接称真肋。其余肋骨的肋软骨则由结缔组织连接于前一肋软骨上,称假肋。有的肋软骨末端游离,称为浮肋。牛、羊有真肋8对,假肋5对,共计13对;猪有真肋7对,假肋7对,浮肋1对,共计14~15对,长白猪多2对肋;兔有真肋7对,假肋5对,共计12对。相邻两肋之间的间隙,称肋间隙。最后肋骨与各弓肋的软骨顺次相接,形成肋弓,作为胸廓的后界。

(4)胸骨:胸骨位于胸廓底壁的正中,由6~8块胸骨片借软骨连结而成(图2-5)。胸骨由前向后分为胸骨柄、胸骨体和剑状软骨(剑突)三部分。

(5)胸廓:由胸椎、肋骨、肋软骨和胸骨组成的前小后大的圆锥形的骨性支架(图2-6)。胸廓前口较高,由第1胸椎、第1对肋以及胸骨柄构成。胸廓后口较宽大,向前下方倾斜,由最后1对肋骨、肋弓、最后胸椎和剑状软骨构成。胸廓前部的肋短而粗,具有较大的坚固性,以保护心、肺,并便于连结前肢;胸廓后部的肋细而长,具有较大的活动性,以适应呼吸运动。

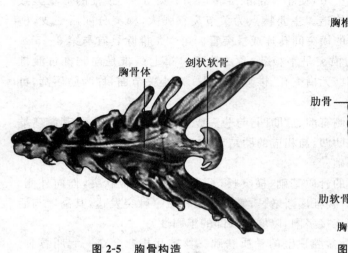

图 2-5 胸骨构造

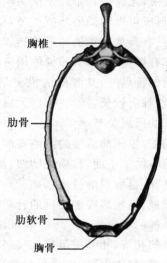

图 2-6 胸廓横断面

2. 躯干骨的连结　躯干骨的连接包括脊柱连接和胸廓连接。

(1)脊柱连接:椎体间连接:相邻椎骨的椎头和椎窝之间借纤维软骨和韧带相连。纤维软骨呈盘状,叫椎间盘。椎间盘具有弹性,有缓冲作用。还有位于椎体背侧的背侧纵韧带和位于椎体和椎间盘腹侧的腹侧纵韧带。

椎弓间连接:包括关节突和棘突间连接,相邻的关节突或棘突借助短的韧带和关节囊相连。此外还有长的棘上韧带和项韧带。棘上韧带由枕骨延伸到荐骨,连于多数棘突顶端。在颈部,棘上韧带强大而富有弹性,称为项韧带,它由索状部和板状部组成。

寰枕关节:由寰椎和枕骨构成的关节,可伸、屈和侧转运动。

寰枢关节:由寰椎与枢椎构成的关节,可左右转动头部。

(2)胸廓连接:包括肋椎关节和肋胸关节。肋椎关节是每一肋骨与相应胸椎构成的关节。包括 2 个,一个是肋骨小头与胸椎椎体上肋窝之间的关节,另一个是肋骨结节与胸椎横突形成的关节。肋胸关节是由真肋的肋软骨与胸骨两侧的关节窝形成的关节。

(二)头骨及其连结

头骨通过寰枕关节与脊柱连结,主要由扁骨和不规则骨构成,绝大部分借纤维和软骨组织连结,围成颅腔、鼻腔、口腔和眼眶,以保护脑、眼球、耳并构成消化和呼吸系统的起始部。

1. 头骨的组成及构造特点(图2-7)　头骨分颅骨和面骨。颅骨构成颅腔和感觉器官——眼、耳和嗅觉器官的保护壁。面骨形成口腔、鼻腔、咽、喉和舌的支架。

(1)颅骨:包括成对的额骨、顶骨、颞骨和不成对的枕骨、顶间骨、蝶骨和筛骨等7种10块骨。枕骨后端正中有枕骨大孔,前通颅腔,后接椎管。在枕骨大孔的两侧有卵圆形的关节面,称为枕髁,与寰椎构成寰枕关节。额骨前部有向两侧伸出的眶上突,构成眼眶的上界。额骨后缘与顶骨之间形成头骨的最高点,称额隆起。有角的牛,额骨后方两侧有角突。颞骨与下颌骨成关节。筛

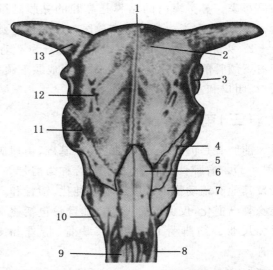

1.额隆起　2.额骨　3.颞骨　4.泪骨　5.颧骨　6.鼻骨
7.上颌骨　8.切齿骨　9.腭裂　10.眶下孔
11.眼眶　12.眶上孔　13.角突

图 2-7　牛头骨的背侧面

骨位于颅腔的前壁,参与构成颅腔、鼻腔及鼻旁窦的一部分。由筛板、垂直板和一对筛骨迷路组成。筛板上有许多小孔,为嗅神经纤维的通路。

(2)面骨:由成对鼻骨、上颌骨、切齿骨、泪骨、颧骨、腭骨、翼骨、上鼻甲骨、下鼻甲骨及不成对的下颌骨、犁骨和舌骨等12种21块骨组成。鼻骨构成鼻腔顶壁的大部。上颌骨位于面部的两侧,构成鼻腔的侧壁、底壁和口腔的上壁,几乎与所有面骨连接,分为骨体和腭突。骨体构成鼻腔的侧壁;外侧面有不甚明显的面嵴,其前端有面结节。上颌骨的下缘称齿槽缘,有臼齿槽;腭突由骨体内侧下部向正中矢面伸出的水平骨板形成,构成硬腭的骨质基础,将口腔和鼻腔隔开。切齿骨位于上颌骨的前方。骨体位于前端,薄而扁平,无切齿槽。鼻突与鼻骨前部的游离缘共同形成鼻切齿骨切迹或鼻颌切迹。腭骨构成鼻后孔侧壁及硬腭的骨性支架。鼻甲骨是两对卷曲的薄骨片。附着于鼻腔两侧壁上。上、下鼻甲骨,将每侧鼻腔分为上、中、下三个鼻道。下颌骨是头骨中最大的骨,分为前部的骨体和后部的下颌支。骨体前部为切齿部,有切齿槽;后部为臼齿部有臼齿槽。切齿槽与臼齿槽之间为齿槽间缘。下颌支较宽阔,内、外侧面均凹,供咀嚼肌附着。下颌支上端的后方有下颌

髁与颞骨成关节,两侧下颌骨之间形成下颌间隙。

(3)鼻旁窦:在一些头骨的内部,形成直接或间接与鼻腔相通的腔,称为鼻旁窦或副鼻窦。鼻旁窦内的粘膜是鼻腔的黏膜延续,当鼻黏膜发炎时,常蔓延到鼻旁窦,引起鼻旁窦炎。鼻旁窦在兽医临床上较重要的有额窦、上颌窦和腭窦。

2.头骨的连结　各头骨之间大部分为不动连结,多借缝、软骨或骨直接相连。只有下颌骨的下颌髁与颞骨的颞髁形成颞下颌关节,是头部唯一的活动关节,能做开口、闭口和左右活动等动作。

(三)前肢骨及其连结

前肢骨是前肢各个部位的骨质基础,由肩胛骨、肱骨、前臂骨和前脚骨所组成(图 2-8)。肩胛骨、锁骨和乌喙骨合称为肩带,牛及其他有蹄动物因四肢运动单纯化,锁骨和乌喙骨已退化,仅保留肩胛骨。前臂骨包括桡骨和尺骨。前脚骨包括腕骨、掌骨、指骨和籽骨。

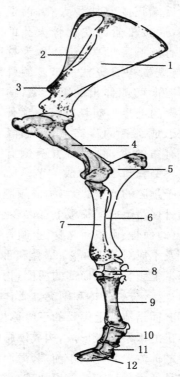

1.前肢骨

(1)肩胛骨:肩胛骨是三角形扁骨,位于胸廓前部的两侧,外侧面有一条纵行的隆起叫肩胛冈。冈的中部增厚,形成一长而厚的粗糙区,称冈结节。肩胛冈向下延伸变薄,下端突出较高并形成尖的突起,称肩峰。牛、兔和猫肩峰明显,猪的冈结节特别发达且弯向后方,肩峰不明显。肩胛冈将外侧面分为前上方较小的冈上窝和后下方较大的冈下窝,供肌肉附着。背缘附着肩胛软骨。后角对应第 6~7 肋的椎骨端;腹侧角又称关节角有圆形关节窝或肩臼,与肱骨头成关节。

(2)肱骨(臂骨):肱骨又称臂骨,为管状长骨,由前上方斜向后下方,由两端和骨体组成。近端有圆而光滑的肱骨头,与肩胛骨的关节窝成关节。远端有、外侧两个滑车状关节面,分别称内侧踝和外侧踝,髁间是肘窝(鹰嘴窝),尺骨的肘突(鹰嘴)伸入其中。

1.肩胛骨　2.肩胛冈　3.肩峰　4.臂骨
5.肘突　6.尺骨　7.桡骨　8.腕
骨　9.大掌骨　10.系骨
11.冠骨　12.蹄骨

图 2-8　牛前肢骨

（3）前臂骨：前臂骨包括位于前方较粗的桡骨和在后外侧较细的尺骨。马、牛和羊等动物，桡骨发达；尺骨显著退化，仅近端发达，骨体向下逐渐变细，与桡骨愈合，近端有间隙，称前臂骨间隙。在猪、犬、兔和鼠等动物，尺骨比桡骨长。桡骨近端有前后略扁的关节窝，与肱骨踝成关节。远端有滑车状关节面，与腕骨构成关节。尺骨近端粗大而突出，称肘突，肘突下方有半月形的关节面，与肱骨远端成关节。远端表面有关节面，与腕骨成关节。

（4）腕骨：腕骨属于短骨，排成两列。近列腕骨自内向外为桡腕骨、中间腕骨、尺腕骨和副腕骨；远列自内向外依次为第1、第2、第3和第4腕骨。第1和第2腕骨在马愈合为一块；牛缺第1腕骨，而第2和第3腕骨愈合。近列腕骨的近侧关节面与桡骨成关节。近、远列腕骨与各腕骨之间均有关节面，彼此成关节。远列腕骨的远侧关节面和掌骨成关节。

（5）掌骨：属于长骨，由内向外分别称为第1、第2、第3、第4和第5掌骨。马有3个，中间是大掌骨（第3掌骨），内侧和外侧是小掌骨（即第2和第4掌骨），第1和第5掌骨退化。牛和羊有发达的大掌骨（第3、第4掌骨相互愈合而成），远端分别与第3指、第4指成关节，其他掌骨退化。猪有4个掌骨，第3、第4掌骨大，第2、第5掌骨小，缺第1掌骨。犬、猫、兔和鼠有5个掌骨。大掌骨近端具有两个微凹的关节面与远列腕骨成关节，远端有轴状关节面，被滑车间切迹分为两部分，每一轴状关节面中央均有较明显的矢状嵴。

（6）指骨：每一完整的指骨从上至下顺次包括系骨、冠骨和蹄骨。蹄骨近端前缘突出称伸腱突，底面凹且粗糙，称屈腱面。马只有第3指。牛、羊的第3、第4指发育完全，称为主指，与地面接触。第2、第5指大部分退化，称为悬指，不与地面接触。猪的第3、第4指发达，第2、第5指小。犬、猫、兔和鼠有5指，但第1指仅含二指节。

（7）籽骨：籽骨分近籽骨和远籽骨。分别位于掌指关节和远指节间关节的掌侧面。参与相应关节的形成。

2．前肢骨的连结　前肢的肩带与躯干之间不形成关节，而是借肩带肌将肩胛骨与躯干连结。前肢各骨之间均形成关节，自上而下依次为肩关节、肘关节、腕关节和指关节。指关节又包括掌指关节、近指节间关节和远指节间关节，也称系、冠、蹄关节。

（1）肩关节：肩关节是由肩胛骨关节窝和肱骨头构成的单关节，无侧韧带，故肩关节的活动性大，为多轴关节。但由于受内、外侧肌肉的限制，主要进行屈、伸运动，而内收和外展运动范围较小。

（2）肘关节：是由肱骨远端的关节面与桡骨及尺骨近端关节面构成的单轴关节，两侧有韧带。由于侧韧带将关节牢固连结与限制，故肘关节只能做屈、伸运动。

（3）腕关节：由桡骨远端、两列腕骨和掌骨近端构成的单轴复关节。包括桡腕关节、腕间关节和腕掌关节，仅能向掌侧屈曲。

（4）指关节：指关节包括系关节、冠关节和蹄关节。这三个关节都是单轴单关节。系关节又称球节，由掌骨远端、系骨近端和一对近籽骨组成。其侧韧带与关节囊紧密相连。悬韧带和籽骨下韧带固定籽骨，防止关节过度背屈。悬韧带起自大掌骨近端掌侧，止于籽骨，并有分支转向背侧，并伸入肌腱。牛的悬韧带含有肌质，称骨间中肌。冠关节由系骨远端和冠骨近端构成，有侧韧带紧连于关节囊。蹄关节由冠骨与蹄骨及远籽骨构成，有短而强的侧韧带。牛、羊、猪为偶蹄动物，两指关节成对，其构造与上述各指关节结构相似，两主指系关节的关节囊在掌侧相互交通。

（四）后肢骨及其连结

后肢骨是由髋骨、股骨、髌骨（膝盖骨）、小腿骨和后脚骨所组成（图 2-9）。髋骨

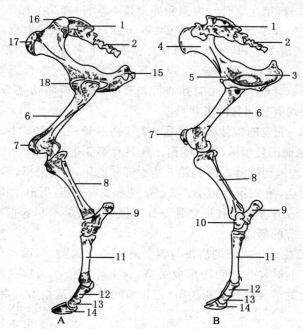

A.外侧面（左） B.内侧面

1.荐骨 2.尾椎 3.坐骨 4.髂骨 5.耻骨 6.股骨 7.膝盖骨 8.胫骨

9.腓跗骨 10.距骨 11.跖骨 12.系骨 13.冠骨 14.蹄骨

15.坐骨结节 16.荐结节 17.髋结节 18.股骨头

图 2-9 牛后肢骨

是髂骨、坐骨和耻骨三块骨的合称，又叫盆带，以支持后肢。小腿骨有胫骨和腓骨。后脚骨包括跗骨、跖骨、趾骨和籽骨。

1. 后肢骨

（1）髋骨：髋骨的特征是不规则，由髂骨、耻骨和坐骨结合而成（图2-10）。三块骨结合处形成杯状的关节窝，叫髋臼，与股骨头成关节。

髂骨：位于前上方，分髂骨体（宽而扁）和髂骨翼（三棱柱状），髂骨翼外侧角称为髋结节（马为四边形，牛的形状不规则），内侧角为荐结节。髂骨体的背侧凹陷处称为坐骨大切迹，与荐结节阔韧带（荐坐韧带）间构成坐骨大孔。

坐骨：为不正的四边形，位于后下方，构成骨盆底的后部。左、右坐骨的后缘连成坐骨弓，弓的两端突出是坐骨结节（牛为三角形，马的形状不规则）。两侧坐骨在骨盆底壁正中由软骨或骨结合在一起，称坐骨联合，是骨盆联合的一部分。

耻骨：位于前下方，构成骨盆底的前半部。两侧耻骨的内侧缘由软骨或骨结合形成耻骨联合，耻骨联合和坐骨联合统称为骨盆联合；坐骨和耻骨共同围成闭孔。

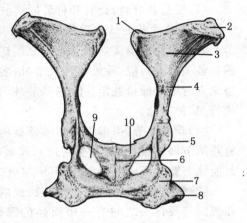

1. 荐结节 2. 髋结节 3. 髂骨臀面 4. 髂骨
5. 髋臼 6. 骨盆联合 7. 坐骨 8. 坐骨
结节 9. 闭孔 10. 耻骨

图2-10 牛的髋骨（背侧面）

由两侧髋骨、背侧的荐骨和前4枚尾椎以及两侧的荐结节阔韧带共同围成的结构称为骨盆。雌性动物骨盆的底壁平而宽，雄性动物则较窄。

（2）股骨：为长骨，近端内侧是球状的股骨头，头的外侧粗大的突起是大转子。骨干呈圆柱状，内侧近上1/3处的嵴称为小转子。外侧缘在与小转子相对处有一较大的突，称第3转子（马）。猪和犬的第3转子不明显。股骨远端前部是滑车关节面，与膝盖骨成关节。后部为股骨内、外侧髁，与胫骨成关节。

（3）髌骨：又称膝盖骨，是体内最大的一块籽骨，位于股骨远端前方，并与其滑车关节面构成关节，呈楔状。

（4）小腿骨：由前上方斜向后下方，包括胫骨和腓骨。胫骨粗大，近端有三个面和两个关节隆起，与相应的股骨髁及半月板成关节。远端较小，有滑车状关节面与距骨滑车成关节。腓骨细小，位于胫骨近端后外侧，牛、羊腓骨退化只剩近端的腓骨头，腓骨远端退化成一小骨块，称踝骨。猪的腓骨发达。

（5）跗骨：由近列跗骨、中央跗骨、远列跗骨组成。近列 2 块，内侧的称距骨，外侧的为跟骨。距骨近端和背侧有滑车状关节面，与胫骨和跟骨成关节。跟骨长而窄，近端有粗大突出的根结节，为腓肠肌腱附着部。中央跗骨 1 块；远列跗骨由内向外依次是第 1、第 2、第 3 和第 4 跗骨。

（6）跖骨：跖骨与前肢掌骨相似，但较细长。

（7）趾骨和籽骨：趾骨和籽骨同前肢的指骨和籽骨相似。

2. 后肢骨的连结 后肢骨的连结有荐髂关节、髋关节、膝关节、跗关节和趾关节。其中荐髂关节属盆带与躯干之间连结，骨盆联合是盆带连结。后肢各关节与前肢各关节相对应，除趾（指）关节外，各关节角方向相反，这种结构特点有利于家畜站立时姿势保持稳定。除髋关节外，各关节均有侧副韧带，故为单轴关节，主要进行屈、伸运动。

（1）荐髂关节：由荐骨翼和髂骨翼构成，运动范围很小。在荐骨与髋骨之间还有荐结节阔韧带（又称荐坐韧带），起自荐骨侧缘和第 1、第 2 尾椎横突，止于坐骨。其前缘与髂骨形成坐骨大孔，下缘与坐骨形成坐骨小孔。

（2）髋关节：由髋臼和股骨头构成的多轴关节。关节角在前方。关节囊宽松。在髋臼与股骨头之间有一短而强的圆韧带。马属动物还有一条副韧带，来自耻前腱。

（3）膝关节：包括股胫关节和股膝关节。膝关节角在后方，属单轴关节，可做伸屈动作。

（4）跗关节：又称飞节，由小腿骨远端、跗骨和跖骨近端构成的单轴复关节。关节角在前方。其滑膜形成胫跗囊、近侧跗间囊、远侧跗间囊和跗跖囊，有内、外侧韧带和背、跖侧韧带。

（5）趾关节：分为系关节、冠关节和蹄关节，其构造与前肢指关节相同。

子任务二　骨骼肌的识别

学习目标

能准确识别骨骼肌的形态，确定骨骼肌位置。

学习方法

相关内容学习结合实践操作。

相关内容

一、肌肉基本知识

（一）肌组织

肌组织主要由肌细胞构成，肌细胞之间有少量的结缔组织以及血管和神经。肌细胞呈纤维状，故亦称肌纤维。肌纤维的细胞膜称肌膜，肌细胞质称肌浆，肌浆中有许多与细胞长轴相平行排列的肌丝，它们是肌纤维舒缩功能的主要物质基础。根据结构和功能的特点，将肌组织分为三类：骨骼肌、心肌和平滑肌。骨骼肌和心肌属于横纹肌。骨骼肌受躯体神经支配，为随意肌；心肌和平滑肌受植物神经支配，为不随意肌。

1. 平滑肌　平滑肌是不随意肌，其纤维呈长梭形，平均长约 $200~\mu m$，两端尖细，中央粗，直径约 $6~\mu m$。妊娠子宫的平滑肌纤维可长达 $500~\mu m$。细胞核呈长椭圆形或长棒形，位于细胞中央，平滑肌不具横纹结构。平滑肌层或肌束之间有结缔组织，其中含血管、淋巴管和神经纤维。

2. 骨骼肌　大多数骨骼肌借肌腱附着在骨骼上，主要分布于躯干和四肢的骨骼上。骨骼肌纤维呈长圆柱形，细胞核呈椭圆形，数量多，有的可多达数百个。

3. 心肌　心肌纤维构成心壁的肌层，在植物性神经支配下持久而有节律地舒缩，由于舒缩不受意识支配，故属不随意肌。心肌纤维呈较短的圆柱状，有不明显的横纹。肌纤维间以闰盘为界，闰盘呈线状或阶梯状横贯心肌纤维，心肌纤维一般仅有一个核，呈卵圆形，位于中央，染色较淡。

（二）肌肉的构造

每一块肌肉就是一个器官，可分为两个部分，即能收缩的部分——肌腹和不能收缩的部分——肌腱（图 2-11）。

1. 肌腹　是肌器官的主要部分，位于肌器官的中间，由无数骨骼肌纤维借结缔组织结合而成。包在整块肌肉外表面的结缔组织称为肌外膜。肌外膜向内伸入，把肌纤维分成大小不同的肌束，称为肌束膜。肌束膜再向肌纤维之间伸入，包围着每一条肌纤维，称为肌内膜。肌膜是肌肉的支持组织，使肌肉具有一定的形状，血管、淋巴管和神经随着肌膜进入肌肉内，对肌肉的代谢和机能调节有重要意义。

【知识链接】当动物营养良好时，肌膜内蓄积有脂肪组织，使肌肉横断面上呈大理石状花纹。

51

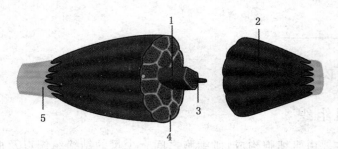

1.纤维束　2.肌肉外层包被　3.肌纤维　4.结缔组织　5.肌腱

图 2-11　肌肉的构造

2. 肌腱　位于肌腹的两端,由规则的致密结缔组织构成。在四肢多呈索状,在躯干多呈薄板状,又称腱膜。肌纤维借肌内膜直接连接肌纤维的两端或贯穿于肌腹中。肌腱不能收缩,但有很强的韧性和抗张力,不易疲劳。其纤维伸入骨膜和骨质中,使肌肉牢固附着于骨上。

(三)肌肉的形态、起止点和作用

肌肉由于位置和机能不同,而有不同的形态,一般可分为板状肌、多裂肌、纺锤形肌和环行肌四种。肌肉一般都借着肌腱附着在骨、筋膜、韧带或皮肤上,中间跨越一个或几个关节。

肌肉收缩时,肌腹变短变粗,使其两端的附着点互相靠近,牵引骨发生移位而产生运动。肌肉的不动附着点称起点,活动附着点称止点。在自然孔周围的环行肌没有起止点。

根据肌肉收缩时对关节的作用,可分为伸肌、屈肌、内收肌和外展肌等。肌肉对关节的作用与其位置有密切关系。伸肌分布在关节的伸面,通过关节角顶,当肌肉收缩时可使关节角变大。屈肌配布于关节的屈面,即关节角内,当肌肉收缩时使关节角变小。内收肌位于关节的内侧,外展肌则位于关节的外侧。运动时,一组肌肉收缩,作用相反的另一组肌肉就适当放松,并起一定的牵制作用,使运动平稳地进行。

(四)肌肉的命名

肌肉一般是根据其作用、结构、形状、位置、肌纤维方向及起止点等命名的。但多数肌肉是结合数个特征而命名的,如指外侧伸肌、腕桡侧屈肌、股四头肌、腹外斜肌等。

(五)肌肉的辅助器官

肌肉的辅助器官包括筋膜、黏液囊、腱鞘、滑车和籽骨,它们的作用是保护和辅助肌肉的工作。

1. 筋膜 筋膜为覆盖在肌肉表面的结缔组织膜,又分为浅筋膜和深筋膜。浅筋膜位于皮下,又称皮下筋膜,由疏松结缔组织构成,覆盖于整个肌系的表面,各部厚薄不一。浅筋膜有连接皮肤与深部组织,保护、贮存脂肪及参与维持体温等作用。深筋膜在浅筋膜的深层,由致密结缔组织构成。直接贴附于浅层肌群表面,并伸入肌肉之间,附着于骨上,形成肌间隔。深筋膜在某些部位(如前臂和小腿部等)形成包围肌或肌群的筋膜鞘,或者在关节附近形成环韧带以固定腱的位置。深筋膜还在多处与骨、腱或韧带相连,作为肌肉的起止点。总之,深筋膜成为整个肌系附着于骨骼上的支架,为肌肉的工作提供了有利条件。

【知识链接】在病理情况下,深筋膜一方面能限制炎症的扩散,另一方面,有些部位各肌肉之间的深筋膜形成筋膜间隙,又成为病变蔓延的途径。

2. 黏液囊 是密闭的结缔组织囊。囊壁薄,内面衬有滑膜。囊内含有少量黏液,主要起减少摩擦的作用。黏液囊多位于肌、腱、韧带及皮肤等结构与骨的突起部之间。关节附近的黏液囊,有的与关节腔相通,常称为滑膜囊。在病理情况下,黏液囊可因液体增多而肿胀。

3. 腱鞘 呈管状,多位于腱通过活动范围较大的关节处,由黏液囊包裹于腱外而成。鞘壁的内(腱)层紧包于腔上,外(壁)层以其纤维膜附着于腱所通过的管壁上。内外两层通过腱系膜相连续,两层之间有少量滑液,可减少腱活动的摩擦。

【知识链接】腱鞘常因拉伤而发炎肿大,称腱鞘炎。

4. 籽骨 籽骨是位于关节角顶部的小骨,有改变肌肉作用力的方向及减少摩擦等作用。

二、畜体全身骨骼肌识别

(一)皮肌

为分布于浅筋膜中的薄层肌,大部分紧贴在皮肤的深面,仅极少部分附着于骨,皮肌并不覆盖全身。根据所在部位,将其分为头部皮肌、肩臂皮肌和躯干皮肌。皮肌的作用是颤动皮肤,以驱逐蚊蝇及抖掉水滴和灰尘等(图 2-12)。

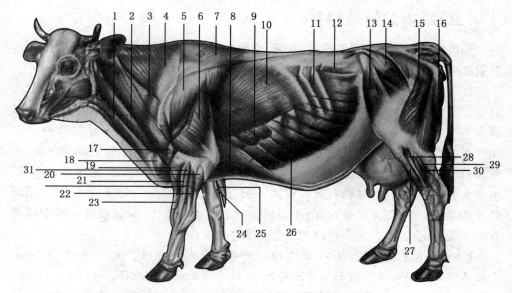

1.胸头肌　2.臂头肌　3.肩胛横突肌　4.颈斜方肌　5.三角肌　6.臂三头肌　7.胸斜方肌　8.胸深后肌
9.胸腹侧锯肌　10.背阔肌　11.肋间外肌　12.腹内斜肌　13.阔筋膜张肌　14.臂中肌　15.股二头肌
16.半腱肌　17.臂肌　18.胸浅肌　19.腕桡侧伸肌　20.腕外侧屈肌　21.趾内侧伸肌
22.指外侧伸肌　23.腕斜伸肌　24.腕桡侧屈肌　25.腕尺侧屈肌　26.腹外斜肌
27.第三腓骨肌　28.腓骨长肌　29.趾深屈肌　30.趾外侧伸肌　31.指总伸肌

图 2-12　牛全身浅层肌

(二)前肢肌

前肢肌可分为两部分:一部分连结躯干;一部分作用于前肢各关节(图 2-13)。作用于前肢各关节的肌肉大多数可区分为伸肌群和屈肌群两大部分,只有肩关节除有伸、屈肌群外,还有内收和外展肌群。

1. 前肢与躯干连结的肌肉(肩带肌)前肢与躯干连结的肌肉,有斜方肌、菱形肌、臂头肌、肩胛横突肌、背阔肌、腹侧锯肌和胸肌。臂头肌呈长带状,位于颈侧部皮下,构成颈静脉沟的上界。

2. 作用于肩关节的肌肉(肩部肌)　伸肌只有冈上肌。屈肌主要有三角肌、大圆肌和小圆肌。内收肌有肩胛下肌和喙臂肌。外展肌只有冈下肌。

3. 作用于肘关节的肌肉(臂部肌)　伸肌有臂三头肌、前臂筋膜张肌和肘肌。屈肌主要有臂二头肌和臂肌。

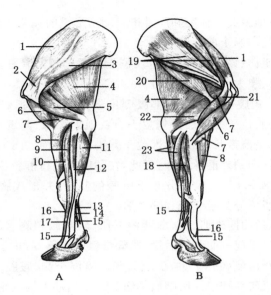

A.外侧　B.内侧

1.冈上肌　2.冈下肌　3.三角肌　4.臂三头肌长头　5.臂三头肌外侧头　6.臂二头肌　7.臂肌

8.腕桡侧伸肌　9.指总伸肌　10.指内侧伸肌　11.腕尺侧伸肌　12.指外侧伸肌

13.指浅屈肌腱　14.指深屈肌腱　15.悬韧带及其分支　16.指内侧伸肌腱

17.指总伸肌腱　18.腕桡侧屈肌　19.肩胛下肌　20.大圆肌

21.喙臂肌　22.臂三头肌内侧　23.腕尺侧屈肌

图 2-13　牛的前肢肌

4. 作用于腕关节的肌肉（前臂部肌）　伸肌有腕桡侧伸肌和拇长外展肌。屈肌有腕尺侧伸肌、腕尺侧屈肌和腕桡侧屈肌。

5. 作用于指关节的肌肉（前臂及前脚部肌）　伸肌有指内侧伸肌、指总伸肌和指外侧伸肌。屈肌有指浅屈肌、指深屈肌和骨间肌。

（三）躯干肌

躯干肌包括脊柱肌、颈腹侧肌、胸壁肌和腹壁肌。

1. 脊柱肌　脊柱肌指支配脊柱活动的肌肉，根据其位置可分为脊柱背侧肌群和脊柱腹侧肌群。

（1）脊柱背侧肌群：包括背最长肌、髂肋肌、夹肌、颈最长肌、头环最长肌、头半棘肌、背颈棘肌、多裂肌、头背侧大直肌、头背侧小直肌、头前斜肌和头后斜肌等。背最长肌为全身最长的肌肉，呈三棱形，由许多肌束结合而成，表面覆盖一层强厚的腱膜,位于胸、腰椎棘突与横突和肋骨椎骨端所形成的夹角内,作用是伸展背腰;协助呼气;跳跃时提举躯干前部和后部。

(2)脊柱腹侧肌群:该肌群不发达,仅位于颈部和腰部脊柱的腹侧。包括头长肌、颈长肌、腰小肌、腰大肌和腰方肌等。

2. 颈腹侧肌　颈腹侧肌位于颈部腹侧皮下,包括胸头肌、胸骨甲状舌骨肌和肩胛舌骨肌。胸头肌位于颈部腹外侧皮下臂头肌的下缘,与臂头肌之间形成颈静脉沟。肩胛舌骨肌呈薄带状,在颈后部位于臂头肌的深面,在颈前部形成颈静脉沟的沟底,把颈总动脉和颈外静脉隔开,因此,在颈前部进行静脉注射较为安全。

3. 胸壁肌(呼吸肌)　呼吸肌分布于胸腔的侧壁,并形成胸腔的后壁,故也称胸壁肌,根据其机能可分为吸气肌和呼气肌。

(1)吸气肌:包括肋间外肌、膈、前背侧锯肌、斜角肌和胸直肌等。肋间外肌位于肋间隙的浅层,起于前一肋骨的后缘,肌纤维斜向后下方,止于后一肋骨的前缘。可向前外方牵引肋骨,使胸腔扩大,引起吸气。膈位于胸、腹腔之间,呈圆顶状,突向胸腔,由周围的肌质部和中央的腱质部组成。肌质部根据其附着部位,又分为腰部、肋部和胸骨部。腰部由长而粗的左、右膈脚构成。膈上有三个孔,由上向下依次为:主动脉裂孔,位于左、右膈脚之间,供主动脉、左奇静脉和胸导管通过;食管裂孔,位于右膈脚中,接近中心腱,供食管和迷走神经通过;腔静脉孔,位于中心腱上,供后腔静脉通过。膈是主要的吸气肌,收缩时使突向胸腔的部分变扁平,从而增大胸腔的纵径,致使胸腔扩大,引起吸气。

(2)呼气肌:包括后背侧锯肌和肋间内肌等。后背侧锯肌位于胸壁后下部,背最长肌的表面,起自腰背筋膜,肌纤维方向为后上至前下,止于肋骨的后缘,可向后牵引肋骨,协助呼气。肋间内肌位于肋间外肌深面,起于肋骨和肋软骨的前缘,肌纤维方向自后上向前下,止于前一个肋骨的后缘,可牵引肋骨向后并拢,协助呼气。

4. 腹壁肌　腹壁肌都是板状肌,构成腹腔的侧壁和底壁。前连肋骨,后连髋骨,上面附着于腰椎,下面左、右两侧的腹壁肌在腹底壁正中线上,以腱质相连,形成一条白线,称腹白线。腹壁肌共有四层,由外向内为腹外斜肌、腹内斜肌、腹直肌和腹横肌。

(1)腹外斜肌:为腹壁肌的最外层,肌纤维斜向后下方,自髋结节至耻前腱,腱膜强厚,称腹股沟韧带(腹股沟弓),在其前方腱膜上有一长约 10 cm 的裂孔,为腹股沟管皮下环。

(2)腹内斜肌:位于腹外斜肌的深层,肌纤维斜向前下方。起于髋结节和第 3～5 腰椎横突,呈扇形向前下方扩展,其前上缘肥厚,称髂肋脚,是肷窝的下界。

(3)腹直肌:腹直肌呈宽而扁平的带状,位于腹底壁,在白线两侧,被腹外、内斜肌和腹横肌所形成的内、外鞘所包裹。表面有 5～6 条横行的腱划。于第 2 或第 3 腱划处，在剑状软骨外侧，有供腹皮下静脉通过的孔，称为乳井。

（4）腹横肌：是腹壁的最内层肌，较薄，起自腰椎横突及假肋下端的内侧面，肌纤维横行，走向内下方，以腱膜止于腹白线。在该肌肉内表面是一层腹膜（牛、羊、马）或腹壁脂肪（猪）。

【知识链接】腹壁肌形成坚韧的腹壁，容纳、保护和支持腹腔脏器；当腹壁肌收缩时，可增大腹压，协助呼气、排粪、排尿和分娩等。

（5）腹股沟管：腹股沟管位于腹底壁后部，耻前腱的两侧，为腹外斜肌和腹内斜肌之间的一个楔行裂隙。该管有内、外两个口：内口通腹腔，称腹股沟管鞘环或深环，由腹内斜肌的后缘和腹股沟韧带围成；外口通皮下，称腹股沟管皮下环或浅环，为腹外斜肌后部腱膜上的卵圆裂孔。公牛的腹股沟管明显，是胎儿时期睾丸从腹腔下降到阴囊的通道，内有精索、总鞘膜、提睾肌和脉管、神经通过。

腹壁肌各层肌纤维走向不同，彼此重叠，再加上腹黄膜，形成了柔韧的腹壁，对腹脏内器官起着重要的支持和保护作用。腹肌收缩时，可增大腹压，有助于呼气、排便和分娩等活动。

（四）后肢肌

后肢肌是作用于后肢各关节的肌肉，较前肢肌发达，是推动身体前进的主要动力。后肢肌大多数可区分为伸肌群和屈肌群两大部分，只有髋关节除有伸、曲肌群外，还有内收和旋动肌群（图 2-14）。

1. 作用于髋关节的肌肉（臀股部肌）

（1）伸肌：有臀中肌、臀深肌、臀股二头肌、半腱肌、半膜肌和股方肌等。臀中肌大而厚，位于骨盆的背外侧，构成臀部的基础，向前与背最长肌相接。起于背最长肌后部腱膜、髂骨臀肌面、荐骨及荐结节阔韧带，有伸髋关节、外展及旋外后肢的作用，由于同背最长肌结合，还参与竖立、蹴踢及推进躯干等动作。臀股二头肌长而宽大，位于臀肌后方，臀股部的外侧，其作用是伸髋关节，亦可伸膝、跗关节；在推进躯干、蹴踢和竖立等动作中起伸展后肢作用；在提举后肢时可屈膝关节。

（2）屈肌：阔筋膜张肌呈三角形，位于股部的前外侧皮下。起于髋结节；向下呈扇形展开，借阔筋膜止于髌骨和胫骨近端。

2. 作用于膝关节的肌肉（股部深层肌）

（1）伸肌：股四头肌大而厚，位于股骨的前面和两侧，被阔筋膜张肌所覆盖。

（2）屈肌：腘肌呈三角形，位于膝关节后方，胫骨后面的上部。

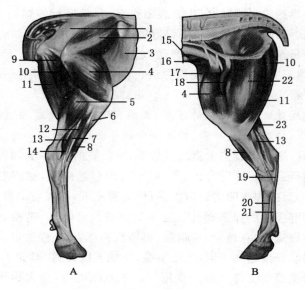

A.外侧　B.内侧

1.荐结节阔韧带　2.臀中肌　3.腹内斜肌　4.骨四头肌　5.腓肠肌　6.胫骨前肌　7.趾长
伸肌　8.第三腓骨肌　9.内收肌　10.半膜肌　11.半腱肌　12.腓骨长肌　13.趾深屈肌
14.趾外侧伸肌　15.腰小肌　16.髂腰肌　17.阔筋膜张肌　18.缝匠肌　19.趾
浅屈肌腱　20.悬韧带　21.趾深屈肌腱　22.股薄肌　23.腓骨肌

图 2-14　牛的后肢肌

3. 作用于跗关节的肌肉(小腿部肌)

(1)伸肌:腓肠肌位于小腿后部,肌腹呈纺锤形。下行到小腿中部变为一强腱,与趾浅屈肌腱及臀股二头肌和半腱肌腱膜的一部分共同合成跟腱,止于跟结节。跟腱前方内、外侧的沟,分别叫小腿内侧沟和小腿外侧沟,小腿内侧沟内有胫神经通过。

(2)屈肌:有腓骨第 3 肌、胫骨前肌和腓骨长肌。

4. 作用于趾关节的肌肉(小腿及后脚部肌)

(1)伸肌:有趾内侧伸肌、趾长伸肌和趾外侧伸肌。

(2)屈肌:有趾浅屈肌、趾深屈肌和骨间肌。

(五)头部肌

头部肌包括咀嚼肌和面肌。

1. 咀嚼肌　咀嚼肌是使下颌运动的强大肌肉,均起于颅骨,止于下颌骨,分为闭口肌和开口肌。

(1)闭口肌:闭口肌很发达,且富有腱质,位于颞下颌关节的前方,包括咬肌、翼肌和颞肌。

(2)开口肌:包括枕颌肌和二腹肌等。

2. **面肌**　面肌是位于口腔、鼻孔和眼裂周围的肌肉,主要有鼻唇提肌、上唇固有提肌、鼻翼开肌、下唇降肌、口轮匝肌和颊肌。

子任务三　皮肤及其衍生物的识别

学习目标

能准确识别皮肤衍生物及其位置。

学习方法

相关内容学习结合实践操作。

相关内容

一、皮肤

皮肤被覆于畜体表面,由复层扁平上皮和结缔组织构成,内含大量的血管、淋巴管、汗腺以及丰富的感受器。因此,皮肤具有保护、感觉、调节体温、排泄废物和贮存营养物质等功能。

皮肤的厚薄由于家畜种类、品种、年龄、性别以及身体的不同部位而异。牛皮肤最厚,绵羊的最薄;老龄畜比幼畜的厚;公畜比母畜的厚;同一畜体,背部、四肢外侧的皮肤比腹部和四肢内侧的厚。皮肤虽然厚薄不同,但其结构均由表皮、真皮和皮下组织构成。

(一)表皮

表皮是皮肤的最表层,为角化的复层扁平上皮。无血管和淋巴管,有丰富的神经末梢。可分为角质层和生发层。角质层是表皮的最浅层,由大量角化的扁平细胞组成。浅表死亡的细胞从皮肤的表面脱落,形成皮屑。生发层位于表皮深层,由数层多角形细胞组成,深层细胞与真皮相连。生发层细胞具有很强的增殖能力,不断分裂产生新的细胞,向表层推移,借以补充表层角化而脱落的细胞。当表皮受损伤时,由生发层细胞的分裂而修复。

（二）真皮

真皮位于表皮的深层,由致密结缔组织构成,坚韧而富有弹性,是皮肤最厚的一层。皮革即由真皮鞣制而成。真皮由浅向深分为乳头层和网状层,但两层无明显分界。乳头层富有血管、淋巴管和感觉神经末梢,起营养表皮和感受外界刺激的作用。网状层为真皮的深层,内有大量粗大的胶原纤维束和弹性纤维,故具有坚韧性和弹性。网状层含有较大血管、淋巴管和神经,并有毛、汗腺、皮脂腺和立毛肌等。

【知识链接】临床上的皮内注射就是将药液注入真皮内。

（三）皮下组织

皮下组织又称浅筋膜,位于真皮深层,由疏松结缔组织构成。皮下组织内常含有大量的脂肪组织,具有保温、贮藏能量和缓冲机械压力的作用。由于皮下组织结构疏松,使皮肤具有一定的活动性,可形成皱褶,如牛的颈垂。

（四）皮肤的机能

皮肤是畜体最外层组织,也参与全身的机能活动,维持畜体和外界环境的对立统一,保障机体的健康。有以下主要功能:

1. 屏障功能　皮肤能保护机体免受各种外界损伤,能避免细菌等微生物的伤害,能阻止营养物质、电解质和水分的流失。

2. 感觉功能　皮肤内分布着许多感受器,能把热、冷、触、压和痛等刺激,传入中枢,形成感觉。因此皮肤是畜体重要的感觉器官。

3. 调节体温功能　皮肤是机体调节体温的重要器官,它主要以辐射、对流、蒸发和传导四种方式工作。

4. 分泌和排泄功能　皮肤通过排汗能排出体内废物,皮脂腺能分泌皮脂,具有形成皮脂膜和润滑皮肤及毛发的作用。

二、皮肤衍生物

皮肤衍生物包括毛、蹄、枕、汗腺、皮脂腺、乳腺、角以及禽类的羽毛、冠、喙和爪等。其中乳腺、皮脂腺和汗腺称为皮肤腺。

（一）毛

由表皮生发层演化而来，是一种坚韧而有弹性的角质丝状结构，覆盖于皮肤表面，有良好的保温作用。毛由角化的上皮细胞构成，分毛干和毛根两部分。毛干为露出皮肤表面的部分；毛根为埋于皮肤内的部分。毛根基部膨大，称毛球。毛根周围有由表皮组织和结缔组织构成的毛囊，在毛囊的一侧有一条平滑肌束，称立毛肌，受交感神经支配，收缩时使毛竖立。毛球的细胞分裂能力很强，是毛的生长点。当毛球长出新毛时，即将旧毛推出而脱落，这个过程称为换毛。家畜一般在春秋两季换毛。生长在畜体表面的毛称为被毛。因粗细不同，分为粗毛和细毛。不同动物毛的分布和形态有差异，牛、马、猪的被毛多为短而直的粗毛；绵羊毛多为细毛。牛、马的被毛是单根均匀分布，绵羊的成簇分布；猪的常是三根集合成一组，其中一根是主毛，比较长。同一动物不同部位毛的分布也有差异，短而粗的被毛多分布在头部和四肢。在畜体的一些部位长有特殊的长毛，如马鬃、尾毛和距毛。牛、马唇部的触毛，其毛根具有丰富神经末梢，感受触觉。

（二）蹄

1. 枕　可分为腕（跗）枕、掌（跖）枕和指（趾）枕，分别位于腕（跗）部、掌（跖）部和指（趾）部的内侧面、后面和底面。掌行动物的腕（跗）枕、掌（跖）和指（趾）枕发达。牛、羊没有腕（跗）枕和掌（跖）枕，只有发达的指（趾）枕。指（趾）枕位于蹄的后部，又称蹄枕，起弹性作用，其结构与皮肤相同，表皮角化，柔韧而有弹性；枕真皮有发达乳头和丰富的血管、神经；枕皮下组织发达，由胶原纤维、弹性纤维和脂肪组织构成。牛、羊的指（趾）枕仅有蹄球，而无蹄叉。

2. 蹄　马属动物为单蹄，每肢只有一个蹄。蹄匣可分蹄壁、蹄底和蹄叉三部分。蹄壁是站立时可见的蹄匣部分，有三层结构，其内层是由许多纵行排列的角质小叶构成的，称为小叶层。小叶层的角质小叶色白而较柔软，与肉壁上的肉小叶互相嵌合。蹄壁的近侧缘，称蹄冠，蹄冠与皮肤相连接的部分，称蹄缘，蹄缘的角质柔软而有弹性，以减少蹄壁对皮肤的压迫。蹄壁的底缘直接接触地面，在底缘和蹄底之间有一浅色的环形线，称为蹄白线。蹄白线是确定蹄壁厚度的标准，装蹄时，蹄钉不得钉在蹄白线以内，否则就会损伤肉蹄引起钉伤。蹄底是蹄向着地面而略凹陷的部分，位于蹄壁底缘与蹄叉之间。蹄叉位于蹄底的后方，角质较软，当对家畜（马骡）管理不良时，可发生蹄叉腐烂。肉蹄的形态与蹄匣相似，可分为肉壁、肉底和肉叉三部分。肉壁、肉底和肉叉分别与蹄匣的蹄壁、蹄底和蹄叉相嵌合。

牛（羊猪）是偶蹄动物，每肢有两个主蹄和两个悬蹄。主蹄位于第三指（趾）和第四指（趾）端，与地面接触，其形态和蹄骨相似，相当于马蹄的一半，呈三面棱形。它的蹄匣由蹄壁、蹄底和蹄球三部分组成，没有蹄叉。肉蹄的形态与蹄匣相似，分肉壁、肉底和肉球三部分。母牛在产犊季节常发生肉蹄的无菌性炎症（蹄叶炎）。悬蹄小而呈圆锥状，位于主蹄的后上方，不与地面接触，其构造与主蹄相似。

（三）角

角是反刍兽额骨角突表面覆盖的皮肤衍生物。由角表皮和角真皮构成。

角可分角根（基）、角体和角尖。角根与额部皮肤相连续，角质层薄而软，并有环状的角轮出现；角体是由角根生长延续而来，角质层逐渐增厚。牛角靠近角根处的角轮明显，向上则逐渐消失。母牛角轮的出现与怀孕有关，每一次产犊之后，角根就出现新的角轮。水牛和羊的角轮明显，几乎遍及全角。

（四）皮肤腺

皮肤腺位于真皮内，根据其分泌物的不同，可分为汗腺、皮脂腺和乳腺。汗腺导管部多数开口于毛囊，少数开口于皮肤表面的开孔。汗腺分泌汗液，有排泄废物和调节体温的作用。马和绵羊的汗腺最发达，几乎分布全身；猪的比较发达，但以趾间部汗腺分布最多；牛的只在面部和颈部发达。皮脂腺多位于毛囊与立毛肌之间，多数开口于毛囊，无毛部位直接开口于皮肤表面。皮脂腺分泌皮脂，有滋润皮肤和被毛的作用，使皮肤和被毛保持柔韧。家畜除角、蹄、爪、乳头及鼻唇镜等处的皮肤无皮脂腺外，几乎分布全身。马和绵羊的皮脂腺发达，猪的不发达。

乳腺属复管泡状腺，是哺乳动物在结构上的特征之一。公母畜均有乳腺，但只有母畜能充分发育，并具有分泌乳汁的能力，形成发达的乳房。母牛的乳房呈倒置圆锥形，在两股之间，悬吊在腹后耻骨部。可分成紧贴腹壁的基部，中间的体部和游离的乳头部。乳房由纵行的乳房间沟分为左右两半，每半又以浅的横沟分为前后两部，共四个乳丘。每个乳丘上有一个乳头，乳头多呈圆柱形或圆锥形，前列乳头较长，每个乳头有一个乳头管。有时在乳房的后部有一对小的副乳头，无分泌能力。乳房的结构由皮肤、筋膜和实质构成。乳房实质分隔成许多腺小叶。每一腺小叶由分泌部和导管部组成。分泌部分泌乳汁，包括腺泡和分泌小管，其周围有丰富的毛细血管网。导管部输送乳汁，由许多小的输乳管汇合成较大的输乳管，再汇合成乳道，开口于乳头上的乳池，乳头管内衬黏膜形成许多纵嵴呈辐射状向乳头管口外伸延，黏膜下有发达的平滑肌和弹性纤维，平滑肌在管处形成括约肌。牛乳房四个乳丘的管道系统彼此并不相通。

课后练习

一、填空题

1. 由_____骨和_____骨构成头部唯一能活动的_____关节。

2. 家畜的前肢骨,自上而下,包括_____、_____、_____、_____、_____、_____和_____。

3. 鸡胸椎_____块,其中部分愈合,第 2～5 块愈合为_____;第 7 胸椎与腰椎、荐椎及第一尾椎愈合为_____;后部尾椎愈合为_____。

二、思考题

1. 为什么泌乳性能高的母畜易发生骨软症?

2. 运动系统由哪几部分组成,各部分之间的关系如何?

3. 关节由哪些结构组成,畜体主要关节有哪些?

任务三 消化系统结构、活动观察识别

学习目标

- 熟练识别不同动物消化器官的位置、形态、内部结构,掌握消化活动特点。
- 能熟练进行消化系统剖检,利用消化生理特点解决生产及临床实际问题。

学习方法

相关内容学习结合实践操作。

相关内容

消化系统的功能是摄取食物,对其进行消化作用,吸收营养物质,最后将残渣排出体外,保证新陈代谢的正常进行。

饲料中的营养成分包括蛋白质、脂肪、碳水化合物、水、无机盐和维生素等,其中后三种物质可被消化管直接吸收,但前三种结构复杂,分子大,不能直接吸收,必须在消化管内消化分解成氨基酸、单糖等结构简单的小分子,才能被消化管吸收。这种将食物分解为可吸收的简单物质的过程,称为消化。简单的营养物质通过消化管壁进入血液和淋巴的过程,称为吸收。

消化系统包括消化管和消化腺两部分。消化管为食物通过的管道,包括口腔、咽、食管、胃、小肠、大肠和肛门。消化腺为分泌消化液的腺体,消化液中含有多种酶,在消化过程中起催化作用,包括壁内腺和壁外腺。壁内腺广泛分布于消化管的管壁内,如胃腺和肠腺。壁外腺位于消化管外,形成独立的器官以腺管通入消化管腔内,如腮腺、肝和胰。

一、消化管的一般构造

消化管各段在形态、机能上各有特点,但其管壁的组织结构,除口腔外,一般均可分为四层,由内向外分别为:黏膜、黏膜下层、肌层、外膜。

(一)黏膜

黏膜是消化管道的最内层,当管腔内空虚时,常形成皱褶。黏膜具有保护、吸收和分泌等功能,可分为以下三层:

(1)上皮:除口腔、咽、食管、胃的无腺部及肛门为复层扁平上皮外,其余部分均为单层柱状上皮,以利于消化、吸收。

(2)固有层:由疏松结缔组织构成。内含丰富的血管、神经、淋巴管、淋巴组织和腺体等。

(3)黏膜肌层:是固有层下的薄层平滑肌,收缩时可使黏膜形成皱褶。

(二)黏膜下层

位于黏膜和肌层之间的一层疏松结缔组织,内含较大的血管、淋巴管和神经丛,在食管和十二指肠,此层内还含有腺体。

(三)肌层

除口腔、咽、食管(马前 4/5)和肛门的管壁为横纹肌外,其余各段均为平滑肌构成,一般可分为内层的环行肌和外层的纵行肌两层。两层之间有肌间神经丛和结缔组织。

(四)外膜

为富有弹性纤维的疏松结缔组织层,位于管壁的最表面。在食管前部、直肠后部与周围器官相连接处称为外膜;而在胃肠外膜表面有一层间皮覆盖,称为浆膜。

二、消化方式

(一)机械性消化

通过咀嚼和胃肠运动,使大块饲料变为小块,并沿消化管向后移动,同时与消化液充分混合,使食糜与消化管壁充分接触,以利于消化吸收。最后把消化吸收后的饲料残渣从消化管末端排出。

(二)化学性消化

消化腺所分泌的消化液中含有能水解蛋白质、糖类和脂肪的酶,促进饲料分解。此外,植物性饲料本身也含有相应的酶。也参与消化作用。

（三）生物学消化（微生物消化）

生物学消化是指消化管内的微生物所参与的消化过程。微生物所产生的酶，可以使饲料营养成分分解，尤其是对纤维素类物质的消化起了关键作用。这种消化对于草食动物具有重要的生理意义。

三、消化管平滑肌的特性

在整个消化道中，除口、咽、食管上端和肛门外括约肌是横纹肌外，其余都由平滑肌组成。消化管平滑肌除具有肌肉组织所共有的兴奋性、收缩性等生理特征外，又有它自己的特性：

（1）兴奋性较低，收缩缓慢。

（2）富有伸展性，能适应实际需要而伸展，最长时可为原来长度的2～3倍，适宜于容纳食物。

（3）紧张性。平滑肌经常保持在一种微弱的持续收缩状态，具有一定的紧张性。它使消化道的管腔内保持一定的基础压力和消化道各部分一定的形状和位置。它不依赖于中枢神经系统的调控，但受中枢神经系统和激素的调节。

（4）自动节律性运动是肌原性的，但整体上受神经和体液因素的调节。

（5）对化学、温度和机械牵张刺激较为敏感。

子任务一　口腔、咽和食管结构活动观察识别

学习目标

● 熟练识别不同动物口腔、咽、食管的位置、形态、内部结构，掌握其活动特点。

● 能熟练进行消化系统剖检，利用消化生理特点解决生产及临床实际问题。

学习方法

相关内容学习结合实践操作。

相关内容

一、口腔

口腔由唇、颊、硬腭、软腭、口腔底、舌、齿和齿龈及唾液腺组成，是消化管的起

始部,具有采食、吸吮、咀嚼、尝味、吞咽和泌涎等功能。

口腔的前壁为唇;侧壁为颊;顶壁为硬腭;底为下颌骨和舌。前端经口裂与外界相通,后端与咽相通。口腔可分为口腔前庭和固有口腔。二者之间以齿为界。

口腔内面衬有黏膜,呈粉红色,常有色素沉着,黏膜在唇缘处与皮肤相连。黏膜下组织有丰富的毛细血管、神经和腺体。正常时口腔黏膜保持一定的色彩和湿度,临床上很重视对口腔黏膜的检查。

(一)唇

唇以口轮匝肌为基础,外面被有皮肤,内面衬有黏膜。分为上唇和下唇,其游离缘共同围成口裂,是口腔的入口。上、下唇在左、右两侧汇合成口角。牛唇较短厚,坚实而不灵活。在上唇中部与两鼻孔之间的无毛区,称鼻唇镜,镜的表面有鼻唇腺开口。鼻唇腺不断的分泌一种水样分泌液,使鼻唇镜湿润。下唇较短,具有明显的颏部。唇黏膜上有短而纯的角质化乳头,近口角处的较长,尖端向后。四角处黏膜深层有唇腺,呈致密的块状,腺管开口于唇黏膜表面。羊唇薄而灵活,采食时起重要作用,在两鼻孔间形成光滑的鼻镜。猪唇的上唇形成吻突,下唇小而尖,不灵活。马唇运动灵活,是采食的主要器官。

(二)颊

构成口腔的两侧壁,主要由颊肌构成,外覆皮肤,内衬黏膜。黏膜上有角质化圆锥形的颊乳头(猪、马的颊黏膜平滑),尖端向后,乳头在近口角处较长,向后逐渐变小。在颊黏膜下和颊肌内有颊腺分布,且很发达。

(三)硬腭

构成固有口腔的顶壁,向后延续为软腭。由切齿骨腭突、上颌骨腭突和腭骨水平部构成骨质基础。硬腭前、后较宽,中间稍窄。硬腭的黏膜厚而坚实,上皮高度角质化,有色素沉着。黏膜在周缘与上唇齿龈黏膜相移行。黏膜下组织有丰富的静脉丛。

(四)软腭

软腭由肌肉和黏膜构成,是硬腭向后的延续,构成口腔的后壁。

(五)口腔底和舌

1. 口腔底 口腔底大部分为舌所占据,前部由下颌骨切齿部构成,表面被覆

67

黏膜。此部有一对乳头,称为舌下阜。舌下阜为下颌腺管和单口舌下腺的开口处。

2. 舌　舌位于口腔底,其基本结构是骨骼肌,表面覆以黏膜,以肌肉附着于下颌骨和舌骨,当口闭合时占据固有口腔的绝大部分。舌运动十分灵活,参与采食、吸吮、协助咀嚼和吞咽食物,并有感受味觉的功能。

舌可分为舌根、舌体和舌尖。舌根为腭舌弓以后附着于舌骨的部分,仅背面即舌背游离;舌体位于两侧臼齿之间,附着于口腔底,背面和侧面游离;舌尖是舌前端的游离部分,较尖细,活动性大。在舌尖与舌体交界处的腹侧,有两条与口腔底相连的黏膜褶,称为舌系带(牛、猪 2 条,马 1 条),在舌体的背后部有一椭圆形隆起,称舌圆枕。

舌表面被覆黏膜,其上皮为复层扁平上皮,角质化程度高,形成许多形态和大小不同的舌乳头,有的舌乳头上有味觉感受器称味蕾。牛舌黏膜上有锥状乳头、菌状乳头和轮廓乳头。锥状乳头无味蕾,仅起机械作用,菌状乳头和轮廓乳头的表面含有味蕾。马舌黏膜上有四种乳头,分别为丝状乳头(无味蕾)、菌状乳头、轮廓乳头和叶状乳头。猪舌乳头与马相似,除四种乳头外,在舌根处还具有长而软的锥状乳头。

在舌黏膜内还有舌腺分泌黏液,以许多小管开口于舌表面。

舌肌是构成舌的主要部分,直接参与舌的运动。由固有肌和外来肌构成。舌固有肌由三种走向不同的横肌、纵肌和垂直肌互相交错组成,起止点均在舌内,收缩时改变舌的形状。舌外来肌起于舌周围各骨,止于舌内,并与舌固有肌交错,有茎突舌肌、舌骨舌肌和额舌肌等,收缩时可改变舌的位置。

(六)齿

齿是体内最坚硬的器官,嵌于上、下颌骨的齿槽内,呈弓形排列,分别称为上齿弓和下齿弓。上齿弓较下齿弓宽。齿有切断和咀嚼食物的作用。

1. 齿式　齿按形态、位置和机能可分为切齿、犬齿和臼齿三种。切齿位于齿弓前部,与唇相对。牛、羊无上切齿。下切齿每侧有 4 个,从内向外分别为门齿、内中间齿、外中间齿和隅齿(边齿)。牛、羊无犬齿。臼齿位于齿弓后部,与颊相对。臼齿分前臼齿和后臼齿,上、下颌的前臼齿 3 对和后臼齿 3 对。根据上、下齿弓每半侧各种齿的数目,可写出齿式,即:

$$2\left(\frac{切齿(I)犬齿(C)前臼齿(P)后臼齿(M)}{切齿(I)犬齿(C)前臼齿(P)后口齿(M)}\right)$$

齿在家畜出生后逐个长出,除后臼齿外,其余齿到一定年龄时按一定顺序更换一次。更换前的齿为乳齿,更换后的齿为永久齿或恒齿。乳齿一般较小,颜色较白,磨损较快。

$$\text{牛的恒齿式}:2\left(\frac{0033}{4033}\right)=32 \qquad \text{牛的乳齿式}:2\left(\frac{0030}{4030}\right)=20$$

2. 齿的形态构造　每个齿可分齿冠、齿颈、齿根三部分。齿根为埋于齿槽部分,前臼齿和后臼齿有 2～6 个齿根。齿颈略细。被齿龈所覆盖。齿冠为齿龈外面突出于口腔的部分,具有前庭面、舌面、接触面和嚼面。前庭面分为唇面和颊面。接触面分为近中面和远中面。嚼面又称磨面或咬合面,为上、下齿面互相咬合进行咀嚼的面。

齿由齿质、釉质和黏合质构成。齿质是构成齿的主体,略呈黄色,含钙盐70%～80%;釉质在齿质的外面,包以齿冠,为体内最坚硬的组织,呈乳白色,含钙盐 97%左右;黏合质又称齿骨质,包以齿根(短齿冠)或整个齿的外面(长冠齿),结构似骨组织,含钙盐 61%～70%。

(七)唾液腺

唾液腺是指向口腔分泌唾液的腺体,主要有腮腺、舌下腺和下颌腺。唾液具有润湿饲料,便于咀嚼、吞咽、清洁口腔和参与消化等作用。

1. 腮腺　腮腺位于下颌支与寰椎翼之间,呈狭长倒三角形,颜色为淡红褐色。上端厚,达颞下颌关节部,包绕耳廓基,下端狭小,弯向前下方,位于舌面静脉与上颌静脉的夹角内。腮腺管起自腮腺下部深面,随舌面静脉一起沿咬肌的腹侧缘经下颌骨血管切迹折转到咬肌前缘,开口于第 5 上臼齿相对的唾液乳头上。

2. 下颌腺　下颌腺比腮腺大,呈淡黄色,分叶明显,呈新月形。从寰椎窝沿下颌角向前下方延伸至舌骨体,几乎与对侧下颌腺相接。其中部被腮腺覆盖,腺的下端膨大,活体可触摸到。下颌腺管在腺体前缘中部由一些小管汇合形成,向前伸延,开口于舌下阜。

3. 舌下腺　舌下腺较小,位于舌体和下颌舌骨肌之间的黏膜下,可分上、下两部分,上部为多口舌下腺,又称短管舌下腺,长而薄,从软腭向前伸达颏角,以许多小管开口于舌体两侧的口腔底黏膜上。下部为单舌下腺,又称长管舌下腺,短而厚,位于多口舌下腺前下方,以一条总导管与下颌腺管伴行共同开口于舌下阜。

二、咽

咽位于颅底下方,在口腔和鼻腔的后方,喉和气管的前上方。为前宽后窄的漏斗形肌性管道,其内腔称咽腔。可分为鼻咽部、口咽部和喉咽部三部分。鼻咽部位于鼻腔后方,软聘的背侧,为鼻腔向后的直接延续,向前以鼻后孔通鼻腔,两侧壁各有一个缝状的咽鼓管,经咽鼓管通中耳鼓室.口咽部位于软腭与舌根之间,较宽大,前端以咽峡与口腔相通,后方在会厌与喉咽相接。喉咽部位于喉口的背侧,较短,向后下经喉口连于喉和气管,向后上以食管口通食管。

咽是消化道和呼吸道的共同通道。呼吸时,空气通过鼻腔、咽、喉和气管,进出肺脏。吞咽时软腭上提关闭鼻后孔,而会厌翻转盖住喉口,停止呼吸。此时,食团经咽进入食管。

咽的肌肉是横纹肌,与软腭肌共同参与吞咽反射活动,尤其在反刍逆呕和暖气时起着重要作用。

在咽和软腭的黏膜内分布淋巴组织,是由淋巴细胞和网状组织构成。大量淋巴组织构成的淋巴器官,称扁桃体。

三、食管

食管起于喉咽部,是连接咽和胃之间的肌性管道。食管可分为颈、胸和腹三段。

牛、马的食管颈段起于喉和气管背侧,到颈中部逐渐偏至气管左侧,直至胸腔前口。胸段位于纵隔内,又转至气管背侧与颈长肌的胸部之间继续向后伸延,越过主动脉右侧,然后在相当于第 8~9 肋间处穿过膈的食管裂孔进入腹腔。

猪的食管短而直,其颈段沿气管的背侧后行,不发生偏转。

食管由黏膜、黏膜下层、肌层和外膜构成。平时黏膜集拢成若干纵褶,几乎将管腔闭塞,当食物通过时,管腔扩大,纵褶展平,其上皮为复层扁平上皮。黏膜下层发达,头端含食管腺(牛),其他部缺腺体。肌层特殊,牛、羊食管肌为横纹肌,马食管前 4/5 为横纹肌,后 1/5 为平滑肌。猪几乎全部为横纹肌,仅接近胃的部分为平滑肌。

四、口腔内消化

动物口腔内的消化活动以机械性消化为主,包括采食、饮水、咀嚼和吞咽等过程。

(一)采食和饮水

各种动物食性不同,采食方式也不同,但主要的采食器官都是唇、舌、齿,且都有颌部和头部的肌肉运动。牛主要依靠既长又灵活的舌伸到口外,将饲草卷入口内;猪喜欢用吻突掘取萝卜、草根,舍饲时靠齿、舌和头部的特殊运动采食;犬、猫等肉食动物,则常以门齿和犬齿咬扯食物,且借助头、颈运动,甚至靠前肢协助采食;绵羊和山羊主要靠舌和切齿采食,绵羊上唇有裂隙,能咬啃短的牧草。

饮水时,犬和猫把舌头浸入水中,卷成匙状,送水入口;其他动物一般先把上下唇合拢,中间留一小缝,伸入水中,然后下颌下降,舌向咽后撤,使口内空气稀薄,形成负压,把水吸入口。幼小动物吮乳也是靠下颌和舌的节律性运动来完成。

(二)咀嚼

摄入口内的饲料,被送到上下颌臼齿间,在咀嚼肌的收缩和舌、颊部的配合运动下,食物被压磨粉碎,并混合唾液。牛羊等反刍动物在采食时并不充分咀嚼,待反刍时再咀嚼;肉食动物除必需咀嚼之外,一般随采随咽,混合唾液也不多;马在咽下饲料之前咀嚼充分。

咀嚼的次数、时间与饲料的状态有关。一般湿的饲料比干的饲料咀嚼次数少,时间也比较短。

咀嚼的作用:

(1)粉碎饲料,并破坏其细胞的纤维膜,增加饲料的消化面积。

(2)使粉碎后的饲料与唾液混合,形成食团便于吞咽。

(3)反射地引起消化腺的活动和胃肠运动。

(三)吞咽

吞咽是一种复杂的反射性动作,使食团从口腔进入胃。吞咽动作可以分为由口腔到咽,由咽到食管上端和由食管上端下行至胃三个顺序发生的时期。吞咽反射的传入神经来自第Ⅴ、Ⅸ、Ⅹ对脑神经;吞咽的基本中枢位于延髓内;支配吞咽肌的传出神经为第Ⅴ、Ⅸ、Ⅻ对脑神经;支配食管的传出神经为迷走神经。

(四)唾液的生理作用

1. 唾液的性状与组成　唾液为无色透明的黏性液体,呈弱碱性反应,相对密度为 $1.002 \sim 1.009$。唾液由约 99.4% 的水分、0.6% 的无机物及有机物组成。无机物中有钾、钠、钙、镁的氧化物、磷酸盐和碳酸氢盐等;有机物主要是黏蛋白和其他蛋白质。猪的唾液中还含有少量唾液淀粉酶,可分解淀粉为麦芽糖。

肉食动物在安静时分泌的唾液,pH 偏弱酸,而有食物刺激时分泌的唾液,pH

可升达 7.5 左右。反刍动物腮腺分泌的唾液 pH 可高达 8.1。

2. 唾液的作用　唾液的主要作用如下：

(1)浸润饲料,利于咀嚼。唾液中的黏液能使嚼碎的饲料形成食团,并增加光滑度,便于吞咽。

(2)溶解饲料中的可溶性物质,刺激舌的味觉感受器,引起食欲,促进各种消化液的分泌。

(3)帮助清除一些饲料残渣和异物,清洁口腔。

(4)唾液为碱性反应,进入胃无腺部或反刍动物瘤胃后,可维持该部中性或碱性环境,有利于微生物和酶对饲料的发酵作用。

(5)唾液中含溶菌酶具有抗菌作用。如犬用舌头舔伤口,能起清洁消毒的作用。

(6)猪等动物的唾液中有淀粉酶,能将淀粉分解为糊精和麦芽糖。

(7)水牛、犬等动物汗腺不发达,可借唾液中水分的蒸发来调节体温。

(8)反刍动物唾液中含有相当量的尿素,可被瘤胃内细菌利用,合成菌体蛋白。

此外,有些异物(如汞、铅等)和狂犬病,脊髓灰质炎的病毒等也可随唾液排出。

子任务二　胃结构活动观察识别

学习目标

● 熟练掌握反刍动物的反刍规律及前胃的消化特点。

● 掌握单胃动物胃部消化特点。

● 通过对反刍动物反刍的观察诊断相关疾病。

学习方法

健康羊或牛一头,饲喂足量饲草后,在一定距离观察,记录开始出现反刍的时间,每次反刍持续的时间,一昼夜反刍的次数。

相关内容

胃位于腹腔内,是消化管在膈后方的膨大部分,具有贮存食物、进行初步消化和推送食物进入十二指肠等作用。家畜的胃可分为单室胃和多室胃。

一、单胃

(一)形态、结构与位置

单胃一般是弯曲的钩状囊，大多数家畜为单胃。前端以贲门与食管相接；后端以幽门与十二指肠相连。前面为壁面与肝和膈相贴；后面为脏面与胰腺和肠相邻。从贲门到幽门，沿两个面相移行处形成两个缘：凸缘为大弯；凹缘为小弯。在小弯的急转处为角切迹。

胃壁由黏膜、黏膜下组织、肌层和浆膜构成。根据胃黏膜的构造不同，可分为腺型胃（或肠型胃）和混合型胃（食管—肠型胃）两种类型。腺型胃，如食肉兽的胃，黏膜全部具有腺体，由于腺体的构造和功能不同又分三种，即胃底腺（固有胃腺）、贲门腺和幽门腺，黏膜上皮为柱状上皮。三个腺区的颜色和厚度均不相同，胃底腺区黏膜厚，表面分布无数胃小凹，是胃底腺的开口处。三个腺区的黏膜常形成皱褶，胃空虚时明显，尤其在幽门部。混合型胃，如猪和马的胃，胃黏膜有一部分不具有腺体，称前胃部或无腺部，该处黏膜上皮为复层扁平上皮，较粗硬，呈白色。黏膜下组织很发达。肌层基本上也是外纵肌和内环肌构成，但分布不均匀。内环肌在贲门处加厚形成贲门括约肌，在幽门处加厚形成幽门括约肌。胃的表层为浆膜，在大、小弯处分别与大、小网膜相连（图 3-1）。

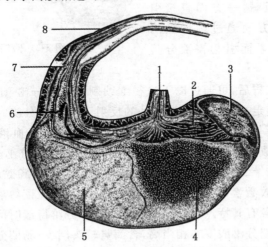

1.贲门　2.无腺区　3.胃憩室　4.贲门腺区　5.胃底腺区
6.幽门腺区　7.幽门　8.十二指肠

图 3-1　猪胃黏膜

（二）胃腺的分泌

1. **胃腺的分泌**　胃底腺区黏膜中有壁细胞、主细胞和黏液细胞,分别分泌盐酸、胃蛋白酶原和黏液。壁细胞还分泌内因子,幽门腺黏液细胞分泌碱性黏液,幽门腺区还有"G"细胞,分泌胃泌素。

2. **胃液分泌的调节**　胃液分泌受神经和体液双重调节。根据动物不同生理状态可把胃液的分泌分为基础胃液分泌和消化期胃液分泌。基础胃液分泌是指动物在空腹 12~24 h 后的胃液分泌。5 时至 11 时最低,下午 14 时到次日 1 时最高,这与迷走神经的紧张性及少量胃泌素自发释放有关。动物进食后的胃液分泌称消化期胃液分泌,一般按感受食物刺激的部位先后分成头期、胃期和肠期三个阶段。

头期:食物进入口腔后直接刺激口腔和咽部感受器而引起的。可用"假饲"实验得到证明。先在动物胃部安装瘘管以收集胃液,再做食管瘘管手术。这样,动物进食时吞咽下的食物就由食管瘘管口漏出。感受器受到刺激后传入冲动到中枢,再由迷走神经末梢释放乙酰胆碱,一方面直接引起胃液分泌,另一方面通过刺激幽门"G"细胞释放胃泌素而引起胃液分泌(图 3-2)。

图 3-2　假饲实验

胃期:食糜进入胃后,可通过以下途径继续刺激胃液分泌:①扩张刺激胃底胃体部感受器,通过迷走神经及壁内神经丛的反射引起胃腺分泌。②扩张刺激幽门部,通过壁内神经丛作用于"G"细胞释放胃泌素,胃泌素经血液循环引起胃腺分泌。③食物的化学成分直接作用于"G"细胞,引起胃泌素的分泌。

肠期:食糜进入十二指肠后,具消化产物和机械刺激小肠黏膜的感受器,可引起小肠黏膜细胞释放激素,并经血液循环作用于胃,从而保证胃液的持续分泌。

三期胃液分泌各有其特点:头期分泌潜伏期长,分泌持续时间长,分泌量多,酸度高,酶含量高;胃期分泌酸度亦相当高,含酶量较头期少;肠期分泌量较少。

饲料的不同成分对胃液分泌有一定影响:蛋白质具有强烈的刺激胃液分泌的作用,糖类也有一定的刺激作用,脂肪则抑制胃液分泌。

（三）单胃消化

1. **胃的化学性消化**　纯净的胃液无色,pH约为0.9～1.5。胃液成分包括消化酶、黏蛋白、内因子及无机物,如盐酸、钠和钾的氯化物等,其中对胃的化学性消化起作用的主要有以下几种成分:

（1）盐酸:盐酸由壁细胞分泌出来后,有一部分与黏液中的有机物结合称为结合酸,未被结合的部分称为游离酸,二者合称为总酸,其中绝大部分是游离酸。盐酸的作用有:

①激活胃蛋白酶原并提供酶作用所需要的酸性环境。

②使蛋白质变性而易于分解。

③杀死胃内的细菌。

④进入小肠促进胰液、胆汁及肠液的分泌。

⑤造成酸性环境有助于铁、钙的吸收。

【知识链接】初生仔猪消化腺发育不健全,盐酸的分泌较迟,胃液中盐酸含量低或完全缺乏。因此,初生仔猪蛋白质消化和杀菌能力都很弱,易受细菌感染而患胃肠道疾病,饲养中应该注意。

（2）胃蛋白酶:分泌入胃的胃蛋白酶原是没有活性的,在胃酸或已激活的胃蛋白酶的作用下转变为有活性的胃蛋白酶。胃蛋白酶在pH为2的较强酸性环境下将蛋白质水解为腺和胨,产生多肽和氨基酸较少。当pH升高达到6以上时,此酶即发生不可逆变性。

（3）黏液:黏液的主要成分是糖蛋白,分不溶性黏液和可溶性黏液两种。不溶性黏液由表面上皮细胞分泌,呈胶冻状,黏稠度很大;可溶性黏液是胃腺的黏液细胞和贲门腺、幽门腺分泌的。黏液经常覆盖在胃黏膜表面,有润滑作用,使食物易于通过;保护胃黏膜不受食物中坚硬物质的损伤;还可防止酸和酶对黏膜的侵蚀。

（4）内因子:能和食物中维生素B_{12}结合成复合物,通过回肠黏膜受体将维生素B_{12}吸收。

2. **胃的运动及调节**

（1）胃头区的运动:头区包括胃底和胃体的前部,其主要机能是临时贮存食物和进行微弱的紧张性收缩活动。咀嚼、吞咽食物过程刺激了咽、食管等处的感受器,反射性地通过迷走神经,引起胃的头区肌肉舒张,使胃肠容量增大而胃内压力却很少增加,称容纳性舒张。

（2）胃尾区的运动:尾区包括胃体的远端和胃窦,主要作用是通过蠕动使食物与胃液充分混合并逐步将食糜排至十二指肠。食物进入胃后约5 min,蠕动波即从胃中部开始有节律地向幽门方向推进。在推进过程中,波的深度和速度在不断增大。接近幽门时,一部分食糜被排到十二指肠,有些蠕动波只到胃窦并不到幽门。胃窦终末部的有力收缩可将胃内容物反向推回到近侧胃窦部和胃体部,以便将食物进一步磨碎。

(3)胃排空:食物由胃排入十二指肠的过程称为胃排空。消化时食物在胃内引起胃运动加强,从而使胃内压升高。当胃内压大于十二指肠内压时,食糜即由胃进入十二指肠。

(4)胃运动的调节:胃运动受神经和体液双重支配。迷走神经可增强胃肌收缩力。交感神经则降低环行肌的收缩力。食物对消化管壁的机械和化学刺激,可局部通过壁内神经丛,加强平滑肌的条件性收缩,加速蠕动。体液方面,胃泌素使胃肌收缩的频率和强度增加,而促胰液素和抑胃肽则抑制胃的收缩。

二、复胃

复胃又称反刍胃,见于牛和羊的胃,根据形态和构造不同,分为瘤胃、网胃、瓣胃和皱胃四个室。前三个室合成为前胃,黏膜不具有腺体,相当于单胃的无腺部。胃沟则顺次沿网胃、瓣胃和皱胃分为三段。皱胃又称真胃,黏膜具有腺体。瘤胃以贲门接食管;皱胃以幽门连十二指肠。

(一)瘤胃

1. 形态和位置　成年牛的瘤胃最大,占胃总容积的 80%,呈前后稍长,左、右略扁的椭圆形大囊,几乎占据整个腹腔左侧。瘤胃前端至膈,后端达盆腔前口,其后腹侧部超过正中平面而突入腹腔右侧。左侧面为壁面,与脾、膈及腹壁相接触;右侧面为脏面,与瓣胃、皱胃、肠、肝及胰相接触。背侧借腹膜和结缔组织附着于膈脚和腰肌的腹侧;腹侧隔着大网膜与腹腔底壁相接。瘤胃以左、右侧面较浅的左、右纵沟和前、后方较深的前、后沟将瘤胃分为背囊和腹囊两部分。背囊较长。右纵沟分成两支围绕形成瘤胃岛。两纵沟在后端又分出环形的背侧冠状沟和腹侧冠状沟,从背、腹囊分出后背盲囊和后腹盲囊。瘤胃与网胃之间有较大的瘤网胃口(图 3-3)。

2. 胃壁构造　瘤胃壁由黏膜、黏膜下组织、肌层和浆膜构成。黏膜表面被覆复层扁平上皮,角化层发达,成年牛除肉柱的颜色较淡外,其余均被饲草中的染料和鞣酸染成深褐色,初生犊牛则全部呈苍白色,上皮的角化层不发达。黏膜表面形成无数圆锥状至叶状的痕胃乳头,长的达 1 cm,使之表面粗糙异常。瘤胃的黏膜无黏膜肌,其固有层与较致密的黏膜下组织直接相连。黏膜内无腺体,肌层很发达,由外纵层和内环层构成。

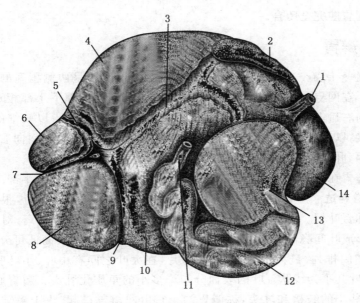

1.食管　2.脾　3.右纵沟　4.瘤胃背囊　5.背冠状沟　6.后背盲囊
7.后沟　8.后腹盲囊　9.腹冠状沟　10.瘤胃腹囊
11.十二指肠胃　12.皱胃　13.瓣胃　14.网胃

图 3-3　牛胃右侧

(二)网胃

1. **形态和位置**　网留在四个胃中最小,成年牛约占胃容积的 5%。网胃的外形略呈梨形,前后稍偏,位于季肋部正中矢面上,网胃的隔面凸与膈、肝相接,脏面平与瘤胃相邻。网胃底则置于胸骨后端和剑状软骨上。网胃的上端有瘤网胃口与瘤胃相通,在留网胃口的右下方有网瓣口与瓣胃相通。

2. **胃壁构造**　在网胃壁上有网胃沟,又称食管沟。网胃沟起于贲门,沿前庭和网胃右侧壁向下伸延至瓣网胃口,与瓣胃沟相接。沟两侧隆起的黏膜褶,富含肌组织,称为左、右唇,两唇之间为网胃沟底。犊牛的网胃沟发达,机能完善,当吸吮时,可反射性地闭合两唇形成管状,乳汁从贲门经网胃沟和瓣胃沟直达皱胃。成年牛的网胃沟闭合不全。网胃黏膜上皮角化层发达,呈深褐色。黏膜形成一些隆起皱褶,称网胃嵴,高约 1.3 cm,内含肌组织,是由黏膜肌层延伸而来。网胃嵴常形成多边形的小室,形似蜂房状,称为网胃房。小室的底还有许多较低的次级嵴。在网胃嵴和网胃房底部密布角质乳头。网胃的肌层发达,与反刍时的逆呕有关,收缩

77

时几乎将网胃腔完全闭合。

（三）瓣胃

1. 形态和位置 牛的瓣胃占胃总容积的 7%～8%，呈两侧稍扁的球形，位于右季肋部。在网胃和瘤胃交界处的右侧，与第 7～11 肋间隙下半部相对。凸缘为瓣胃弯朝向右后上方；凹缘为短的瓣胃底朝向相反方向。瓣胃以较细的瓣胃颈与网胃相连接；以较大的瓣皱胃沟与皱胃为界。瓣胃的壁面（右面）斜向右前方，隔着小网膜与膈、肝和胆囊接触；脏面（左面）与瘤胃、网胃和皱胃相贴。

羊的瓣胃在四个胃中最小，呈卵圆形，位于第 8～10 肋骨的下半部。

2. 胃壁构造 瓣胃壁的构造与瘤胃、网胃相似，从横切面上看，很像一叠"百叶"，故又称百叶胃。瓣胃叶呈新月形，凸线附着于胃壁，凹缘游离，对着瓣胃底。瓣胃叶间形成叶间隐窝，平时充满较平的饲料细粒。瓣胃叶按高低可分为四级，呈有规律地相间排列，最大的叶有 12～16 片，在大叶之间有中叶、小叶和最小的叶片，最小的叶几乎为线状。叶的表面分布许多小的角质化乳头。瓣胃底处无瓣胃叶，仅有一些小的皱褶和乳头，称瓣胃沟。它由网瓣胃口起，止于瓣皱胃口，长约 10～12 cm。最大的瓣胃叶的游离缘与瓣胃沟之间的空隙称瓣胃管。

（四）皱胃

1. 形态和位置 皱胃约占胃总容积的 7%～8%，呈一端粗一端细的弯曲长囊，位于右季肋部和剑状软骨部。在网胃和瘤胃腹囊的右侧、辩胃腹侧和后方，大部分与腹腔底壁紧贴，约与第 8～12 肋骨相对。皱胃前端粗大称胃底，与瓣胃相连；后端狭窄，称幽门部，与十二指肠相接；中间为胃体。胃底和胃体位于网胃后方的腹底壁上，主要位于剑状软骨部。幽门部则在瓣胃后方沿右肋弓转向后上方，在肝的脏面与十二指肠相接。皱胃脏面（左侧）与瘤胃隐窝相邻，当充盈时可从瘤胃房下方越至左侧与腹壁接触；壁面（右侧）与右腹壁相接触。皱胃大弯凸而向下，与腹腔底壁接触；小弯凹而向上，与瓣胃接触。

2. 胃壁构造 皱胃壁由黏膜、黏膜下组织、肌层和浆膜构成。皱胃黏膜光滑、柔软，为腺黏膜。胃底和胃体的黏膜形成 12～14 片与胃纵轴斜行的皱褶。皱胃黏膜依据固有层内的腺体不同而分为三个腺区；环绕瓣皱胃褶的狭区为贲门腺区，色淡，内有贲门脉；胃底和大部分胃体为胃底腺区，呈灰红色，内有胃底腺；幽门部和一部分胃体为幽门腺区，淡而稍黄，常形成一些暂时性的皱褶，内有幽门腺。

复胃各室的容积和形态随着年龄而变化，初生犊牛，因吃奶所以皱胃特别发达。瘤胃较小，局限于腹腔左侧的前上部，随着开始吃草料，前胃发育加快，至 1～

1.5 岁时达到成年时的比例。成年牛的胃虽有差异,但一般容积为 110~235 L,其中瘤、网胃约占 84%,瓣胃占 7%~8%,皱胃占 7%~8%。以重量计算,四个胃占体重 2.5%,其中前胃占胃的总重量的 89%,皱胃占 11%。羊胃的形态结构基本上与牛相似,只是网胃较大而瓣胃较小。

(五)复胃消化

复胃消化与单胃消化的主要区别在于前胃,除了特有的反刍、食管沟反射和瘤胃运动外,主要是在前胃内进行生物学消化。

1. 瘤胃和网胃的消化　瘤胃、网胃是一种发酵罐。饲料内的可消化干物质有 70%~85%,粗纤维约 50% 经过瘤胃的微生物动物分解,产生挥发性脂肪酸(VFA)、氨、氮、乳酸、CO_2、CH_4、H_2 等,同时还可合成蛋白质和 B 族维生素。

(1)瘤胃内环境及微生物作用:瘤胃可看做是厌氧微生物繁殖的高效的培养器。瘤胃具有供给微生物繁殖所需的营养物质,并不断后送;瘤胃内具有微生物生存繁殖的适宜温度,通常为 39~41℃,瘤胃内容物的含水量相对稳定,渗透压维持于接近血液水平。饲料发酵产生的挥发性脂肪酸和氨不断被吸收入血,瘤胃食糜经常地排入后段消化道。饲料发酵产生的大量酸类,被唾液中大量的碳酸氢盐和磷酸盐所缓冲,使 pH 变动于 5.5~7.5;瘤胃内容物高度乏氧。瘤胃上部气体通常含 CO_2、CH_4 及少量 N_2、H_2、O_2 等气体,H_2、O_2 主要随食物进入瘤胃内,O_2 迅速地被微生物繁殖所利用。因此瘤胃内环境经常处于相对稳定状态。

瘤胃微生物主要是厌气性纤毛虫、细菌及真菌,种类甚为复杂,并随饲料种类、饲喂制度及动物年龄等因素而变化。1 g 瘤胃内容物中,含细菌 150 亿~250 亿和纤毛虫 60 万~180 万,其总体积约占瘤胃液的 3.6%,其中细菌和纤毛虫约各占一半。

①纤毛虫:纤毛虫能依靠体内的酶能发酵糖类产生乙酸、丁酸和乳酸、CO_2、H_2 和少量丙酸,水解脂类,氢化不饱和脂肪酸,降解蛋白质。此外纤毛虫还能吞噬细菌。

纤毛虫的数量和种类明显地受饲料及瘤胃内的 pH 的影响,当因饲喂高水平淀粉(或糖类)的日粮,pH 降至 5.5 或更低时,纤毛虫的活力降低,数量减少或完全消失。此外纤毛虫数量也受饲喂次数的影响,次数多,则数量亦多。

反刍家畜在瘤胃内没有纤毛虫的情况下,个体也能良好生长,不过在营养水平较低的情况下,纤毛虫能提高饲料的消化率与利用效率,动物体储氮和挥发性脂肪酸产生都大幅度增加。纤毛虫蛋白质的生物价与细菌相同(约为 80%),但消化率超过细菌蛋白(纤毛虫 91%,细菌为 74%),同时纤毛虫的蛋白质含丰富的赖氨酸等必需氨基酸,品质超过细菌蛋白。

②细菌:细菌是瘤胃中最主要的微生物,数量大种类多,极为复杂,随饲料种类、采食后时间和动物状态而变化。这些细菌多半利用饲料中的多种碳水化合物作为能源;不能利用碳水化合物的细菌可利用乳酸样的中间代谢产物;也有极少的细菌只能利用一种能源。还有的能细菌能分解蛋白质和氨基酸或脂类,合成蛋白质和维生素。其中有些菌群既能分解纤维素又能利用尿素。

在多种不同的细菌的重叠或相继作用下,通过相应酶系统的作用,产生挥发性脂肪酸、二氧化碳和甲烷等,并合成蛋白质和 B 族维生素供畜体利用。

③真菌:瘤胃内存在厌氧性真菌,含有纤维素酶,能够分解纤维素。此外,真菌还可利用饲料中的碳、氮源合成胆碱和蛋白质,进入后段消化道被利用。

瘤胃微生物之间存在彼此制约互相共生的关系。纤毛虫能吞噬和消化细菌作为自身的营养,或用菌体酶类来消化营养物质。瘤胃内存在多种菌类,能协同纤维素分解菌分解纤维素。纤维素分解菌所需的氮,在不少情况下,是靠其他微生物的代谢来提供的。更换饲料不宜太快,以便使微生物群逐渐适应改变的饲料,避免动物发生急性消化不良。

(2)瘤胃内的消化代谢过程:在瘤胃内微生物作用下,饲料在瘤胃内发生一系列复杂的消化过程,分述如下:

①糖类的发酵:饲料中的纤维素、果胶、半纤维素、淀粉、可溶性糖以及其他糖类物质,均能被瘤胃内微生物群降解发酵,产生 VFA、CO_2、CH_4 等代谢终产物。发酵速度以可溶性糖最快,淀粉次之,纤维素和半纤维素最慢。它们的消化代谢过程(图 3-4)。

图 3-4 瘤胃糖代谢示意图

瘤胃内糖类发酵终产物中以 VFA 最为重要,VFA 是反刍动物主要的能量来源。牛瘤胃一昼夜产生的 VFA 90~150 mmol/L,提供占机体所需能量的 60%~70%。VFA 中主要是乙酸、丙酸和丁酸,其比例大体为 70∶20∶10,但随饲料种类而发生显著的变化(表 3-1)。

表 3-1　不同饲料水平下乳牛瘤胃内挥发性脂肪酸的含量　　　　　%

饲料	乙酸	丙酸	丁酸
精料	59.60	16.60	23.80
多汁料	58.90	24.85	16.25
干草	66.55	28.00	5.45

VFA 约有 88％以盐类形式吸收。通常,乙酸和丁酸通过三羧酸循环而代谢,不增加糖原的贮藏,在泌乳期它们是反刍动物生成乳脂的主要原料;丙酸是反刍动物血液葡萄糖的主要来源,占血糖的 50％～60％。乙酸也能提供动物的代谢能,丁酸在瘤胃上皮内代谢为 β 羟基丁酸或乙酸盐。β 羟基丁酸是瘤胃上皮的一个主要能源。

瘤胃微生物在发酵糖类的同时,利用分解出的单糖和双糖合成自身的多糖,并贮存于体内,待微生物到达皱胃,即被盐酸杀死释放出多糖,随食糜进入小肠后,经相应酶的作用分解为单糖,而被动物吸收利用,成为反刍动物机体的葡萄糖来源之一。泌乳的牛,吸收入血的葡萄糖约有 60％用来合成牛乳。

②蛋白质的消化:瘤胃微生物主要是利用饲料蛋白质和非蛋白质氮,构成微生物蛋白质,当其经过皱胃和小肠时,又被消化分解为氨基酸,供动物机体吸收利用。

瘤胃内蛋白分解和氨的产生:进入瘤胃的饲料蛋白质,50％～70％被微生物蛋白酶分解为肽和氨基酸,大部分氨基酸在微生物脱氨基酶作用下脱去氨基而生成氨、二氧化碳和有机酸。尿素、铵盐、酰胺等饲料中的非蛋白质含氮物,被微生物分解后也产生氨。除部分氨被微生物利用外,一部分被瘤胃壁代谢和吸收,其余则进入瓣胃。

瘤胃内微生物对氨的作用:瘤胃微生物能直接利用氨基酸合成蛋白质或先利用氨合成氨基酸后,再转变成微生物蛋白。瘤胃微生物利用氨合成氨基酸还需要碳链和能量。挥发性脂肪酸、二氧化碳和糖类都是碳链的来源。

瘤胃的尿素再循环作用:瘤胃内的氨除了被微生物利用外,其余的被瘤胃壁迅速吸收入血,经血液送到肝脏,在肝脏内通过鸟氨酸循环变成尿素。尿素经血液循环一部分随唾液重新进入瘤胃,一部分通过瘤胃壁弥散到瘤胃内,剩下的就随尿排出。在低蛋白日粮情况下,反刍动物就依靠这种内源性的尿素再循环作用节约氮的消耗,维持瘤胃内适宜的氨浓度,以利微生物蛋白的合成。

③脂类的消化:饲料中的甘油三酯和磷脂能被瘤胃微生物水解,生成甘油和脂肪酸等物质.其中甘油多半转变成丙酸,而脂肪酸的最大变化是不饱和脂肪酸加水氢化,变成饱和脂肪酸。饲料中脂肪是体脂和乳脂的主要来源。

④维生素的合成：瘤胃微生物能合成硫胺素、核黄素、生物素、吡哆醇、泛酸和维生素 B_{12} 等 B 族类维生素、维生素 K 和维生素 C，供动物机体利用。当幼龄反刍动物瘤胃开始发酵以后，即使饲料中缺乏这类维生素，也不会影响健康。

【知识链接】在畜牧生产实践中，可用尿素来代替牛羊日粮中约 30％的蛋白质。但因其在脲酶的作用下，尿素产氨的速度约为微生物利用氨速度的 4 倍，因此必须采取一定措施来延缓尿素产氨的速度。如抑制脲酶活性、制成胶凝淀粉尿素或尿素衍生物等，并在日粮中供给易消化糖类，使微生物合成蛋白质时能获得充分能量，以提高利用率和安全性。

（3）产生气体：在瘤胃的发酵过程中，不断地产生大量气体。主要是 CO_2 和 CH_4，还含有少量的 N_2 和微量的 H_2、O_2 或 H_2S，其中 CO_2 占 50％～70％，CH_4 占 30％～40％。瘤胃发酵的产气量、速度以及气体组成，随饲料的种类、饲喂后的时间而有显著差异。健康动物瘤胃内 CO_2 量比 CH_4 多，但饥饿或气胀时，则 CH_4 量大大超过 CO_2 的量。

CO_2 大部分是由糖类发酵和氨基酸脱羧所产生，少部分来自于唾液及透过瘤胃上皮的碳酸氢盐。瘤胃 CH_4 主要是在产 CH_4 的细菌作用下还原 CO_2 或由甲酸而生成的。

瘤胃的气体，一部分通过瘤胃壁吸收，小部分随同饲料残渣经胃肠道排出，大部分靠嗳气逸出口外。

（4）前胃的运动及其调节：前胃的运动三个部分有着密切联系，最先为网胃收缩。网胃接连收缩两次，第一次只收缩一半即行舒张，接着就进行第二次几乎完全的收缩。在网胃的第二次收缩之后，紧接着发生瘤胃的收缩。瘤胃的收缩有两种波形，第一种为 A 波，先由瘤胃前庭开始，沿背囊由前向后，然后转入腹囊，接着又沿腹囊由后向前，同时食物在瘤胃内也顺着收缩的次序和方向移动和混合。在收缩之后，有时瘤胃还有一次 B 波，即单独的附加收缩。B 波由瘤胃本身产生。起始于后腹盲囊，行进到后背囊及前背囊，最后到达主腹囊。它与嗳气有关，而与网胃收缩没有直接联系（图 3-5）。

【知识链接】由于网胃的第二次收缩比较完全，因此，当饲料中混入的尖锐异物被牛吞食留于网胃时，常因网胃收缩而穿过胃壁引起创伤性网胃炎。由于网胃与膈紧贴，而膈与心包的距离又很近，严重时异物还可穿过膈进入心包，继发创伤性心包炎。所以在饲养管理上要特别注意，严防金属等异物混入饲料。

瓣胃运动比较缓慢而有力，其收缩与网胃相配合。当网胃收缩时，网瓣孔开放，瓣胃舒张，压力降低，于是一部分食糜由网胃移入瓣胃，其中液体部分可通过瓣胃管直接进入皱胃。

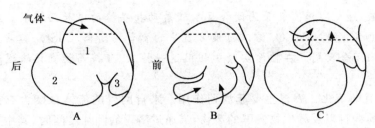

A.全部舒张　B.背囊舒张、腹囊收缩　C.背囊收缩、腹囊舒张、网胃收缩
1.背囊　2.腹囊　3.网胃
图 3-5　瘤胃运动简图

前胃运动受反射性调节。刺激口腔感受器以及刺激前胃的机械感受器和压力感受器都能引起前胃运动加强;刺激网胃感受器,除引起收缩加速,还出现反刍和逆呕。前胃各部运动还受其后段负反馈性抑制调节。

(5)反刍:反刍动物在摄食时,饲料不经充分咀嚼即吞入瘤胃,在瘤胃内浸泡和软化。当其休息时,较粗糙的饲料刺激网胃、瘤胃前庭和食管沟黏膜的感受器,能将这些未经充分咀嚼的饲料,逆呕到口腔,经仔细咀嚼后再吞咽入胃,这一系列过程叫做反刍。

当反刍时,网胃在第一次收缩之前还有一次附加收缩使胃内食物逆呕到口腔。反刍的生理意义,在于把饲料嚼细,并混入适量的唾液,以便更好地消化。反刍周期包括逆呕、再咀嚼、再混合唾液和再吞咽四个过程。动物一般饲喂后 0.5～1 h 出现反刍,每次反刍持续 40～50 min,之间有一暂短的间隙,一昼夜可进行 6～8 次反刍。

(6)嗳气:嗳气是反刍动物特有的生理现象,指瘤胃微生物发酵产生的气体经由食道和口腔向外排出的过程。嗳气是一种反射动作。当瘤胃气体增多,胃壁张力增加时,就兴奋瘤胃背盲囊和贲门括约肌处的牵张感受器,经过迷走神经传到延髓嗳气中枢。中枢兴奋就引起背盲囊收缩,开始瘤胃第二次收缩,由后向前推进,压迫气体移向瘤胃前庭,同时前肉柱与瘤胃、网胃肉褶收缩,阻挡液状食糜前涌,贲门区的液面下降,贲门口舒张,于是气体即被驱入食管。

(7)食管沟作用:食管沟是由两片肥厚的肉唇构成的一个半关闭的沟。它起自贲门,经网胃伸展到网瓣孔。牛犊和羊羔在吸吮乳汁时,能反射性地引起食管沟肉唇蜷缩,闭合成管,使乳汁直接从食管沟到达网瓣孔,经瓣胃管进入皱胃,不落入前胃内。

【知识链接】食管沟闭合程度与饮乳方式及动物年龄有密切关系。若用桶喂乳时,食管沟闭合不完全。一部分乳汁会流入发育不完善的网胃、瘤胃内,引起发酵而产生乳酸,造成腹泻。食管沟闭合反射随着动物年龄的增长而减弱。某些化合物尤其是 NaCl 和 NaHCO$_3$ 溶液可使 2 岁牛的食管沟闭合,CuSO$_4$ 溶液能引起绵羊的食管沟闭合反射。在临诊实践中利用这一特点,可将药物直接输送到皱胃用于治疗。

2. 瓣胃的消化 瓣胃主要起滤器作用。来自网胃的流体食糜含有许多微生物和细碎的饲料以及微生物发酵的产物,当通过瓣胃的叶片之间时,其中一部分水分被瓣胃上皮吸收,一部分被叶片挤压出来流入皱胃,食糜变干。截留于叶片之间的较大食糜颗粒,被叶片的粗糙表面糅合研磨,使之变得更为细碎。

3. 皱胃的消化 皱胃的化学性消化与单胃动物胃的化学性消化相似。皱胃运动不如前胃那样富有节律。一般情况下,胃体部处于静止状态,皱胃运动只在幽门窦处明显,半流体的皱胃内物随幽门运动而排入十二指肠。

子任务三 胃肠运动观察

学习目标

- 熟练掌握胃肠的运动方式。
- 掌握小肠消化的过程。
- 能观察并识别胃、小肠和大肠的形态、位置和构造。
- 能运用相关内容解决生产中的问题。

学习方法

以 20% 硫酸镁水合氯醛溶液耳静脉注射,用量为每千克体重 0.1 g,即每千克体重用量约 0.5 mL,将兔麻醉。仰卧固定于手术台上,剪去颈部与腹部被毛。然后按"实验九"的方法在颈部的一侧分离出迷走神经,并于其下穿一提线备用,随后顺腹部正中线切开皮肤剖开腹腔,先熟悉一下各种脏器的正常位置,而后将腹腔中的脏器推至右侧,在其左侧肾上腺附近找出内脏大神经,于其下穿一提线备用。手术完成后应立即将兔体腹部剖开部分,用浸有温生理盐水(37℃左右)的纱布蒙住所有外露部分,并不时地向温纱布上滴加温生理盐水,以保持其接近正常体温。同时,用止血钳夹住创口两侧皮肤向四周扯开,以闭合腹腔露出胃肠便于观察。实验观察:

(1)胃肠的正常运动观察:术后首先观察一下正常时胃肠运动的形式和速度,

特别是小肠各段的各种运动,才能与刺激后相比较。

(2)用感应电流刺激颈部一侧的迷走神经的离中枢端,观察胃肠运动有什么变化?

(3)用感应电流刺激内脏大神经,观察胃肠运动有什么变化?

(4)切断内脏大神经,观察胃肠运动有什么变化?

(5)以镊子轻夹胃肠的任何一处,胃肠运动有什么变化?

(6)以 0.01％的乙酰胆碱,滴加在胃肠表面数滴,注意胃肠运动有什么变化?然后用温生理盐水冲洗胃肠等器官,待胃肠运动恢复原来状态时,再向胃肠表面滴加 0.01％的肾上腺素数滴,注意胃肠运动又有什么变化?

相关内容

一、小肠

(一)形态、构造和位置

小肠是细长的管道,前端起于皱胃幽门,后端止于盲肠,可分为十二指肠、空肠和回肠三部分。各种家畜小肠的形态、构造差别不大,故仅以牛为例介绍。

1. 十二指肠　十二指肠长约 1 m,位于右季肋部和腰部,位置较固定。其行程可分三段:第一段为前部,起始于幽门,在胆囊内侧沿肝的脏面上伸延,形成乙状曲;第二段为降部,由乙状曲走向后上方,以十二指肠系膜附着于结肠袢的外侧,至髋结节附近,然后沿总肠系膜根后缘折转向左向前,形成十二指肠后曲;第三段为升部,由后曲向前,与结肠末段平行,至胰腺腹侧面折转向下,移行为空肠。十二指肠升部以十二指肠结肠褶或十二指肠结肠韧带与降结肠相连,常以其游离缘作为十二指肠与空肠的分界。

2. 空肠　空肠长 23～33.5 m,大部分位于右季助部、右髂部和右腹股沟部。形成许多肠袢,由短的空肠系膜悬挂于结肠盘的周缘,形似花环状,位置较固定。空肠的右侧和腹侧隔着大网膜与腹壁相邻;左侧也隔着大网膜与瘤胃腹囊相贴;背侧为大肠;前方与肝、胰、瓣胃和皱胃相接触;后达盆腔前口。空肠后部的肠袢因系膜较长,而游离性较大,往往绕过瘤胃后方至左侧。

3. 回肠　回肠为小肠的末端,较短而直,长约 0.5 m。在肠系膜中由盲肠的腹侧向前上方伸延,以回肠口开口于盲结肠交界处腹内侧壁,开口处形成略隆起的回肠乳头,突入盲肠腔内。回肠除附着于总肠系膜外,还以长三角形的回盲褶或回盲韧带与盲肠相连接。

85

4. 小肠壁的构造 小肠壁由黏膜、黏膜下组织、肌层和浆膜构成。黏膜形成环形褶和肠绒毛,以增加与食物接触的面积。黏膜上皮为单层柱状上皮,在固有层内分布有小肠腺。黏膜中的淋巴结很丰富,淋巴结大而明显,成年牛有 20～40 个,最后一个淋巴结从回肠经回肠口延续至盲肠肠壁。回肠壁有发达的淋巴结,对防止大肠内微生物进入小肠有重要作用。黏膜下组织为疏松结缔组织,在十二指肠黏膜下组织中还有十二指肠腺,分布于小肠前部。肌层由较厚的内环和较薄的外纵两层平滑肌组成,回肠的肌层较空肠厚。浆膜被覆肠管表面,并延伸形成系膜等。

(二)小肠液的分泌

小肠黏膜中分布有肠腺,这些腺体的分泌物,构成小肠液。小肠液的分泌是经常性的,分泌量因条件不同而变化较大。小肠液中的消化酶随食入的饲料成分而变化。当所采食的饲料中蛋白质含量多时,肠液内蛋白分解酶含量就增多。

食糜以及饲料消化产物对肠黏膜的局部机械刺激和胃酸、脂肪、蛋白胨和糖等化学刺激,通过肠壁内神经丛的局部反射而引起肠腺分泌。胃肠激素中,胃泌素、胆囊收缩素和血管活性肽有刺激小肠液分泌的作用。

二、肝

(一)形态、构造和位置

肝是动物体内最大的腺体,功能复杂,能分解、合成、贮存营养物质和解毒、分泌胆汁。在糖类、脂类、蛋白质以及维生素的代谢过程中均具有重要作用;参与体内防御体系,以及形成纤维蛋白原、凝血酶原等。肝又是重要的血库之一,在胎儿时期,肝还是造血器官。

肝一般位于腹前部,膈的后方,大部分偏右侧或全部位于右侧。呈扁平状,颜色为暗红褐色。背侧一般较厚,腹侧缘薄锐。在腹侧缘上有深浅不同的切迹,将肝分成大小不等的肝叶。膈面隆突,脏面凹,中部有肝门。门静脉和肝动脉经肝门入肝,胆汁的输出管和淋巴管经肝门出肝。肝各叶的输出管合并在一起形成肝管。没有胆囊的动物,肝管和胰管一起开口于十二指肠。有胆囊的动物,胆囊的胆囊管与肝管合并,称为胆管,开口于十二指肠。

肝的表面被覆有浆膜,并形成左、右冠状韧带、镰状韧带、圆韧带和三角韧带与周围器官相连。

牛肝略呈长方形,被胃挤到右季肋部,因无叶间切迹,故而分叶不明显,但也可由胆囊和圆韧带切迹将肝分为右、中、左三叶。左叶在第 6～7 肋骨相对处,右叶在第2～3腰椎下方。分叶不明显,中叶被肝门分为上方的尾叶和下方的方叶。尾叶有两上突,一个叫乳头突,另一个叫尾状突突出于右叶以外。胆管在十二指肠的开口距幽门50～70 cm。

猪肝较发达,中央部厚,周围边缘薄,大部分位于腹前部的右侧,左缘与第9或第10肋间隙相对;右缘与最后肋间隙的上方相对;腹缘位于剑状软骨后方,距离剑状软骨3～5 cm。肝被三条深的切迹分左外叶,左内叶、右内叶和右外叶。胆囊位于右内叶的胆囊窝内。胆管开口于距幽门2～5 cm处的十二指肠憩室(图3-6)。

马肝的特点是分叶明显,没有胆囊。大部分位于右季肋部,小部分位于左季肋部,其右上部达第16肋骨中上部,左下部约与第7～8肋骨的下部相对。肝的背缘钝,腹侧缘薄锐。在肝的腹侧缘上有两个切迹,将肝分为左、中、右三叶(图3-7)。

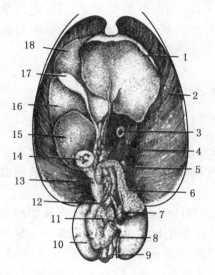

1.左外叶　2.膈　3.食管　4.胆管　5.胃淋巴结
6.胰左叶　7.肾上腺　8.肾淋巴结　9.输尿管
10.右肾　11.胰中叶　12.门静脉　13.十
二指肠　14.幽门　15.右外叶　16.右
内叶　17.胆囊　18.左内叶

图3-6　猪肝脏和胰脏

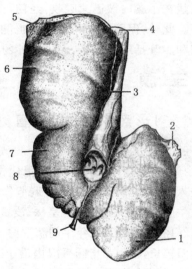

1.左叶　2.左三角韧带　3.冠状动脉
4.后腔动脉　5.右三角动脉
6.右叶　7.中叶　8.肝
静脉　9.镰状韧带

图3-7　马肝脏(壁面)

(二)胆汁的分泌

胆汁是由肝细胞连续分泌的。它既是一种消化分泌物,对食物脂肪的消化吸收起着重要作用,也是一种排泄物,排出含有固醇类的脂类和血红蛋白的分解产物。牛、猪、狗等有胆囊的动物分泌出来的胆汁贮存在胆囊内,消化时才从胆囊排入十二指肠。胆囊壁能分泌黏蛋白和从胆汁中吸收水分。所以胆囊内胆汁比肝胆汁浓稠。

马、鹿、骆驼等没有胆囊的动物有相当于胆囊的胆管膨大部,可代替胆囊的机能。由于肝管开口处缺乏括约肌,分泌的胆汁几乎连续地从肝管流入十二指肠。

胆汁分泌与排出受神经和体液双重影响,主要以体液因素为主。进食动作或食物对胃、小肠的刺激,可通过神经反射经迷走神经直接作用于肝细胞引起胆汁分泌和作用于胆囊,促使胆囊收缩,排出胆汁,还可通过释放胃泌素引起胆汁分泌。交感神经冲动能使胆汁在胆囊内储留。胆酸盐是促进胆汁分泌的主要体液因素。胆酸盐在小肠内被迅速吸收,经门静脉回到肝脏,刺激肝细胞分泌胆汁,称为肠肝循环。此外,促胰液素和胃泌素也能促进胆汁的分泌。胆囊收缩素能引起胆囊肌收缩和胆管括约肌舒张,促进胆汁的排出。

三、胰

(一)形态、构造和位置

胰有外分泌部和内分泌部。外分泌部占腺体的大部分,属于消化腺,含有多种酶,由胰管排入十二指肠,参与消化作用;内分泌部称胰岛,分泌胰岛素和胰高血糖素进入血液,对糖代谢起重要调节作用。

牛胰为不正的四边形,呈深、浅黄褐色,柔软而具小叶结构。位于右季肋部和腰部,肝门的正后方。成年牛的胰重约550 g,可分为胰体、左叶和右叶三部分。胰右叶发达而较长,在十二指肠系膜内沿十二指肠降部向后至肝的尾状突后方,到第2~4腰椎处,其背侧与肝及右肾相接;胰左叶较宽,呈小四边形,其背侧附着于膈脚,腹侧在瘤胃背囊与左膈脚之间;胰体位于肝的脏面,其背侧面形成胰环或称胰切迹,门静脉由此通过,在门静脉与后腔静脉之间是游离的,形成网膜孔的腹内侧壁。

牛胰管只有一条,属副胰管,自胰右叶末端走出,在胆总管开口之后30~40 cm处单独开口于十二指肠降部。开口处形成十二指肠小乳头。少数个体胰左叶还有一条小的主胰管,从胰体走出而开口于胆总管,再进入十二指肠。

猪胰由于脂肪含量较多,故呈灰黄色,位于最后两胸椎和前两个腰椎腹侧。胰管有一条,由右叶末端发出,开口于距幽门10~12 cm处的十二指肠内。

马胰呈扁三角形,横位于腹腔顶壁的下面,大部分位于右季肋部,第16~18胸椎的腹侧,胰管有两条。

（二）胰液的分泌

胰腺的外分泌部占胰腺的大部分,它的腺泡分泌胰液。胰液中水分和碳酸氢盐的含量很多,酶的含量很少。胰液经胰导管输送至十二指肠内。除肉食动物外,动物的胰液是连续分泌的。

胰液分泌受神经和体液双重控制,以体液调节为主。

1. 神经调节　食物刺激口腔和胃,都可通过迷走神经直接作用于胰腺腺体或通过胃泌素的释放而间接作用于胰腺引起胰液分泌。

2. 体液调节

（1）促胰液素:酸性食糜刺激小肠黏膜 S 细胞释放促胰液素,经血液循环作用于胰腺小导管的上皮细胞,使其分泌富含碳酸氢盐而含酶较少的稀薄胰液。

（2）胆囊收缩素（又名促胰酶素或胆囊收缩素——促胰酶素）:蛋白质分解产物和脂肪酸使前段小肠黏膜释放的胆囊收缩素,经血液循环促使胰腺分泌含碳酸氢盐较少、含酶较多的浓稠胰液。

对于胰腺的活动,促胰液素和胆囊收缩素之间有协同和相互加强作用。胃泌素也能促进胰液分泌。

四、小肠内的消化

小肠内消化主要通过小肠的运动,使胰液、胆汁、小肠液与食糜充分混合,发挥胰液、胆汁和小肠液的化学性消化作用。

（一）小肠的运动

1. 小肠的运动形式　小肠肌经常处于紧张状态,是其他运动形式的基础。

（1）蠕动:小肠蠕动速度很慢,而蠕动冲是进行速度很快、传播较远的蠕动,由进食时吞咽动作或食糜进入十二指肠所引起,可将食糜从小肠始端一直推送到末端。在十二指肠和回肠末段还出现逆蠕动,有利于食糜的消化和吸收（图 3-8）。

（2）分节运动:是以环行肌为主的节律性收缩与舒张运动。小肠各段分节运动的强度及频率以十二指肠最高,其次空肠,回肠最

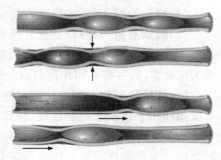

上:分节运动　下:蠕动

图 3-8　小肠的运动

89

低。分节运动的作用主要是使食糜和消化液充分混合,便于化学性消化;为吸收创造良好的条件;能挤压肠壁,有助于血液和淋巴的回流。

(3)钟摆运动:以纵行肌节律性舒缩为主。当食糜进入一段小肠后,这一段肠的纵行肌一侧发生节律性的舒张和收缩,对侧发生相应的收缩和舒张,使肠段左、右摆动,肠内容物随之充分混合,以利消化和吸收。

2. 小肠运动的调节

(1)内在神经丛的作用:食糜对肠壁的机械和化学刺激过局部反射产生蠕动。

(2)外来神经的作用:副交感神经兴奋增强肠运动,交感神经兴奋则抑制肠运动。

(3)体液因素的作用:5-羟色胺、P 物质、胃泌素和胆囊收缩素可加强肠运动;胰高血糖素和肾上腺素则使肠运动减弱。

3. 回盲括约肌的机能　回盲括约肌平时保持轻度的收缩状态。当食物入胃时即起胃—肠反射,蠕动波到达回肠末端时,括约肌舒张,食糜被驱入结肠。胃泌素也能引起括约肌压力下降。而盲肠黏膜受刺激可通过局部反射,引起括约肌收缩,从而阻止回肠内容物进入结肠。回盲括约肌的主要机能是防止回肠内容物过快地进入结肠,有利于食糜在小肠内充分消化和吸收。

(二)小肠的化学性消化

1. 胰液的消化作用　胰液是无色、无臭的碱性液体,pH 为 7.8～8.4。胰液中含无机物与有机物。无机成分中,除有 Cl^-、Na^+、K^+、Ca^{2+} 等外还有含量最高的碳酸氢盐,其主要作用是中和进入十二指肠的胃酸,使肠黏膜免受强酸的侵蚀;同时也为小肠内多种消化酶活动提供了最适合的 pH 环境(pH 7～8)。

胰液中有机物主要是蛋白质,由多种消化酶组成:

(1)胰淀粉酶:不需激活就有活性,可分解淀粉为麦芽糖。

(2)胰脂肪酶:分解脂肪为甘油和脂肪酸。

(3)胰蛋白酶和糜蛋白酶:都以酶原形式存在于胰液中。经激活后,分解蛋白质为胨和腖,两种酶共同作用时可分解蛋白质为小分子的多肽和氨基酸。

(4)核糖核酸酶和脱氧核糖核酸酶:使相应的核酸部分地水解为单核苷酸。羧基肽酶作用于多肽末端的肽键,释放具有自由羧基的氨基酸。

2. 胆汁的消化作用　胆汁是黏稠具有苦味的黄绿色液体,肝胆汁是弱碱性,胆囊胆汁呈弱酸性。胆汁中没有消化酶,除水外,还有胆色素、胆盐、胆固醇、脂肪酸、卵磷脂以及其他无机盐等。

胆汁的作用如下:

（1）胆盐、胆固醇和卵磷脂可乳化脂肪，增加胰脂肪酶的作用面积。

（2）胆盐可与脂肪酸结合成水溶性复合物，促进脂肪酸的吸收。

（3）胆汁促进脂溶性维生素 A、D、E、K 的吸收。

（4）胆汁可以中和十二指肠中部分胃酸。

（5）胆盐排到小肠后，绝大部分由小肠黏膜吸收入血，再入肝脏重新形成胆汁，即为胆盐的肠—肝循环。

3. 小肠液的消化作用　小肠液呈弱碱性，pH 约为 7.6。小肠液中含有多种酶，肠激酶可激活胰蛋白酶原。蔗糖酶、麦芽糖酶和乳糖酶分解双糖，此外，还有淀粉酶、肽酶及脂肪酶。只是有些酶并不是由肠腺分泌入肠腔，而是存在于肠上皮细胞内的酶，随脱落的上皮细胞进入肠液。禽类小肠黏膜分布有肠腺，但没有哺乳动物的十二指肠腺。肠腺分泌的肠液呈淡黄色、弱酸性到弱碱性的液体，含有黏液和蛋白酶、淀粉酶、脂肪酶等。

五、大肠和肛门

（一）大肠的形态、构造和位置

大肠比小肠短，发达的大肠表面有肠带和肠袋，可分为盲肠、结肠和直肠三部分。各种家畜大肠的形态、构造与位置有所不同，现分述如下：

1. 牛的大肠

（1）盲肠：盲肠呈圆筒状的盲管，位于右髂部，长约 75 cm，直径约 12 cm。盲肠从右侧最后肋骨下端稍后起于回肠口，隔着大网膜沿右腹壁向后上方延伸至盆腔前口的右侧，盲端钝圆而游离，充盈时可突入盆腔内。盲肠的前 2/3 内侧有肠系膜附着，而后 1/3 游离。背侧以短的盲结褶与结肠近袢相连接；腹侧以回盲褶与回肠相连，盲肠的前端自回肠口起转为结肠。

（2）结肠：结肠是大肠最长的一段，长约 6～9 m，自回肠口处为盲肠直接延续，以后逐渐变细。结肠大部分在总肠系膜二层之间形成双袢状椭圆形环状弯曲。结肠可分为升结肠、横结肠和降结肠。

升结肠特别长，又分近袢、旋袢、远袢三段。近袢为升结肠的第一段，呈"S"形，从回肠口起向前至右肾腹侧和最后两肋骨之下，然后折转向后，沿盲肠背侧后行至盆腔前口，再折转向前，经肠系膜左侧至左肾腹侧，延续为旋袢。近袢大部分位于右髂部，在小肠和升结肠旋袢的背侧。旋袢为升结肠第二段，是很长的肠袢，卷曲成椭圆形的结肠盘，羊的则略呈低的锥体形，位于痼胃右侧，夹在总肠系膜两层浆膜之间。旋袢可分为向心回和离心回，在结肠盘的中心有中央曲。向心回和离心回各有 1.5 圈或 2 圈。横结肠很短,此肠管悬于短的横结肠系膜之下,其背侧为胰腺。降结肠是横结肠沿肠系膜根和肠系膜前动脉的左侧向后行至盆腔前口的一段肠管(图 3-9)。

(3)直肠:直肠位于盆腔内,较短而直。直肠前 3/5 大部分被覆有腹膜,由直肠系膜系于盆腔项壁。其后部为腹膜外部,借疏松结缔组织和肌肉附着于盆腔周壁,营养好的个体还含有脂肪组织。牛的直肠后部当蓄积粪便时能扩张变粗,形成不明显的直肠壶腹。

2. 猪的大肠

(1)盲肠:呈短而粗的圆锥状盲囊,长约 21~30 cm。一般在腹腔左髂部,从左肾的后下部起,向后下方伸延,到结肠圆锥的后方,盲端可过骨盆前口。回肠

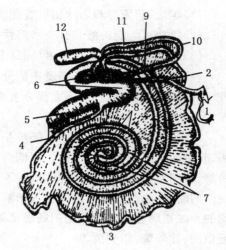

1.胃　2.十二指肠　3.空肠　4.回肠　5.盲肠　6.结肠近袢　7.结肠旋袢向心回　8.结肠旋袢离心回　9.结肠远袢　10.横结肠　11.降结肠　12.直肠

图 3-9　牛肠模式图

突入盲肠和结肠之间的部分,呈圆锥状,称为回盲瓣,其口称为回盲口。盲肠有 3 条纵肌带和 3 列肠袋。

(2)结肠:由盲结口开始,在结肠系膜中盘曲成圆锥状或哑铃状,称为旋袢,其基部朝向背侧,附着于腰部和左髂部。空肠在胃后时,旋袢位于左髂部和腰部;空肠在旋袢后方时,旋袢位于腹前部及腹中部的脐部。旋袢可分为向心回和离心回,向心回位于结肠圆锥的外周,肠管较粗,有两条纵肌带和两列肠袋。按顺时针方向旋转 3.5 圈或 4.5 圈到锥顶,然后转为离心回;离心回位于结肠圆锥的里面,肠管较细,纵肌带不发达。按逆时针方向旋 3.5 圈或 4.5 圈,然后转为终袢。终袢在荐骨岬处连直肠(图 3-10)。

(3)直肠:形成直肠壶腹。

3. 马的大肠

(1)盲肠:外形呈逗点状,长约 1 m。位于腹腔右侧,从右髂部的上部起,沿腹侧壁向前下方伸延,达剑状软骨部。可分为盲肠底(或盲肠头)、盲肠体和盲肠尖三部分,盲肠底是后上方膨大的部分,前缘与第 14~15 肋骨相对,后缘可达髋结节。大弯向上在背侧,附着于腹腔的顶壁。小弯在腹侧,偏向内侧。在小弯处有回盲口和盲结口分别与回肠与结肠相连。两口相距约 5 cm,口上有由黏膜隆起形成的皱

褶,分别称为回盲瓣和盲结瓣。盲肠体沿右侧腹壁向前下方伸延,前部移行为盲肠尖。在盲肠底和盲肠体上有背、腹、内、外四条纵肌带和四列肠袋,盲肠尖部有两条纵肌带。

(2)结肠:可分为大结肠和小结肠。

①大结肠:特别发达,长约 3 m,占据腹腔的大部分,呈双层蹄铁形。可分为四段三个弯曲,从盲结口开始,顺次为右下大结肠—胸骨曲—左下大结肠—骨盆曲—左上大结肠—膈曲—右上大结肠。

大结肠管径的变化很大,下层大结肠除起始部外,都较粗,管径约 20 cm。骨盆曲处管径突然变细,约 8 cm。右上大结肠管径逐渐变粗,可达 30 cm,因此又叫胃状膨大部。从胃状膨大部

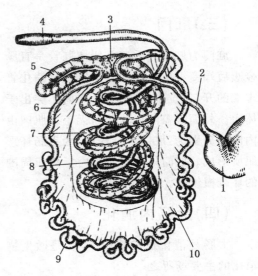

1.胃　2.十二指肠　3.结肠　4.直肠　5.盲肠
6.回肠　7.向心回　8.离心回
9.空肠　10.空肠系膜
图 3-10　猪肠模式图

向后的管径又突然变细,而且在左肾下方形成"乙"状弯曲,延续为小结肠。下层大结肠都有四条纵肌带和四列肠袋。骨盆曲有一条纵肌带。左上大结肠开始有一条纵肌带,到中部增加至三条,经膈曲延续到右上大结肠。

上、下大结肠之间有短的结肠系膜相连;右下大结肠与盲肠小弯之间有盲结韧带相连;右上大结肠末段的背侧有疏松结缔组织及浆膜与胰的腹侧面相连,右侧与盲肠底、胰、膈和十二指肠等相连。此外,整个左大结肠和三个曲都是游离的,与腹壁及其他内脏器官均无联系,因此,肠扭转可发生在此处。

②小结肠:长约 3 m,直径约 6 cm,有两条纵肌带和两列肠袋,借后肠系膜连于腰椎腹侧。小结肠的肠系膜也较长,可达 50 cm 左右,故活动范围较大。小结肠在骨盆腔入口处,移行为直肠。

(3)直肠:比牛的长而粗,长约 30 cm。后段管径增大,形成直肠壶腹(图3-11)。

(二)大肠壁的构造

大肠壁的构造与小肠壁基本相似,也由黏膜、黏膜下层、肌层和浆膜构成。黏膜表面光滑,无绒毛。

(三)肛门

肛门为肛管的后口。所谓肛管是直肠壶腹后端变细所形成的管。肛门是消化管末端的开口,位于尾根下方,平时不突出于体表。外面被盖的皮肤薄而无毛。肌肉由内向外分别为:肛门内括约肌,为直肠环形肌所形成。肛门外括约肌为内括约肌周围的环行横纹肌。

(四)大肠内消化

大肠是消化道的最后一段,是微生物消化的主要场所之一。

1. 大肠液及微生物的作用 大肠黏膜上的腺体分泌富含黏液和碱性分泌物(主要为碳酸氢盐)的大肠液,含消化酶很少。黏液的作用在于保护肠黏膜和润滑粪便;碱性分泌物能中和酸性内容物,以利于微生物的繁殖和活动。

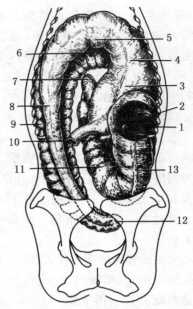

1.盲结口 2.回盲口 3.胃状膨大部 4.右上结肠 5.膈曲 6.胸骨曲 7.盲肠尖 8.左上结肠 9.左下结肠 10.小结肠 11.盲肠体 12.骨盆曲 13.盲肠底

图 3-11 马大肠模式图

各种动物大肠内的消化过程不完全一样,分述如下:

(1)草食动物大肠内的消化:草食动物大肠内消化特别重要,尤其是马属动物和兔等单胃动物,饲料中的纤维素等多糖物质的消化和吸收,全靠大肠内微生物的作用。大肠的容积庞大,与反刍动物的瘤胃相似,具备微生物繁殖和发酵的条件。随同食糜进入大肠的少数未杀死的微生物可以在大肠内大量繁殖,消化纤维素的微生物与瘤胃微生物的区别主要是菌株类型之间的比例不同。大肠内的细菌全部是厌氧菌。

大肠内的微生物也能合成 B 族维生素和维生素 K,并被大肠黏膜吸收,供机体利用。大肠壁还能排泄钙、铁、镁等矿物质。

(2)杂食动物大肠内的消化:猪大肠内具备草食动物相似的微生物繁殖条件,猪在饲喂植物件饲料条件下,微生物的作用就很重要。

(3)肉食动物大肠内消化:饲料中的营养物质在小肠内已基本被消化吸收,所以肉食动物大肠的主要功能是吸收水分、电解质和小肠来不及吸收的物质,其余残渣形成粪便。

　　肉食动物大肠内的环境也很适合大肠杆菌、葡萄球菌等很多种类细菌的繁殖。这些细菌总称为"肠道常居菌群"或"共生菌"。正常情况下,它们以腐败作用为主,也具有发酵分解作用。

　　2. **大肠的运动**　　大肠运动与小肠运动大体相似,但速度较慢,强度较弱。盲肠和大结肠间有明显的蠕动,还有逆蠕动。二者相互配合,推动食糜在一定肠管内来回移动,使食糜得以充分混合,并使之在大肠内停留较长时间。这样能使细菌充分消化纤维素,并保证挥发性脂肪酸和水分的吸收。此外,还有一种进行得很快的蠕动,叫集团蠕动。它能把粪便推向直肠引起便意。

　　如果大肠运动机能减弱,则粪便停留时间延长,水分吸收过多,粪便干燥以至便秘;若大肠或小肠运动增强,水分吸收过少,则粪便稀软,甚至发生腹泻。

　　随着大肠运动和食糜移动,发生类似雷鸣或远炮的声音,称大肠音。

　　大肠壁和小肠一样,存在着两种神经丛。副交感神经兴奋,运动加强;而交感神经兴奋时,则运动减弱。

(五)粪便的形成和排粪

　　食糜经消化吸收后,残渣进入大肠后段,水分被大量吸收,逐渐浓缩而形成粪便,大肠后段的运动,被强烈搅和,并压成团块。

　　排粪是一种复杂的反射动作。粪便停留在直肠内,量小时,肛门括约肌处于收缩状态。当积聚到一定量时,刺激肠壁压力感受器产生冲动,通过盆神经传至荐部脊髓,再传至大脑皮层。冲动经整合后,通过盆神经传至大肠后段,引起直肠收缩,肛门括约肌舒张,在腹肌收缩配合下,增加腹压进行排粪。荐部脊髓如果受损,则肛门括约肌紧张性收缩丧失,引起排粪失禁。

子任务四　胃肠吸收观察

学习目标

● 熟练掌握动物吸收的过程。

● 能正确运用动物吸收的特点解决生产中的问题。

学习方法

以20％硫酸镁水合氯醛溶液耳静脉注射,用量为每千克体重0.1 g,即每千克体重用量约0.5 mL,将兔麻醉。仰卧固定于手术台上,剪去颈部与腹部被毛。取出长约16 cm的一段空肠,在其中点处用棉线结扎,另在距中点前、后各8 cm处分别结扎,于是把空肠分为两段等长的肠腔。在前段小肠中注入5 mL 10％水合氯醛,在后段小肠中注入10～15 mL 0.7％氯化钠溶液,注射完毕后将肠置入腹腔中闭合腹壁或用沾有温生理盐水的纱布覆盖30 min后检查前后两段小肠中各有什么变化? 分析一下变化原因? 结扎时应注意不要把血管扎上以免因妨碍血液循环而影响吸收,另外时刻注意用温生理盐水纱布覆盖外露部分,以免因温度降低而影响实验效果。

相关内容

饲料经消化后,其分解产物经消化道的上皮细胞进入血液或淋巴液的过程称为吸收。消化道吸收的营养物质被运输到机体各部位,供机体代谢利用。

一、吸收部位及机制

在消化道的不同部位,吸收的效率是不同的,这种差别主要取决于消化道各部位的组织结构,以及食物在该处的状态和停留时间。小肠是吸收的主要部位。它的黏膜具有环状皱褶,并拥有大量的绒毛,绒毛表面有微绒毛,使吸收面积增大。食物在小肠内停留时间较长,且已被消化到适于吸收的状态,而易被肠壁吸收。

营养物质的吸收机制,大致可分为被动转运和主动转运两类。被动转运包括滤过、扩散、渗透和易化扩散作用;主动转运则由于细胞膜上存在着一种具有"泵"样作用的转运,可以逆电化学梯度转运Na^+、Cl^-、K^+、I^-等电解质及单糖和氨基酸等非电解质。

二、各种主要营养物质的吸收

(一)盐类和水分的吸收

(1)钠的吸收:由钠泵主动转运吸收。

(2)铁的吸收:主要在小肠上段。食物中的铁绝大部分是3价铁,必须还原为亚铁后方被吸收。肠黏膜吸收铁的能力决定于黏膜细胞内的含铁量,存积于细胞内的铁量高,会抑制铁的再吸收。

被吸收的亚铁在肠黏膜细胞内氧化为 3 价铁,并和细胞内的去铁蛋白结合形成铁蛋白暂时贮存起来,慢慢向血液中释放。一小部分被吸收,但尚未与去铁蛋白结合的亚铁,则以主动吸收方式转移至血浆中。铁的转运过程需消耗能量,为主动转运。

(3)钙的吸收:钙盐只有在水溶液状态,且不被肠腔内任何物质沉淀的情况下,才能被吸收。钙的吸收也是主动转运,需要充分的维生素 D。肠内容物偏酸以及脂肪食物都会影响钙的吸收。

(4)负离子的吸收:小肠内吸收的负离子主要 Cl^- 和 HCO_3^-。由钠泵所产生的电位可使负离子向细胞内转移,负离子也可按浓度差独立进行被动转运。

(5)水分的吸收主要在小肠:小肠主要借助渗透、滤过作用吸收水分。

(二)糖的吸收

饲料中的糖类在肠腔和黏膜细胞的外表面,经消化酶降解成单糖和双糖。大部分单糖被吸收后,经门静脉送到肝脏,一些单糖也能经淋巴液转运。绝大多数动物的肠黏膜上皮的刷状缘含有各种双糖酶,保证在吸收时所有双糖都分解为单糖。

单糖的吸收是耗能的主动转运过程。

(三)挥发性脂肪酸的吸收

反刍动物瘤胃产生的 VFA 大部分是在瘤胃中被吸收的。瘤胃 VFA 以未解离的分子状态和离子状态存在,且吸收速度与存在状态和分子质量有关。分子状态的 VFA 吸收速度较离子状态快,分子质量越小吸收越快,即丁酸＞丙酸＞乙酸。

VFA 吸收时在瘤胃上皮还发生强烈代谢作用。据测定,被吸收的丁酸有85％、乙酸有 45％被代谢产生大量酮体;丙酸有 65％在瘤胃上皮内转变成乳酸和葡萄糖。由于瘤胃的作用,来自瘤胃血液中的 VFA 浓度与吸收速度相反,即乙酸＞丙酸＞丁酸。

单胃草食家畜盲肠和结肠吸收挥发性脂肪酸,与反刍动物的瘤胃相似。

(四)蛋白质的吸收

绝大部分蛋白质被分解为小肽和氨基酸后吸收,未经消化的天然蛋白质及蛋白质的不完全分解产物只能被微量吸收进入血液。

吸收氨基酸的部位是小肠,氨基酸的吸收是主动转运,需要提供能量。氨基酸吸收几乎完全进入血液。

新生哺乳动物在最初一段时间内,可从初乳中以胞饮方式完整吸收免疫球蛋白,从而获得被动免疫。

(五)脂肪的吸收

摄入的脂肪大约有 95％被吸收。脂肪消化后生成甘油、游离脂肪酸和甘油一酯,在胆盐的作用下形成水溶性复合物,再经聚合形成脂肪微粒。在吸收时,脂肪微粒中各主要成分被分离开来,分别进入小肠上皮。甘油一酯和脂肪酸靠扩散作用在十二指肠和空肠被吸收;胆盐靠主动转运在回肠末段被吸收。脂肪吸收后,各种水解产物重新合成中性脂肪,外包一层卵磷脂和蛋白质的膜成为乳糜微粒,通过淋巴和血液两条途径(主要是淋巴途径)进入肝脏。

(六)胆固醇和磷脂的吸收

胆固醇在胆盐、胰液和脂肪酸的帮助下,通过简单扩散进入肠上皮细胞再转入淋巴管而被吸收。磷脂只有小部分不经水解可直接进入肠上皮,大部分须完全水解为脂肪酸、甘油、磷酸盐等才能进入肠上皮再转入淋巴管而被吸收。

(七)维生素的吸收

水溶性维生素吸收各有特点,一般认为吡哆素以简单的单纯扩散方式吸收;维生素 C、硫胺素、核黄素、尼克酸、生物素等的吸收是依赖于特异性载体的主动转运过程;维生素 B_{12} 必须与内因子结合才能在回肠被吸收。脂溶性维生素(包括 A、D、E、K)的吸收与类脂物质相似。

任务四 呼吸系统结构、活动观察识别

学习目标

- 掌握呼吸音、呼吸频率的测定方法。
- 能判断动物的呼吸方式。

学习方法

相关内容学习结合实践操作。

相关内容

畜体在新陈代谢过程中,要不断吸入氧,呼出二氧化碳,机体与外界环境之间的气体交换过程称为呼吸。

子任务一 呼吸音听取

学习目标

- 掌握呼吸音听取的生理意义。
- 认识异常呼吸音并能分析其形成的原因。

学习方法

会听取呼吸音,并简单判断正、异常呼吸音。

呼吸运动时,气体通过呼吸道及出入肺泡因摩擦产生的声音叫做呼吸音。在胸廓的表面和颈部气管附近,可以听到下列呼吸音:

(1)肺泡呼吸音:类似于"V"的延长音。正常肺泡呼吸音在吸气时能够较清楚地听到。

(2)支气管呼吸音:类似于"Ch"的延长音,在喉头和气管能够听到(在呼气时能听到较清楚的支气管音),小动物和很瘦的大动物也可在肺的前部听到。健康动物的肺部一般只能听到肺泡呼吸音。

【知识链接】当胸部某些部位有疾患时,如炎症、肿胀、肺泡破裂等,可根据呼吸音的异常变化,提供诊断依据。

听诊是听取某些器官在运动时发出的音响,以判断其功能状况的一种诊断方法。听诊可分为直接听诊法和间接听诊法。直接听诊法是在听诊部位放置一块听诊布,然后将耳直接贴于动物被检部位进行听诊。间接听诊是借助听诊器听诊。为了排除外界音响的干扰,应在安静的室内进行。听诊器集音头要紧密地放在动物体表的检查部位,并要防止滑动。听诊器的胶管不应交叉,也不要与手臂、衣服、动物被毛等接触、摩擦,以免发生杂音。肺脏听诊部位在左右两侧肋骨处,靠前中部听诊最佳。

胸部听诊时,先从胸部的上1/3开始,由前向后移动,每一个听诊点的距离3～4 cm,每一听诊点要连续听3～4次呼吸周期,然后听胸部的下1/3。

听诊时应密切注视动物胸壁的起伏活动,以辨别吸气与呼气阶段。

应对病区与周围健区以及左右两侧的相应区域进行比较听诊,以确切地判断病理变化。

正常状态:健康动物可听到微弱的肺泡呼吸音,于吸气阶段较清楚,状如吹风样或类似"呋"、"呋"的声音。整个肺区可听到肺泡吸音,但以肺区的中部为最明显。

肺泡呼吸音是由于在呼吸时空气进入肺泡内产生旋涡运动,振动肺泡壁和呼气时,空气出狭窄的肺泡口被挤出而轻微振动细支气管壁所产生。

各种动物中,马的肺泡音最弱;健牛肺部除听到正常肺泡呼吸音之外,尚可在第3～4肋间,肩关节水平线下,听到柔和而轻的混合性支气管呼吸音(含有肺泡音的支气管呼吸音);健康绵羊、山羊和猪的第3～4肋间肺区,通常可听到清楚的支气管呼吸音。

临床上常见的病理呼吸音有下列几种:肺泡呼吸音增强;肺泡音减弱;支气管呼吸音;啰音;捻发音;胸膜摩擦音。

相关内容

呼吸系统各器官的结构

一、鼻

鼻位于面部的中央,既是气体进出肺的通道,又是嗅觉器官,对发声也有辅助作用。鼻包括鼻腔和副鼻窦。

(一)鼻腔

鼻腔由九块软骨构成支架,内面衬有黏膜。鼻腔正中有鼻中隔将鼻腔分为左、右互不相通的两半,每侧鼻腔前端经鼻孔与外界相通,后端经鼻后孔与咽相通。

1. 鼻孔　鼻腔的入口,由内侧鼻翼和外侧鼻翼围成。牛的鼻孔呈倒逗点形。鼻翼含有软骨,构成鼻孔的支架。鼻中隔软骨从鼻腔延伸到鼻尖,分隔鼻孔。牛两鼻孔间和周围以及上唇中部的皮肤形成鼻唇镜。

2. 鼻前庭　位于鼻孔和固有鼻腔之间。其表面被覆皮肤,常具有色素,并分布有短毛。鼻前庭的内侧为鼻中隔,外侧为鼻翼。在距鼻孔约 3 cm 处,有鼻泪管的开口。

3. 固有鼻腔　是鼻腔的主要部分,位于鼻前庭之后,由骨性鼻腔覆以黏膜构成。每侧鼻腔的侧壁上,附着上、下两个纵行的鼻甲,将鼻腔分为上、中、下三个鼻道。上鼻道位于鼻腔顶壁与上鼻甲之间,通嗅区。中鼻道位于上、下鼻甲之间,通副鼻窦。下鼻道最宽,位于下鼻甲与鼻腔底壁之间,直接经鼻后孔与咽相通,是气体的主要通道。此外,还有总鼻道,是上、下鼻甲和鼻中隔之间的裂隙,与上、中、下鼻道相通。

(二)副鼻窦

副鼻窦是鼻腔周围头骨内的含气空腔,主要有上颌窦和额窦。它们均直接或间接与鼻腔相通。副鼻窦内面衬有黏膜,是鼻黏膜的连续。鼻黏膜发炎时可波及副鼻窦,引起副鼻窦炎。副鼻窦有减轻头骨重量,温暖和湿润吸入的空气以及对发生起共鸣等作用。

二、咽

见消化部分。

三、喉

喉既是气体出入肺的通道,又是调节空气流量和发声的器官。喉位于下颌间隙的后部,延伸到第 2 颈椎处。背侧为咽和食管入口,前端与咽相通,后端与气管相接。喉由喉软骨、喉肌和喉黏膜构成。

喉软骨(图 4-1)共有四种五块,包括不成对的会厌软骨、甲状软骨、环状软骨和成对的勺状软骨。会厌软骨位于喉的前部,为倒卵圆形(牛、绵羊)或心形(山羊)的弹性软骨板,是构成会厌的基础,在吞咽时可关闭喉口,防止食物入喉。甲状软骨是喉软骨中最大的一块。环状软骨呈环状,前缘和后缘分别与甲状软骨及气管软骨相连。勺状软骨位于环状软骨的前上方,在甲状软骨侧板的内侧,左右各一,上部厚,下部薄,形成声带突,供声韧带附着。

喉软骨彼此借关节、韧带连结围成喉腔。喉腔内面衬有黏膜,外面有喉肌附着。

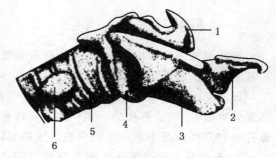

1. 勺状软骨　2. 会厌软骨　3. 甲状软骨　4. 环状软骨
5. 气管软骨环　6. 甲状腺

图 4-1　喉软骨

四、气管和支气管

气管起于喉,是由 50～60 个气管软骨作支架的圆筒状管道。气管按部位分为颈段和胸段。颈段位于颈椎的腹侧,从第 2 颈椎处沿颈部腹侧的中线向后延伸到胸腔前口。胸段从胸腔前口进入胸腔,经纵隔在第 5 胸椎相对处分为左、右支气管,分别进入同侧肺内。牛、羊和猪,在气管分支为两个支气管之前,还在气管的右侧壁上分出一个右上支气管,到右肺尖叶。气管壁由内向外分为黏膜、黏膜下组织和外膜三层。黏膜上皮为假复层柱状纤毛上皮,其纤毛向喉的方向摆动,能将粘在黏膜上的尘埃与黏液一起排出。黏膜下组织由疏松结缔组织构成,含有腺体,称气管腺,可分泌黏液。外膜由气管软骨和致密结缔组织构成。气管软骨为透明软骨,呈"U"形软骨环,环的背侧有缺口。两端之间被结缔组织和平滑肌所连接。

五、肺

(一)肺的形态和位置

肺位于胸腔内,在纵隔两侧,左右各一(图 4-2),右肺通常较大。健康家畜的肺呈粉红色,质轻而柔软,富有弹性。左、右肺均呈半圆锥体,肺尖向前,在胸腔前口处,肺底向后。肺具有三个面和三个缘。肋面隆凸,与胸腔侧壁接触并有肋骨压迹。膈面凹,与膈接触。内侧面,又称纵隔面,有心压迹以及食管和大血管的压迹。在心压迹的后上方有肺门,为支气管、肺血管和神经等出入肺的地方,这些结构被结缔组织包裹成一束,称为肺根。肺的背侧缘钝圆,腹侧缘和底侧缘锐薄,在腹侧缘上有心切迹。左肺的心切迹大。

肺以切迹分成不同的肺叶。左肺分为尖叶(前叶)、中叶(心叶)和后叶(膈叶),右肺除上述三叶外,还有腹侧的副叶。

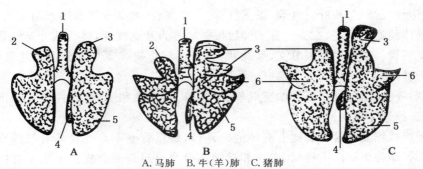

A.马肺 B.牛(羊)肺 C.猪肺

1.气管 2.左肺尖叶 3.右肺尖叶 4.副叶 5.隔叶 6.心叶

图4-2 马、牛(羊)、猪肺的分叶模式图

(二)肺的组织构造

肺由肺胸膜和肺实质构成。

1. **肺胸膜** 肺胸膜即胸膜脏层,是被覆于肺表面的一层浆膜。它由间皮及其深部的结缔组织构成。结缔组织伸入实质内,将肺分为一些肺段和许多肺小叶。牛的肺小叶明显。

2. **肺实质** 肺实质由肺内导气部和呼吸部构成(图4-3)。

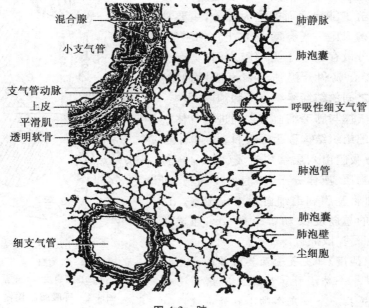

混合腺
小支气管
肺静脉
肺泡囊
支气管动脉
上皮
平滑肌
透明软骨
呼吸性细支气管
肺泡管
肺泡囊
肺泡壁
细支气管
尘细胞

图4-3 肺

103

（1）导气部：包括叶支气管、段支气管、小支气管、细支气管和终末细支气管，它们是气体的通道。左、右支气管入肺后按肺叶称为叶支气管，然后从叶支气管再分为段支气管。以后再反复分支，呈树状，称为支气管树。支气管分支可达数级，最后连于肺泡。

（2）呼吸部：包括呼吸性细支气管、肺泡管、肺泡囊和肺泡，各段均有肺泡的开口，可进行气体交换。

呼吸性细支气管　管壁上有肺泡的开口，所以管壁不完整且具有气体交换的功能。始端为单层纤毛柱状上皮，邻近肺泡处为单层扁平上皮。上皮下方的结缔组织内有散在的平滑肌。

肺泡管　每个呼吸性细支气管分出2～3条肺泡管。管壁上有较多的肺泡囊和肺泡的开口，管壁结构只存在于肺泡开口之间。有少量平滑肌环绕在肺泡开口处。

肺泡囊　是几个肺泡所共同围成的囊腔，是肺泡管的延续。上皮全部变为肺泡上皮，平滑肌完全消失。

肺泡　为半球形或多面形囊泡，开口于呼吸性细支气管、肺泡管或肺泡囊，壁很薄，是气体交换的场所。表面衬以单层肺泡上皮，上皮细胞分为两种：扁平上皮细胞（Ⅰ型细胞），覆盖了肺泡表面的绝大部分，主要功能是参与构成血—气屏障；分泌上皮细胞（Ⅱ型细胞），分散存在于Ⅰ型细胞之间，具有分泌功能，能合成和分泌肺泡表面活性物质。相邻肺泡之间的结缔组织称为肺泡隔。

肺泡气体与肺毛细血管之间进行气体交换所通过的组织结构称为呼吸膜。在电子显微镜下，呼吸膜由六层结构组成（图4-4）：肺表面活性物质、液体分子、肺泡上皮细胞、间隙、毛细血管基膜和毛细血管内皮细胞。这六层结构的总厚度仅为 0.2～1 μm，通透性大，气体容易扩散通过。

【知识链接】细支气管及其所属的分支和肺泡，构成一个肺小叶。临床上所谓的小叶性肺炎就是指一个或几个肺小叶的炎症。

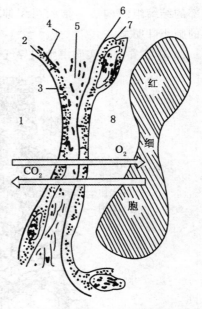

1. 肺泡　2. 肺泡上皮　3. 肺泡表面活性物质
4. 液体分子层　5. 间隙　6. 毛细血管基膜
7. 毛细血管内皮　8. 毛细血管

图4-4　呼吸膜结构模式图

（三）胸膜和纵隔

胸膜（图 4-5）为覆盖在肺表面、胸壁内面、纵隔侧面及隔前面的浆膜。胸膜被覆于肺表面的部分称肺胸膜，即脏胸膜。被覆于胸壁内面、隔前面及纵隔侧面的部分称壁胸膜。脏胸膜和壁胸膜在肺根处互相折转延续，在两肺周围分别形成两个互不相通的腔隙，称胸膜腔，腔内压力比大气压低。胸膜腔内含有少量浆液，称胸膜液，这一薄层浆液有两方面的作用：一是有润滑胸膜，减少肺胸膜和壁胸膜之间摩擦的作用；二是浆液分子有内聚力，可使两层胸膜贴附在一起，不易分开，胸膜腔的密闭性和两层胸膜间浆液分子的内聚力对于维持肺的扩张状态和肺通气具有重要的生理意义。

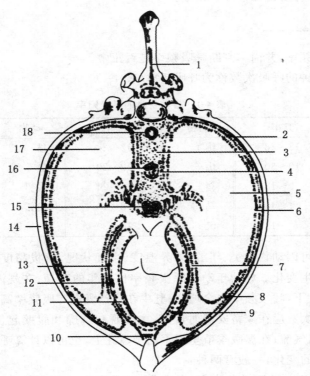

1.胸椎　2.肋胸膜　3.纵隔　4.纵隔胸膜　5.左肺　6.肺胸膜　7.心包胸膜　8.胸膜腔　9.心包腔
10.胸骨心包韧带　11.心包浆膜脏层　12.心包浆膜壁层　13.心包纤维层
14.肋骨　15.气管　16.食管　17.右肺　18.主动脉

图 4-5　胸腔横断面

纵隔位于胸腔中部,是两侧纵隔胸膜之间的脏器和组织的总称。其中有心包、心脏、淋巴结、胸腺、食管、气管、神经和血淋巴结等。

子任务二　呼吸频率测定

学习目标

- 掌握呼吸频率听取的生理意义。
- 认识几种动物正常呼吸频率。

学习方法

听取呼吸频率。并简单判断呼吸频率是否正常。

动物每分钟的呼吸次数称为呼吸频率(表 4-1)。

表 4-1　各种畜禽的呼吸频率　　　　　　　　　　次·min⁻¹

次·min^{-1}

动物	频率	动物	频率	动物	频率
乳牛	18～28	绵羊	12～24	猫	20～30
黄牛	10～30	山羊	12～20	兔	36～60
水牛	9～18	猪	10～24	水貂	35～160
牦牛	14～48	马、驴	8～16	银狐	12～60
骆驼	5～12	犬	10～30	鸡	15～30

呼吸频率可因动物种类、年龄、外界温度、生理状况、海拔高度、使役以及疾病等的影响而发生变化。如幼年动物呼吸频率比成年的略高;在气温高、寒冷、高海拔、使役等条件下,呼吸频率也会增高;乳牛在高产乳期呼吸频率高于平时。

测定呼吸次数应在家畜安静时进行,主要观察胸廓和腹壁起伏次数。在寒冷季节,可观察出气流;在温暖季节里用手贴于鼻孔上,也可以计算呼吸次数。

呼吸频率的变化,一般有两种:

1. 呼吸加快　常见于发热病、高度贫血、呼吸器官的病变(如呼吸道狭窄、呼吸面积缩小以及肺泡壁的弹性丧失等),亦见于心脏血管系统机能障碍,能反射性地引起呼吸中枢兴奋的疼痛性疾病。

2. 呼吸缓慢　比较少见,主要为呼吸中枢高度抑制的结果,常见于中毒、肾机能不全、肝脏严重疾患、生产瘫痪和由各种原因引起颅内压增高的过程中。

相关内容

呼吸全过程

一、呼吸过程

(一)肺通气

肺泡与外界环境之间的气体交换过程,称为肺通气。大气与肺泡气之间的压力差是气体进出肺的直接动力。由于肺本身没有主动张缩能力,在自然条件下,它的张缩是由胸廓的扩大和缩小被动引起的,而胸廓的扩大和缩小又是由呼吸肌的收缩和舒张引起的。呼吸肌的收缩和舒张所造成的胸廓的扩大和缩小,称为呼吸运动。

(二)呼吸运动过程

平静呼吸时,吸气运动由膈肌和肋间外肌收缩来完成。膈肌位于胸腔和腹腔之间,呈圆顶状,凸向胸腔。膈肌收缩时向后位移变为圆锥状,挤压腹腔脏器向后位移,腹壁扩张,胸腔的前后径增大。

肋间外肌斜向后下方,收缩时牵拉后一肋骨向外前方提举。同时,肋骨上端与脊椎成关节,下端连肋软骨,与胸骨成关节,在肋骨向外前方提举时,胸骨向前下方移位,结果使胸腔的左右径和上下径都增大。胸腔的前、后径,左、右径和上、下径都增大(即吸气运动),引起胸腔和肺容积增大,使肺内压低于大气压,外界气体进入肺内,完成吸气。平静呼吸时,呼气运动不是由呼气肌收缩引起的,而是膈肌和肋间外肌舒张所致。膈肌和肋间外肌舒张时,肺依靠其自身的回缩力而回位,并牵引胸廓使之缩小(即呼气运动),从而引起胸腔和肺容积减小,肺内压高于大气压,肺内气体被呼出,完成呼气。

用力吸气时,辅助吸气肌也参与收缩,使胸廓进一步扩大,吸气运动幅度增强,肺内压降得更低,能吸入更多的气体。用力呼气时,除吸气肌舒张外,还有呼气肌参与收缩。肋间内肌斜向前下方,收缩时牵拉前一肋骨向内后方回落,同时胸骨也向后上方移位,使胸腔的左右径和上下径都缩得更小。腹肌收缩可挤压腹腔器官向前位移,使膈肌变成圆顶状,从而使胸腔前、后径也缩小,协助呼气。用力呼气时,呼气运动幅度增强,肺内压升得更高,能呼出更多的气体。

(三)胸膜腔内压

胸膜腔内压也称为胸内压。胸膜腔内压可用直接法和间接法进行测定(图4-6)。测量表明:胸膜腔内压总是低于大气压和肺内压。低于大气压的压力一般称为负压,因此胸膜腔内压也称为胸内负压。

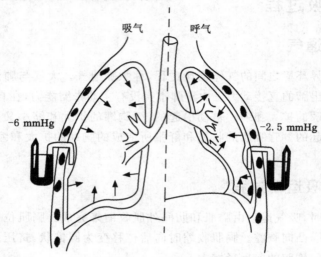

图 4-6　胸膜腔内压测定示意图

胸内负压的形成与作用于胸膜腔的两种力有关:一是肺内压,它使肺泡扩张;二是肺的回缩力,它使肺泡缩小。胸膜腔内的压力就是这两种作用相反的力的代数和。

胸膜腔内压=肺内压-肺的回缩力,在吸气末和呼气末,肺内压等于大气压。则:胸膜腔内压=大气压-肺的回缩力

若以大气压值为0,则:胸膜腔内压=-肺回缩力

可见,胸膜腔负压实际上是由肺的回缩力造成的。家畜吸气时,肺回缩力增大,胸膜腔负压也增大;呼气时,肺回缩力减少,胸膜腔负压也相应减小。

胸膜腔负压不但对肺有牵张作用,使肺内总有一定量的气体,便于同血液进行气体交换,也作用于胸腔内其他的器官,特别是壁薄而扩张性大的腔静脉、心房、胸导管和胸段食管。对这些器官有扩张作用,有利于静脉血和淋巴的回流,也有利于动物的呕吐和反刍动物胃内容物的逆呕。

如果胸膜腔破裂,与大气相通,空气将立即进入胸膜腔,形成气胸,胸内负压消

失,肺将因其本身的回缩力而塌陷,呼吸功能将被破坏。

(四)肺换气和组织换气

肺换气和组织换气统称为气体交换。两者有共同的生理特征:①呼吸膜的存在是发生肺换气和组织换气的先决条件。②换气都是以气体分压差为动力的 O_2 和 CO_2 的气体分子扩散。所谓气体分压是指在混合气体中,各种气体成分在总压力中所占的压力份额。一般来讲,在气体分子通透膜的一侧,若该种气体成分的浓度越大,其气体分压数值也就越高,同一成分的气体分子在呼吸膜的两侧的浓度经常是不相等的,因此就有了气体分压差。O_2 和 CO_2 分子均是由各自的高气体分压一侧透过通透膜扩散到低气体分压的一侧的。气体分压差是气体交换的动力。③交换过程中 O_2 和 CO_2 在同一呼吸膜上是互换的。肺泡、组织细胞和血液中的 p_{O_2} 和 p_{CO_2}(表 4-2)。

表 4-2　肺泡气、组织细胞和血液中的 p_{O_2} 和 p_{CO_2}　　　　　　　　kPa

分压	肺泡气	静脉血	动脉血	组织液
氧分压(p_{O_2})	13.6	5.33	13.3	3.09
二氧化碳分压(p_{CO_2})	5.33	6.13	5.33	6.66

1. 肺换气　肺泡与其周围毛细血管之间的气体交换称为肺换气。

(1)肺换气的过程:气体在肺泡与血液间交换,是通过呼吸膜进行的。呼吸膜两侧的氧分压(p_{O_2})值和二氧化碳分压(p_{CO_2})值分别存在压差,即肺泡侧的 p_{O_2}(13.33 kPa)高于血液侧的 p_{O_2}(5.33 kPa),而血液侧的 p_{CO_2}(6.13 kPa)高于肺泡侧的 p_{CO_2}(5.33 kPa)(图 4-7),于是,肺泡中的 O_2 向肺毛细血管扩散,肺毛细血管中的 CO_2 向肺泡腔扩散。

(2)影响肺换气的因素:影响肺换气的因素主要有呼吸膜厚度、面积和肺血流量。

①呼吸膜的厚度　呼吸膜很薄(<1 μm),O_2 和 CO_2 分子极易透过。但动物有肺炎和肺水肿病变时,呼吸膜显著增厚,造成气体分子扩散速率降低,影响肺换气。

②呼吸膜的面积　呼吸膜为 O_2 和 CO_2 在肺部的气体交换提供了巨大的表面积。呼吸膜面积越大,扩散的气体量会越多。在动物运动和使役时,呼吸面积会增大;在肺气肿、肺不张和毛细血管栓塞等疾病时,呼吸膜面积会减少。

③肺血流量　体内的 O_2 和 CO_2 靠血液循环运输,所以单位时间内肺血流量增多会影响呼吸膜两侧的 p_{O_2} 和 p_{CO_2},从而影响肺换气。

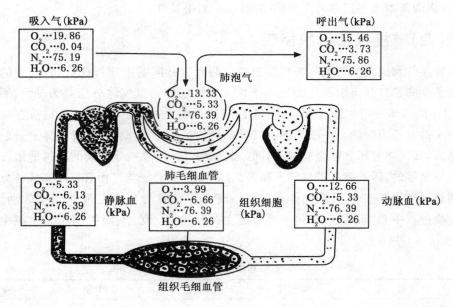

吸入气(kPa)
O_2…19.86
CO_2…0.04
N_2…75.19
H_2O…6.26

呼出气(kPa)
O_2…15.46
CO_2…3.73
N_2…75.86
H_2O…6.26

肺泡气
O_2…13.33
CO_2…5.33
N_2…76.39
H_2O…6.26

肺毛细血管

静脉血(kPa)
O_2…5.33
CO_2…6.13
N_2…76.39
H_2O…6.26

组织细胞(kPa)
O_2…3.99
CO_2…6.66
N_2…76.39
H_2O…6.26

动脉血(kPa)
O_2…12.66
CO_2…5.33
N_2…76.39
H_2O…6.26

组织毛细血管

图 4-7　气体交换示意图

2. 组织换气　体毛细血管网与网间分布的组织细胞之间的气体交换称为组织换气,是呼吸的核心环节。

(1)组织换气的过程:气体在血液与组织细胞之间交换,是通过气体分子通透膜进行的,这种膜极薄,O_2 和 CO_2 分子极易透过。通透膜两侧分别存在着氧分压差和二氧化碳分压差,即血液侧 p_{O_2} 的(12.66 kPa)高于组织中的 p_{O_2} (3.99 kPa),而组织中的 p_{CO_2} (6.66 kPa)高于血液侧的 p_{CO_2} (5.33 kPa),于是血中的 O_2 向组织中扩散,组织中的 CO_2 向血中扩散。组织换气的主要结果是组织细胞胞浆中发生了气体成分改变,即细胞浆中得到了氧气供应,二氧化碳废气得以挥出。这种改变是组织细胞新陈代谢的保障。因此,组织换气(内呼吸)环节是整个呼吸的核心,组织换气若发生障碍,必将导致窒息,引起畜体死亡。

(2)影响组织换气的因素:

①通透性:正常情况下,气体分子通透膜具有极强的通透性,但在组织水肿等病理情况下,通透性会降低,影响组织换气。

②全身血液循环障碍:在心力衰竭、局部贫血、淤血等病理情况下,组织换气会受影响,严重时引起局部缺氧。

二、气体在血液中的运输

（一）氧和二氧化碳在血液中存在的形式

气体在血液中运输是实现气体交换的一个重要环节,血液运输气体有两种方式:物理溶解和化学结合。其中,化学结合占绝大部分。O_2 和 CO_2 在血液中的物理溶解量虽然很小,但很重要。物理溶解是化学结合的中间阶段,不论肺换气还是组织换气,进入血液的 O_2 和 CO_2 都是先溶解,提高其气体分压,再进行化学结合。反之,O_2 和 CO_2 从血液中释放时,也是溶解形式的先逸出,使气体分压降低,引起化学结合的 O_2 分离出来补充失去的溶解气体。溶解和结合两者之间保持动态平衡。

（二）氧的运输

血液中,物理溶解形式的氧仅占 $0.8\%\sim1.5\%$,化学结合形式的氧占 $98.5\%\sim99.2\%$,氧合血红蛋白(HbO_2)是氧在血液中化学结合的基本形式。Hb 是红细胞的主要成分,它由一分子的珠蛋白和四分子的亚铁血红素结合而成。Hb 的机能主要是运输氧和二氧化碳。Hb 在运输 O_2 和 CO_2 之前先与它们发生化学结合,在运输末期发生化学解离,使 O_2 和 CO_2 分别又转为溶解状态。

O_2 与 Hb 结合有以下一些重要特征:

(1)反应快、可逆,不需酶催化、受 p_{O_2} 高低的影响。当血液流经 p_{O_2} 较高的肺毛细血管时,Hb 与 O_2 结合,形成 HbO_2;当血液流经 p_{O_2} 较低的体毛细血管和组织时,HbO_2 迅速解离,释放 O_2,成为去氧 Hb。

(2)Hb 中的 Fe^{2+} 与 O_2 结合后仍是二价铁,所以该反应是氧合,而不是氧化。

(3)1 分子 Hb 可结合 4 分子 O_2。

【知识链接】血红蛋白在运输氧的过程中,如受某些氧化剂(如亚硝酸盐)的影响,可使血红蛋白中的 Fe^{2+} 氧化为 Fe^{3+},使血红蛋白氧化为高铁血红蛋白,失去运输氧的能力,导致组织缺氧。生产实践中出现的猪饱潲病(白菜叶子病)就是由于烂菜或树叶类饲料长期堆积产生了亚硝酸盐等有毒物质,动物采食后出现中毒现象。在这种情况下,可给予适量的还原剂(如亚甲蓝、硫代硫酸钠),使 Fe^{3+} 还原为 Fe^{2+},恢复运氧能力。

【知识链接】一氧化碳中毒时,CO 与 Hb 结合成 HbCO,呈樱桃红色。由于 CO 与 Hb 的结合能力是 O_2 的 210 倍,故 O_2 很难与 Hb 结合,也造成组织缺氧。此时应迅速将动物移至通风处,吸入氧,促使 CO 与 Hb 解离。

(三)二氧化碳的运输

血液中,物理溶解的 CO_2 占总运输量的 $5\%\sim6\%$,化学结合的占 $94\%\sim95\%$(其中以碳酸氢盐形式的占 88%,以氨基甲酸血红蛋白形式的占 7%)。

1. **碳酸氢盐** 大部分进入红细胞内的 CO_2,在碳酸酐酶(CA)催化下,与 H_2O 反应生成碳酸,生成的碳酸又迅速电解,成为 H^+ 和 HCO_3^-。

当离解生成的 HCO_3^- 在红细胞中的浓度升高,大于血浆中 HCO_3^- 的浓度时,HCO_3^- 即由红细胞向血浆扩散。此时,为维持红细胞膜两侧的正、负离子平衡,血浆中的 Cl^- 便由血浆进入红细胞膜内(此过程称为氯转移),这样使 HCO_3^- 不至于在红细胞内蓄积,也有利于组织细胞中的 CO_2 不断进入血液。在红细胞内,HCO_3^- 与 K^+ 结合而产生 $K HCO_3$,在血浆内,HCO_3^- 与 Na^+ 结合而产生 $NaHCO_3$。

血浆中的 $NaHCO_3$ 与红细胞中的 $KHCO_3$ 的比例是 $2:1$。

以上各项反应均是可逆的,当碳酸氢盐随血液循环到肺毛细血管时,解离出的 CO_2 经扩散被交换到肺泡中,随动物呼气排出体外。

2. **氨基甲酸血红蛋白** 进入红细胞中的部分 CO_2 可直接与 Hb 的氨基结合,生成氨基甲酸血红蛋白(HbNHCOOH)。

此反应不需酶的催化,是可逆反应。在体毛细血管处,CO_2 容易结合成 HbNHCOOH;在肺毛细血管处,HbNHCOOH 被迫分离,释放出的 CO_2 扩散到肺泡中,最后被呼出体外。

子任务三 呼吸方式观察

学习目标

认识呼吸方式,理解呼吸型对于诊断的意义。

学习方法

会观察动物的呼吸型,并简单判断是否正常。

呼吸方式是指呼吸时胸腹壁起伏的动作的强度对比而言。

①胸式呼吸:呼吸时主要靠肋间外肌的舒缩,胸廓起伏特别明显。犬是胸式呼吸。胸壁运动较腹壁明显,胸式呼吸发生的原因常为腹腔器官体积增大(如胃扩

张、肠胀气,反刍兽的前胃积食和臌胀)、腹膜炎、腹腔积水以及横膈膜疾患(破裂、麻痹)等。

②腹式呼吸:呼吸时主要靠膈肌的舒缩,腹部起伏特别明显。腹壁运动较胸壁明显,见于胸壁运动障碍性疾病,如胸膜炎、肋骨骨折、胸积液及肺气肿等。

③胸腹式呼吸:呼吸时,胸部和腹部变化接近一致。一般情况下,健康家畜的呼吸多属于胸腹式呼吸,只有在胸部或腹部活动受限时,才可能出现某种单一的呼吸形式。

【知识链接】临床上可根据呼吸型式诊断某些疾病,如患胸膜炎时可出现腹式呼吸;患腹膜炎时、母畜妊娠后可出现胸式呼吸。

相关内容

呼吸运动的节律和频率受神经和体液双重支配。

一、神经调节

在中枢神经系统内,有许多调节呼吸运动的神经细胞群,统称为呼吸中枢。它们分布在大脑皮层、间脑、脑桥、延髓和脊髓等部位。

最基本的中枢在延髓。延髓呼吸中枢分为吸气中枢和呼气中枢,两者之间存在着交互抑制关系,即吸气中枢兴奋时,呼气中枢抑制,引起吸气运动;呼气中枢兴奋时,吸气中枢则抑制,引起呼气运动。由延髓呼吸中枢发出的神经纤维,控制脊髓中支配呼吸肌的运动神经元,又通过肋间神经和膈神经支配呼吸肌的活动。

在脑桥中处具有呼吸调整中枢,对维持呼吸运动的节律性和呼吸深度有一定意义。

大脑皮层可以控制呼吸运动,使之变慢、加快或暂时停止。

总之,动物正常的节律性呼吸,是延髓呼吸中枢调节的结果,而延髓呼吸中枢的兴奋性又受肺部传来的迷走神经传入纤维和脑桥呼吸调整中枢的影响,呼吸调整中枢又受脑的高级部位,乃至大脑皮层的控制。

肺泡壁上有牵张感受器,当肺泡因吸气而扩张时,牵张感受器受刺激而产生兴奋,冲动沿迷走神经传入延髓的呼吸中枢,引起呼气中枢兴奋,同时使吸气中枢抑制,从而停止吸气而产生呼气;呼气之后,肺泡缩小,不再刺激牵张感受器,呼气中枢转为抑制,于是又开始吸气。吸气运动之后,又是呼气运动,如此循环往复,形成了节律性呼吸运动。上述过程称为肺牵张反射。

呼吸道黏膜受刺激时所引起的一系列保护性呼吸反射成为防御性呼吸反射,其中主要有咳嗽反射和喷鼻反射。喉、气管和支气管的黏膜上有感受器,对机械、化学性刺激很敏感,冲动经迷走神经传入延髓,触发一系列反射效应,这个过程称为咳嗽反射;鼻黏膜上也有敏感的感受器,刺激物作用于鼻黏膜时而产生兴奋,冲动沿三叉神经传入延髓,触发一系列反射效应,这个过程称为喷鼻反射。

二、体液调节

调节呼吸运动的体液因素主要包括血液中的 p_{CO_2}、p_{O_2} 和 H^+。

1. p_{CO_2} 对呼吸运动的影响 正常血液中的 p_{CO_2} 能刺激呼吸中枢的兴奋。当 p_{CO_2} 升高时,呼吸加深、加强,反之减弱。

2. 缺氧对呼吸运动的影响 缺氧对延髓呼吸中枢无直接兴奋作用,但它可刺激颈动脉体和主动脉体感受器,反射性地引起呼吸运动增强。

3. 酸碱度对呼吸运动的影响 当血液中酸度增高时,可使呼吸中枢兴奋性升高,使呼吸运动增强;相反,血液中碱度增高时,可抑制呼吸中枢,使呼吸运动减弱。

课后练习

一、填空

1. 肺的呼吸部由_____、_____、_____和_____。

2. 胸膜腔是如何形成的,其生理功能有哪些?

3. 喉软骨包括_____、_____、_____和_____。

二、简答题

1. 如何确定肺的听诊部位?

2. 胸内负压是如何形成的?有何生理意义?

3. 血液中的气体是如何运输的?

任务五 心血管系统结构、活动观察识别

学习目标

● 掌握血液的成分、理化特性及功能；掌握心血管系统的组成，大、小循环的路径、全身动、静脉的分布；掌握动脉血压形成，微循环的组成及作用，组织液的生成与回流过程以及心血管活动的调节。

● 熟练识别不同动物心脏的位置、形态、内部结构。

● 能熟练进行心血管系统剖检，能在活体上找到心脏的体表投影，能运用促凝和抗凝措施能进行红细胞计数和 Hb 测定，并能利用血液生理特点解决生产及临床实际问题。

学习方法

解剖观察与相关内容学习相结合。

子任务一 红、白细胞计数和血红蛋白测定

学习目标

● 能够熟练掌握红细胞和白细胞的形态、数量、生理特性和功能；了解血红蛋白的化学结构与成分，掌握它的生理功能。

● 了解红细胞和白细胞的生成与破坏，熟悉各种健康动物的血红蛋白含量。

● 了解红细胞和白细胞计数的原理并掌握计数的方法，通过测定的红白细胞数量能够初步判断动物的健康状况。

● 掌握血红蛋白测定的方法，能够通过测定的血红蛋白含量初步判断动物是否贫血。

相关内容学习结合实际操作。

一、红细胞的计数

(一)原理

用特制的计数红细胞的吸管,吸取一定量的血液,以稀释液将血液稀释 100 或 200 倍,然后将稀释过的血液置于计算室内,在显微镜下计算一定容积的稀释血中的红细胞数,在将所得的结果,换算成每立方毫米血液内的红细胞数。

(二)材料及用具

血球计、显微镜、采血针、酒精棉球、95% 酒精、75% 酒精、生理盐水、蒸馏水、乙醚、1% 氨水或 45% 尿素。

(三)方法及步骤

(1)任务开始前,首先检查血球计中计数室及吸血管是否清洁,如有污物应先洗涤干净。对吸血管中的血迹先用自来水洗去,再用蒸馏水洗三遍,然后用 95% 酒精洗两次以除去管内的水分。最后,吸入乙醚 1～2 次,以除去酒精。每次排出管内洗涤液时不要用嘴吹,以免吹入水汽,可把橡皮管折叠起来吹,挤压数次,便可驱尽。如果血迹不易洗净,还须用 1% 淡氨水或 45% 尿素浸一段时间,血迹溶解后再按上法洗涤干净。计数室只能用自来水和蒸馏水相继冲洗,然后以丝绢清清拭净。切不可用酒精和乙醚洗涤。检查及洗涤完毕后,置计数室于低倍镜下,先熟悉计数室构造。

血球计的构造:血球计由血细胞计数板和特制的红白细胞稀释吸管组成,计数板为一块特制的长方形厚玻璃板,中间有四条平行板沟,在中间的二条板沟之间,有一条横槽沟,使其构成长方形的平台。平台比整个玻璃板的平面低 0.1 mm,所以当盖上一块盖玻片后,平台与盖玻片之间距离(即高度)为 0.1 mm。两平台中心部分各有一计数室,为每边 3 mm 长的方格,并划分为 9 个大方格,每个大方格面积为 1 mm²,体积为 0.1 mm³。四角的大方格又各分为 16 个中方格,适用于白细胞计数。中央的一个大方格则由双线划分为 25 个中方格,每个中方格面积为 0.04 mm²,体积为 0.004 mm³。每个中方格又分为 16 个小方格,适用于红细胞计数(有的计数室划分为 16 个中方格,每个中方格也分为 16 个小方格,但其小方格的面积均相同)。

(2)以75％的酒精棉球消毒动物的采血部位,待其干燥后,用消毒过的采血针刺破皮肤,使血液流出,第一滴血液用干棉球拭去不要,当第二滴血液积聚较多时,迅速以红细胞吸血管吸血至0.5或1处,用干棉球擦去吸血管外侧的血液,立即吸取稀释液(生理盐水)至刻度101处。然后用手指按住吸血管的上下两端,轻轻摇动使血液与稀释液充分混合均匀,至此即可准备作红细胞计数用。

(3)计数室上的盖玻片放妥后,弃去吸血管中流出的第1～2滴稀释血液,然后滴半滴于计数室与盖玻片交界处,稀释血液可自动均匀地渗入计数室。放置1～2 min,待红细胞下沉后,就可将计数室置于低倍镜下进行计数。

(4)计数时要注意显微镜的载物台应绝对平置,不能倾斜,以免红细胞向一边集中。光线不必太强。计数时要选定中央的一个大方格的四角及中间共五个中方格(80个小方格)里面的红细胞数,将所得的红细胞数乘以10 000或5 000,即为要求的每一立方毫米血液中的红细胞总数。

(5)完毕后,洗净所用的仪器。

二、白细胞计数

(一)原理

用特制的白细胞计数吸血管,吸取一定量血液后,再吸取能使红细胞溶解而保持白细胞的稀释液,把稀释一定倍数的血液置入计数室中,计数一定容积血液中的白细胞数,将其所得结果换算成每立方毫米血液内的白细胞数。

(二)材料及用具

血球计、显微镜、采血针、酒精棉球、95％酒精、20％醋酸、蒸馏水、乙醚、1％氨水。

(三)方法及步骤

开始时血球计的清洁检查、采血等与红细胞计数时相同。吸血时,用白细胞计数吸血管吸血至0.5或1处,再吸稀释液(2％醋酸)至11处,摇匀后即为稀释成20或10倍的血液。将吸血管中的血液放入计数室的方法及注意事项亦与红细胞计数时相同。

在低倍镜下数计数室四角4个大方格中的白细胞总数,乘50或25,即得一立方毫米血液中的白细胞总数。

三、血红蛋白的测定

(一)原理

用比色法测定血红蛋白,是由于血红蛋白的颜色,常随结合的氧量多少而变化,不利于比色,但血红蛋白与稀盐酸作用形成不易变色的棕色高铁血红蛋白,可与标准比色板比色,从而测得血红蛋白含量。通常以每 100 mL 血液中含血红蛋白的克数来表示。

(二)材料及用具

血红蛋白计、采血针、酒精棉球、1/10N 盐酸、蒸馏水等。

(三)方法及步骤

1. 检查清洁度 实验前先检查血红蛋白计的吸血管和测定管是否清洁,如不清洁要洗涤干净,待清洁后方可开始实验。

2. 加盐酸 将 0.1 mol/L 盐酸加入测定管中至刻度"2"或 10%处。

3. 采血并加入测定管 用酒精棉球消毒动物的采血部位后,用采血针刺破皮肤,用干棉球擦去第一滴血,待第二滴血流出一大滴时,用吸血管插入流出的血滴深处,吸血至刻度 20 mm³ 处,用干棉球擦净吸血管周围的血液,将血液吹入测定管的 0.1 mol/L 盐酸中。在进行吸吹时,要注意避免起泡。轻轻摇动测定管,使血液和盐酸混合,而显现均匀之黄褐色,放置 10~15 min。

4. 稀释、比色 以蒸馏水逐滴加入测定管中,边加边摇,随时与比色架上的标准比色板比较,到颜色相同时为止。

5. 读数 从比色架中取出测定管,读出液体表面的刻度。两面均有刻度。一边的刻度表示克数,如液体表面刻度为 15 处,表示 100 mL 血液中含有 15 g 血红蛋白;另一边的刻度表示百分率。(可参照使用说明书进行克数与百分率的换算)。

6. 清洗 任务完毕应立即洗涤干净使用过的仪器。

注意事项:

(1)血液和盐酸作用的时间不可少于 10 min,否则反应不彻底,结果不准确。

(2)加蒸馏水时要逐滴,以防稀释过头。

(3)比色最好在自然光下,并避免直射的阳光。

相关内容

　　心血管系统由心脏、血管(动脉、毛细血管、静脉)和血液组成(图5-1)。心血管系统内含血液,在心脏和血管搏动的推进下,终生不停地在周身循环流动。血液是由血浆和血细胞组成的液体组织,是体液的重要组成部分,在心脏的推动下循环流动,实现运输各种代谢产物及营养物质,维持机体内环境的稳定等生理功能。

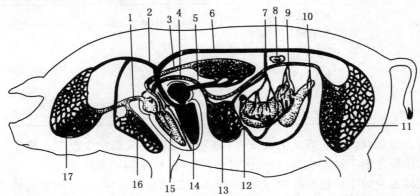

1.前腔静脉　2.臂头动脉总干　3.肺动脉　4.后腔静脉　5.肺静脉　6.胸主动脉　7.腹腔动脉

8.肾动脉　9.肠系膜前动脉　10.肠系膜后动脉　11.后肢毛细血管　12.门静脉

13.肝毛细血管　14.左心室　15.右心室　16.前肢毛细血管　17.头部毛细血管

图5-1　成年家畜血液循环模式图

一、血液的基本组成

　　正常血液为红色黏稠的液体。它由血浆和悬浮于其中的血细胞组成。血液的组成如下:

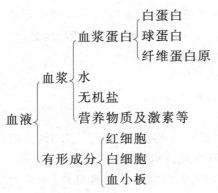

把加有抗凝剂的血液置于离心管中离心沉淀后,能明显地分成 3 层:上层淡黄色的液体为血浆;底层的深红色沉淀物为红细胞;在红细胞与血浆之间有一灰白色薄层是白细胞和血小板。全血中被离心压紧的红细胞所占的容积百分比,称红细胞压积,或称血细胞比容。各种畜禽的血细胞比容见表 5-1。

表 5-1　各种畜禽血细胞的比容　　　　　　　　　　　　　%

动物	血细胞比容	动物	血细胞比容
鸡	未性成熟 29 性成熟 31～40	山羊	28(19～38)
鹅	50 周 36～49 成年 44.2～46.7	猪	42(32～50)
牛	35(24～46)	犬	45(37～55)
绵羊	38(24～50)		

当血浆量或红细胞数发生改变时,均可使红细胞压积发生改变。临床上测定红细胞压积有助于诊断疾病,如机体脱水,贫血和红细胞增多症等。

离体血液如不作抗凝处理,将很快凝固成胶冻状的血块,并逐渐紧缩析出淡黄色的透明液体,这种液体称为血清。由于血浆中纤维蛋白原在血液凝固过程中转变为纤维蛋白,并被留在血凝块中,所以血清与血浆的主要区别在于血清中不含纤维蛋白原。同时,血浆中参与凝血反应的一些成分也不会存在于血清中。

【知识链接】临床上即根据此原理提取血清。

(一)血浆的化学成分及其功能

血浆中含 90%～92% 的水分,8%～10% 的溶质。溶质中包括无机盐和有机物。

1. 无机盐　血浆中无机盐约占 0.9%,多以离子形式存在,主要有 Na^+、K^+、Ca^{2+}、Mg^{2+}、Cl^-、HPO_4^{2-}、HCO_3^-。其主要生理功能是:

(1)维持血浆晶体渗透压。

(2)维持体液的酸碱平衡。

(3)维持神经肌肉正常兴奋性。

2. 有机物

(1)血浆蛋白:血浆蛋白占血浆的 6.2%～7.9%。用盐析法可将血浆蛋白分为白蛋白(又称清蛋白)、球蛋白和纤维蛋白原三类。

(2)血浆中非蛋白含氮化合物及其他有机物:血浆中除蛋白质外的含氮化合

物,统称为非蛋白含氮化合物(NPN)。它是蛋白质或核酸的代谢产物。血浆中的其他有机物,如糖、脂肪、维生素等也都是参与代谢的重要物质,补体是血浆中一组参与免疫反应的蛋白酶系,测定其消长情况在兽医临床治疗和诊断中有十分重要的意义。

(二)血细胞

1. 红细胞

(1)红细胞的形态与数量:大多数哺乳动物的成熟红细胞为无核、双面凹的碟形,呈圆盘状。骆驼和鹿的红细胞则呈卵圆状。

红细胞在血细胞中数量最多,以 $10^{12}/L$ 表示。红细胞数量随动物种类、品种、性别、年龄、饲养管理和环境条件不同而有所变化。各种动物的红细胞数见表 5-2。

表 5-2　成年健康家畜红细胞数量和血红蛋白含量

动物种类	红细胞数($10^{12}/L$)	血红蛋白含量(g/L)
猪	6.5(5.0~8.0)	130(100~160)
牛	7.0(5.0~10.0)	110(80~150)
绵羊	10.0(8.0~12.0)	120(80~160)
山羊	13.0(8.0~18.0)	110(80~140)
马	7.5(5.0~10.0)	115(80~140)
犬	6.8(5.5~8.5)	150(120~180)
猫	7.5(5.0~10.0)	120(80~150)
兔	6.9	120
鸡	3.5(3.0~3.8)	100(80~120)

单位容积红细胞数、血红蛋白含量同时或其中之一显著减少而低于正常值,都称为贫血。

(2)红细胞的生理特性:

①膜的通透性:红细胞膜是以脂质双分子层为骨架的半透膜,对物质的通透具有严格的选择性,水、尿素、氧和二氧化碳能自由透过,负离子如 Cl^-、HCO_3^- 较易通过,正离子难以通过。红细胞的这种有选择的通透性能维持红细胞内的化学组成和红细胞的正常生理功能。

②渗透脆性:通常红细胞内外液体的渗透压相等,使红细胞能保持一定的形态和大小。将红细胞放入渗透压低于 0.9%NaCl 的低渗溶液中,则溶液中的水分逐渐渗入红细胞内,引起其膨胀,红细胞膜被胀破并释放出血红蛋白,这种现象称为

溶血。红细胞在低渗溶液中抵抗破裂和溶血的特性,称为红细胞渗透脆性。红细胞不易破裂表示脆性小,容易破裂表示脆性大。衰老的红细胞脆性大。

【知识链接】动物在患某些疾病时(如溶血性黄疸)则脆性增大。因此测定红细胞渗透脆性在诊断上具有参考意义。

③悬浮稳定性:红细胞密度虽比血浆大,但它在血浆中的沉降却很缓慢。红细胞这种悬浮于血浆中不易下降的特性,叫做悬浮稳定性。加入抗凝物质的离体血液放在血沉管中,静置一段时间后,红细胞逐渐下降。通常以红细胞在第一小时末下沉的距离表示红细胞的沉降速度,成为红细胞沉降率(简称血沉)。动物种别不同血沉也不同,各种动物的血沉值见表5-3。

表5-3　健康动物的血沉值

种类	血沉平均值(刻度)			
	15 min	30 min	45 min	60 min
猪	3.0	8.0	20.0	30.0
牛	0.1	0.25	0.40	0.58
绵羊	0.2	0.4	0.6	0.8
山羊	0	0.1	0.3	0.5
马	31.0	49.0	53.0	55.0
骡	23.0	47.0	52.0	54.0
狗	0.2	0.9	1.7	2.5
兔	0	0.3	0.9	1.5
母鸡	1.35	5.30	10.5	18.5

【知识链接】红细胞的沉降率在临床诊断上有一定的参考价值,如马传染性贫血时,血液稀薄,血沉加快;如患传染性脑脊髓炎时,血液黏稠,血沉减慢。

(3)红细胞的功能:红细胞依赖其中的血红蛋白完成运输氧和二氧化碳的功能。血红蛋白由亚铁血红素和珠蛋白组成,占红细胞的$30\%\sim35\%$,具有携带氧和二氧化碳的功能。血红蛋白的含量常以每升血液中含有的克数(g/L)表示。各种动物的血红蛋白量见表5-2。

(4)红细胞的生成与破坏:蛋白质和铁是红细胞生成的主要原料,促进红细胞成熟和发育的物质主要是维生素B_{12}、叶酸和铜离子。此外,红细胞生成还需要氨基酸、维生素B_6、B_2、C、E以及微量元素锰、锌等。

红细胞平均寿命约120 d。脾是破坏红细胞的主要场所。衰老的红细胞变形能力减退,脆性增大,容易在血流冲击下撞破或易滞留在脾和骨髓中被巨噬细胞吞噬。红细胞被破坏后,释放出的血红蛋白很快被分解成为球蛋白、胆绿素和铁三部分。球蛋白和铁可重新参加体内代谢,胆绿素立即被还原成胆红素,经肝脏随胆汁排入十二指肠。

2. 白细胞

(1)白细胞的数量和分类:白细胞是一类有核的血细胞,根据形态、功能和来源,白细胞分为粒细胞、单核细胞和淋巴细胞三大类。按粒细胞胞浆颗粒的嗜色性不同,分为中性粒细胞、嗜酸型粒细胞和嗜碱性粒细胞。

白细胞数量以 $10^9/L$ 表示。其变动范围较大,如下午的数量比早晨多,运动后比安静时多,也存在个体差异。正常情况下,各类白细胞之间的百分比能够保持相对恒定。

(2)白细胞的主要功能:白细胞具有渗出、趋化性和吞噬等特性,并以此抵抗外来微生物对机体的损害。

①中性粒细胞:是粒细胞中数量最多的一种,占白细胞总数的 50% 左右。具有很强的变形运动和吞噬能力。在非特异性免疫系统中有十分重要的作用。在急性化脓性炎症时,中性粒细胞显著增多。

②嗜酸性粒细胞:数量较少。能以变形运动穿出毛细血管进入结缔组织,吞噬抗原抗体复合物,释放组胺酶,灭活组胺,从而减轻过敏反应,因不含溶菌酶,没有杀菌能力。在过敏性疾病或某些寄生虫疾病时明显增多。

③嗜碱性粒细胞:数量最少。颗粒内有肝素、组胺和白三烯,与组织中的肥大细胞有很多相似之处,但无吞噬功能,能变形游走,颗粒中的组织胺对局部炎症区域的小血管有舒张作用,能加大毛细血管的通透性,有利于其他白细胞的游走和吞噬活动。它所含的肝素对局部炎症部位起抗凝血作用。

④单核细胞:是白细胞中体积最大的细胞。由骨髓产生释放至血液后,很快进入肝、脾和淋巴结等组织,转变为体积大、含溶酶体多、吞噬能力强的巨噬细胞。巨噬细胞是体内吞噬能力最强的细胞,能吞噬较大的异物和细菌。患结核、寄生虫等慢性感染性疾病时,其数量显著增加。

⑤淋巴细胞:数量较多可划分为 T 淋巴细胞和 B 淋巴细胞两大类,主要参与体内免疫反应。

【知识链接】临床诊断中,可以通过白细胞计数的方法检测出各种白细胞的数量,并根据各种白细胞数量的改变情况,诊断动物所患的疾病。

3. 血小板

(1)血小板的形态:哺乳动物的血小板是由骨髓内成熟的巨核细胞的胞质裂解脱落下来的活细胞,表面有完整的细胞膜,但无胞核,体积比红细胞小。血小板在血液中呈两面凸起的圆盘形或椭圆形。在血涂片上,其形状不规则,常成群分布于血细胞之间。

（2）血小板的主要功能:血小板具有重要的保护机能,主要包括生理性止血、凝血功能,纤维蛋白溶解作用和维持血管壁的完整性等。

血小板寿命平均 5~11 d。衰老的血小板在脾脏中被吞噬破坏,也可能在生理性止血及血管内皮修复过程中被消耗。

二、血量

动物体内的血液总量称为血量,是血浆量和血细胞量的总和。血量约占体重的 5%~9%(表 5-4)。

表 5-4　几种动物的血液总量　　　　　　　　　　　　　　　%

动物	牛	猪	绵羊	山羊	马	犬	猫	鸡
血量	8	4.6	6.7	7.1	9.8	8~9	6~7	6~7

绝大部分血液在心血管系统中循环流动着,称为循环血量;其余部分(主要是红细胞)常滞留于肝、脾、肺和皮肤中,流动很慢,称为储备血量。在动物剧烈运动和大量出血时,储备血液可释放出来,补充循环血量的不足,以适应机体的需要。

血量的相对恒定对于维持正常血压、保证各器官的血液供应非常重要。

【知识链接】失血是引起血量减少的主要原因。失血对机体的危害程度,通常与失血速度和失血量有关。动物一次失血量不超过总血量的 10%,对生命活动没有明显影响,所失血液中的水和无机盐可在 1~2 h 内由组织间液渗入血管得到补充,血浆蛋白需要 1~2 d 由肝脏加快合成,红细胞也能在一个月内恢复。如一次失血量达 20%,就会对生命活动产生显著影响。如一次急性失血量达 25%~30%,可引起血压急剧下降,导致脑和心脏等重要器官的血液供应不足而危及生命。

三、血液的理化特性

1. 血色与血味　因为血液中含有血红蛋白,血液呈红色,并随红细胞中血红蛋白的含氧量不同而变化。含氧高的动脉血呈鲜红色,含氧低的静脉血呈暗红色。

血液因含有氯化钠而稍带咸味,因含有挥发性脂肪酸而具有特殊的腥味。

2. 相对密度　健康动物血液的相对密度在 1.040~1.075 范围内变动。相对密度的大小主要取决于红细胞与血浆容积之比,比值高,全血相对密度增大;反之则减小。红细胞密度最大,白细胞次之,血浆最小。各种动物血液的密度见表 5-5。

表 5-5　各种动物血液的相对密度

动物	牛	猪	山羊	马	鸡
血液密度	1.046～1.061	1.035～1.055	1.036～1.051	1.046～1.051	1.045～1.060

3. 黏滞性　血液流动时,由于内部分子间相互摩擦产生阻力,表现出流动缓慢和黏着的特性,叫黏滞性。全血的黏滞性是水的 4.5～6.0 倍,主要取决于红细胞数量和血浆蛋白的含量。血液的黏滞性对血压和血流速度都有一定的影响。

4. 渗透压　水通过半透膜向溶液中扩散的现象称为渗透。促使水向半透膜另一侧溶液中渗透的力量,称为渗透压。血液的渗透压由两部分构成,一是由血浆中的无机离子、尿素和葡萄糖等晶体物质构成的晶体渗透压,约占总渗透压的99.5％;二是由血浆蛋白质构成的胶体渗透压,仅占总渗透压的 0.5％。

由于绝大部分晶体物质不易透过细胞膜,所以晶体渗透压对于维持细胞膜内外的水平衡极为重要。虽然胶体渗透压很小,但由于血浆蛋白一般不能透过毛细血管壁,其对维持血管内外水平衡有重要作用。

5. 酸碱度　血液呈弱碱性,pH 通常稳定在 7.35～7.45。生命能够耐受的血液 pH 极限约为 6.9 和 7.8。血液 pH 能经常保持稳定,除了通过肺和肾排出过多酸性或碱性物质外,主要依赖于血液中的缓冲物质,其中 $NaHCO_3/H_2CO_3$ 缓冲对起着重要的作用。由于碳酸氢钠在血液中的含量较多,通常将血液中碳酸氢钠的含量叫做碱贮。在一定范围内,碱贮增加表示机体对固定酸的缓冲能力增强。血浆中的缓冲物质还包括 Na_2HPO_4/NaH_2PO_4、蛋白质钠盐/蛋白质。红细胞内含有血红蛋白钾盐/血红蛋白、氧合血红蛋白钾盐/氧合血红蛋白、K_2HPO_4/KH_2PO_4 等缓冲对。

【知识链接】家畜在过度运动或饲喂大量酸性饲料,或因代谢性疾病(糖尿病、酮血症等)导致血中酸性物质显著增加超过调节能力时,都会使碱贮异常减少,造成代谢性酸中毒。

四、生理性止血

生理性止血指小血管损伤出血后,能在很短时间内自行停止出血的过程。

(一)血小板的止血功能

生理性止血过程,血小板的作用有:

(1)释放缩血管物质,促进受伤血管收缩,减少出血。

(2)在损伤的血管内皮处黏附、聚集。填塞损伤处以减少出血。

(3)释放参与血液凝固的物质,并通过收缩蛋白收缩使血凝块回缩,形成坚实的止血栓子堵塞在血管损伤处起到持久止血的作用。

(二)血液的凝固与抗凝

1. 血液凝固　血液凝固是指血液由流体状态转变为不流动的胶冻状凝块的过程。动物受伤出血,血液凝固则可避免机体失血过多,因此它是机体的一种保护功能。

(1)凝血因子:血浆和组织中直接参与凝血的物质统称凝血因子,共12种。在凝血因子中除因子Ⅳ和磷脂外,都是蛋白质;因子Ⅱ、Ⅶ、Ⅸ、Ⅹ、Ⅺ、Ⅻ都是蛋白酶,而且Ⅱ、Ⅸ、Ⅹ、Ⅺ、Ⅻ都以酶原形式存在于血液中,通过有限水解后成为有活性的酶,此过程称激活。因子Ⅱ、Ⅶ、Ⅸ、Ⅹ在肝脏合成还需维生素 K 的参与,使肽链上某些谷氨酸残基的 γ 位羧化,以构成这些因子的 Ca^{2+} 结合部位。所以,缺乏维生素 K 将影响血凝功能。

(2)凝血过程:凝血过程大体上可分为:因子Ⅹ激活、凝血酶生成和纤维蛋白生成三个阶段。机体具有内源性凝血系统和外源性凝血系统,因子Ⅹ的激活可通过两种途径:

①内源性激活途径:指参与凝血的因子全部来自血液,通常是因为血液与受损的心血管内膜或抽出体外接触异物表面而开始启动的,因子Ⅻ转变为Ⅻa,Ⅻa又使血浆内凝血因子逐个激活,直至因子Ⅹ转变为Ⅹa的过程。参与的因子有Ⅸ、Ⅹ、Ⅺ、Ⅻ、Ⅷ。

②外源性激活途径:指由损伤组织释放的因子Ⅲ触发激活因子Ⅹ的过程,参与的因子有Ⅲ、Ⅶ、Ⅹ。Ⅹa在因子Ⅴ、因子Ⅲ和 Ca^{2+} 作用下形成凝血酶原激活物,激活凝血酶原(因子Ⅱ)生成凝血酶(Ⅱa)。

凝血酶的作用:主要作用为催化纤维蛋白原分解形成纤维蛋白单体;加速因子Ⅶ复合物与凝血酶原酶复合物的形成并增强其作用;激活因子Ⅻ生成Ⅻa。Ⅻa使纤维蛋白单体形成牢固的不溶于水的纤维蛋白多聚体,即不溶于水的血纤维。

因子Ⅹ与凝血酶原的激活,都是在 PF_3 提供的磷脂表面上进行的,故将这两个步骤总称为磷脂表面阶段。

2. 抗凝系统的作用　血浆中最重要的抗凝物质是抗凝血酶Ⅲ和肝素。

抗凝血酶Ⅲ是血浆中一种抗丝氨酸蛋白酶,通过其分子上的精氨酸残基与凝血酶、因子Ⅸa、Ⅺa和Ⅻa的活性中心所含有的丝氨酸残基结合使之失活,从而起到抗凝作用。肝素是一种酸性粘多糖,主要由肥大细胞产生,它具有多方面的抗凝作用:能增强抗凝血酶原的活性;抑制血小板黏附、聚集和释放反应等。肝素和抗凝血酶Ⅲ联合使用,可使抗凝血酶Ⅲ的抗凝作用增加上千倍。

(三)纤维蛋白溶解与抗纤溶

1. 纤维蛋白溶解　血纤维溶解的过程称为纤溶。纤溶系统包括纤溶酶原、纤溶酶,激活物与抑制物。纤溶的基本过程可分两个阶段:

(1)纤溶酶原激活:纤溶酶原可能在肝、肾、骨髓和嗜酸性粒细胞中合成。其激活物主要有血管激活物、组织激活物和血浆激活物三类。

(2)纤维蛋白的降解:纤溶酶逐个将纤维蛋白或纤维蛋白原水解分割成许多可溶性小肽,使其不能再凝固,还可水解凝血酶、因子Ⅴa和Ⅷa等,促进血小板聚集和释放5-羟色胺、ADP等,激活血浆补体系统等作用。

2. 抗纤溶　血小板解体释放出的纤溶抑制物,主要是抗纤溶酶,特异性小,能普遍地抑制在凝血与纤溶两个过程中起作用的一些酶,包括纤溶酶、凝血酶、激肽释放酶等。这有利于将血凝与纤溶限于创伤局部。

(四)抗凝和促凝措施

实际工作中,常采用一些措施促进凝血过程(如减少出血、提取血清)或防止、延缓凝血过程(如避免血栓形成、获取血浆)。

1. 抗凝或延缓凝血的方法

①移钙法:在凝血的三个阶段中,Ca^{2+}都是必需的。除去血浆中的钙离子可以达到抗凝的目的。

【知识链接】移钙法是制备抗凝血的常用方法。在血液中加入草酸钾或草酸钠、草酸铵等,则与血浆中Ca^{2+}结合成不易溶解的草酸钙,为血液化验时所常用。柠檬酸钠可与血浆中Ca^{2+}结合成不易电离的可溶性络合物柠檬酸钠钙。故柠檬酸钠在临床输血时常被用作抗凝剂。

②低温:血液凝固主要是一系列酶促反应,而酶的活性受温度影响较大,把血液置于较低温度下因降低酶促反应速度而能延缓凝固。

③血液与光滑面接触:可以减少血小板的破坏,延缓血凝。

④肝素:肝素是非常有效的抗凝剂,在体内和体外都具有抗凝作用。具有用量小,对血液影响小,易保存的优点。

⑤双香豆素:由于双香豆素的主要结构与维生素K很相似,能竞争性的抑制维生素K的作用,阻止因子Ⅹ、Ⅸ、Ⅶ和Ⅱ在肝内合成,故注射到循环血液中后能延缓血凝。

【知识链接】草木樨青贮后或干草发霉时,由于所含的香豆素能转变为双香豆素,牛、羊连续采食此种饲料后,常引起皮下和肌肉中广泛的血肿及胸腔、腹腔内出血。

⑥搅拌(脱纤法):若将流入容器内的血液,迅速用木棒搅拌,或容器内放置玻璃球加以摇晃,由于血小板迅速破裂等原因,加快了纤维蛋白的形成,并使形成的纤维蛋白附着在木棒或玻璃球上。这种除掉纤维蛋白原的血液叫做脱纤血,不再凝固。

此外,水蛭素具有抗凝血酶的作用。皮肤被水蛭叮咬时,常因有水蛭素的存在,出血不易凝固。

2. 促凝的常用方法

①血液加温能提高酶的活性,加速凝血反应。接触粗糙面,可促进凝血因子Ⅻ的活化,促使血小板解体释放凝血因子,最后形成凝血酶原酶复合物。机体因创伤或外科手术出血时,用温生理盐水纱布按压创口,可很好止血。

②维生素 K 对出血性疾病具有加速血凝和止血的作用,是临诊常用的止血剂。

子任务二 心脏的结构、活动观察识别

学习目标

- 认识心脏和心包的形态、构造和位置,能够熟练找到心脏的体表投影位置。
- 能够熟练准确得找到心音听取的最佳位置。
- 能够准确找到测定心率的部位,并且能够进行测定。

学习方法

相关内容学习实践操作。

一、心脏和心包的观察

(一)材料及设备

各种主要家畜的心脏、解剖器械。

（二）步骤

第一步：心包观察。

心包由双层的膜囊组成，包裹着心脏和大血管的基部，下部附着在胸骨上，内含有少量的心包液。

第二步：心脏的观察。

1. 心脏的外形结构和区分　心脏呈中空的圆锥形，心基朝上，心尖向下，前缘稍凸，后缘较短而直。靠近心基外有环形冠状沟，将心脏分为上下两部分，上部称心房，下部称心室。

2. 心脏内腔区分及其与血管的联系　心脏可区分为四部分：左、右心房，左、右心室。

（1）右心房构成心基的前方，其中有 3 个主要的开口：前腔静脉口、后腔静脉口、右房室口。

（2）右心室位于右心房的下方，心腔较小，下端远达不到心尖，主要有 2 个口：右房室口、肺动脉口。

（3）左心房构成心基左后部，有数条肺静脉进入其中。下方有房室口通向左心室。

（4）左心室构成心脏的左后下部，心腔较大，下到达心尖，主要有 2 个口：左房室口、主动脉口。

3. 心壁的构造　心壁以心肌为基础，外面被覆心外膜，内面被覆心内膜。

二、第一、第二心音的听取

（一）材料及设备

试验家畜、听诊器。

（二）方法及步骤

1. 听诊部位（图 5-2）　各种家畜心脏的位置一般都在第 3～6 肋之间，稍偏左侧，所以听取心音时一般均站在动物的左侧来进行。

2. 牛、马心音的听诊　使动物处于自然站立的姿势，并做适当的保定，以免动物走动和踢咬。将动物左前肢向前移半步，实验者以右手放在动物的肩部做支点，左手持听诊器，将听诊器听筒紧贴在心区，然后听诊，注意区别第一心音和第二心音的特征，同时记录心率。

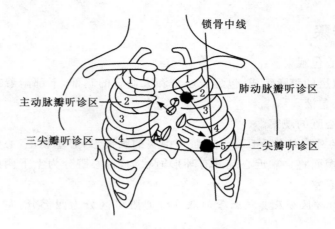

图 5-2　心音听诊部位示意图

3.羊和猪心音的听诊　方法与牛、马相似。可使动物站立或取右侧卧姿势。

讨论分析：

(1)动物的第一心音和第二心音是如何产生的？有什么区别？

(2)听诊心音在临床上有什么意义？

注意事项：

(1)实验室内必须保持安静,以利听诊。

(2)听诊器耳端应与外耳道方向一致,橡皮管不可交叉扭结,不可与其他物体摩擦,以免发生摩擦音,影响听诊。

三、心率的测量

(一)材料及设备

试验动物(猫)、计时器(秒表或手表等)。

(二)方法及步骤

将猫适当保定后,用右手轻轻地按压猫的颈背部,用左手触及猫的左侧胸壁前下部,便可感觉出猫的心脏跳动,测出每分钟心脏跳动的次数即心率。或在后肢股内侧的股动脉处用手指感觉脉搏,测出每分钟搏动次数。健康猫的心率是每分钟120～140 次。运动、兴奋、恐惧及过热时,心率均可出现生理性加快。猫心率加快,常见于热性病、心脏病、呼吸器官疾病、贫血或失血及疼痛性疾病;心率减慢,见于某些中毒病及脑病。

相关内容

一、心脏的形态和位置

心脏呈左、右稍扁的倒圆锥形,为中空的肌质性器官(图 5-3,图 5-4),外被心包包裹。心的上部大,称为心基,有进出心的大血管,位置较固定;下部小而游离,称为心尖。心的前缘凸,后缘短而直。

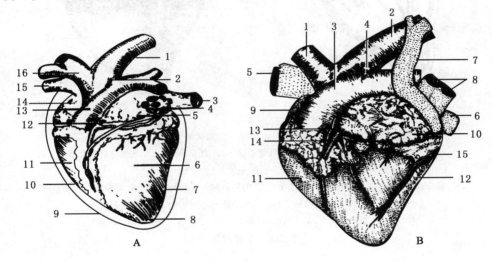

A.马

1.主动脉弓　2.动脉导管索　3.后腔静脉　4.肺静脉　5.左心房　6.左心室　7.后缘

8.心尖　9.心包　10.前缘　11.右心室　12.左冠状动脉　13.肺动脉

14.右心房　15.前腔静脉　16.臂头动脉总干

B.牛

1.臂头动脉总干　2.主动脉　3.肺动脉　4.动脉韧带　5.前腔静脉　6.后腔静脉

7.奇静脉　8.肺静脉　9.右心房　10.左心房　11.右心室　12.左心室

13.左冠状动脉　14.心大静脉　15.左冠状动脉后支

图 5-3　心脏左侧面

心的表面有冠状沟和左、右纵沟,在牛心的后面还有一条副纵沟。冠状沟靠近心基,是心房和心室的外表分界。沟的上部为心房,下部为心室。左纵沟位于心的左前方,自冠状沟向下伸延,几乎与心的后缘平行。右纵沟位于心的右后方,自冠

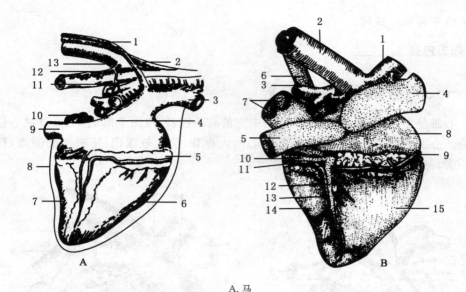

A.马

1.奇静脉　2.胸导管　3.前腔静脉　4.心基　5.冠状沟　6.前缘　7.后缘　8.心包

9.后腔静脉　10.肺静脉　11.支气管动脉　12.食管动脉　13.支气管食管动脉

B.牛

1.臂头动脉总干　2.主动脉　3.肺动脉　4.前腔静脉　5.后腔静脉　6.奇静脉　7.肺静脉

8.右心房　9.右冠状动脉　10.心大静脉左心房　11.冠状动脉回旋支

12.心中静脉　13.冠状动脉降支　14.左心室　15.右心室

图 5-4　心脏右侧面

状沟向下伸至心尖。两沟是左、右心室的外表分界,两沟前部为右心室,后部为左心室。副纵沟位于心的后面,自冠状沟向下伸延。在冠状沟、纵沟及副纵沟内有营养心脏的血管,并有脂肪填充。

　　心脏位于胸腔纵隔内,夹于左、右两肺之间,略偏左侧,在第 2 肋间隙(或第 3 肋骨)和第 6 肋间隙(或第 6 肋骨)之间。牛的心基大致位于肩关节的水平线上。心尖位于最后胸骨片的背侧,距膈 2～5 cm。

二、心脏的构造

(一)心脏的构造

　　心腔(图 5-5)以纵走的房中隔和室中隔分为左、右互不相通的两部分,每半又分为上部的心房和下部的心室,同侧的心房和心室以房室口相通。

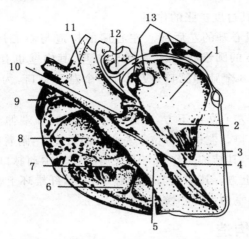

1.左心房　2.二尖瓣　3.左心室　4.心横肌　5.室中隔　6.右心室　7.三尖瓣
8.右心房　9.前腔静脉　10.主动脉瓣　11.主动脉　12.肺动脉　13.肺静脉

图 5-5　马心脏纵剖面

（1）右心房：构成心基的右前部，包括静脉窦和右心耳两部。静脉窦是体循环静脉的开口部。右心耳呈圆锥状盲囊，尖端向左再向后伸至肺动脉干的前方，壁内面有许多流状肌。右心房的背侧壁和后壁分别有前腔静脉和后腔静脉的开口。在后腔静脉口的腹侧有一冠状窦，为心大、心中静脉和左奇静脉（马）的开口。在后腔静脉口附近的房中隔上有一卵圆窝，为胚胎时期卵圆孔的遗迹。20％的成年牛、羊、猪的卵圆孔封闭不全。

右心房通过右房室口和右心室相通。

（2）右心室：位于心的右前方，顶端向下，不达心尖，入口为右房室口，出口为肺动脉口。

右房室口附着有三片三角形的瓣膜，称为右房室瓣或三尖瓣。瓣膜的游离缘向下垂入心室，通过腱索连于乳头肌上。乳头肌椎突出于心室壁的圆锥状肌肉。当心房收缩时，房室口打开，血液由心房流入心室，当心室收缩时，心室内压升高，血液将瓣膜向上推使其相互合拢，由于腱索的牵引，瓣膜不致翻向右心房，从而可防止血液倒流。

肺动脉口位于右心室的左前上方，有一纤维环支持，上端附着有三个半月形的瓣膜，称为肺动脉瓣或半月瓣。每个瓣膜均呈袋状，袋口向着肺动脉干，防止血液倒流回心室。

心室里面，在室中隔上有横过室腔走向室侧壁的心横肌，也称为隔缘肉柱，当心室舒张时,有防止其过度扩张的作用。

(3)左心房:构成心基的左后部。左心房的构造与右心房相似,有向左前方凸出到肺动脉干后方的圆锥状盲囊,称为左心耳,其内壁也有梳状肌。在左心房的后背侧壁上有6~8个肺静脉口;腹侧有一个左房室口,为血液流向左心室的出口。

(4)左心室:位于左心房的下方,空腔略呈圆锥状,顶端伸至心尖,室腔的上方有左房室口和主动脉口。左房室口位于左心室的后上方,附着两片强大的瓣膜,称为左房室瓣或二尖瓣,其结构与作用与三尖瓣相似。主动脉口为左心室血液的出口,位于左心室的前上方。其构造与肺动脉口相似,纤维环上也具有三个半月瓣,称为主动脉瓣。左心室内也有心横肌。

(二)心壁的构造

心壁由心外膜、心肌和心内膜构成。

(1)心外膜:为被覆于心肌表面的一层浆膜,由间皮和薄层结缔组织构成。

(2)心肌:为心壁的主要组成部分,主要由心肌纤维构成。心肌被房室口的纤维环分为心房肌和心室肌两个独立的肌系。因此,心房和心室可分别收缩和舒张。心房肌薄,心室肌厚,左心室肌最厚。

(3)心内膜:为被覆于心房和心室内表面的一层光滑的薄膜,与血管的内膜相延续。其深面有血管、淋巴管、神经和心脏传导系的分支。

心脏的各种瓣膜就是由心内膜向心腔折转成的双层内皮,中间夹着一层致密结缔组织。瓣膜上没有血管分布,但其基部有血管和平滑肌。

(三)心脏的传导系统

心脏的传导系统(图5-6)由特殊的心肌纤维组成,其主要功能是产生并传导心搏动的冲动至整个心脏,是调整心脏节律性运动的系统。包括窦房结、房室结、房室束及蒲肯野氏纤维。

窦房结是心跳的起搏点,位于前腔静脉和右心耳之间的界沟内心外膜下。房室结位于冠状窦附近的心内膜下。结间束连于两结之间。房室束是房室结向下的直接延续,分支在心内膜下再分散成蒲肯野氏纤维,与心肌纤维相连。

(四)心包

心包(图5-7)为包裹心脏的锥形囊,囊壁由浆膜和纤维膜组成,具有保护心脏的作用。

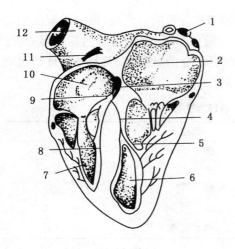

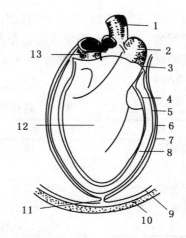

1.肺静脉　2.左心房　3.房室结　4.左束支
5.心横肌　6.左心室　7.右心室
8.右束支　9.房室束　10.右心
房　11.窦房结　12.前腔静脉

图5-6　心脏传导系统示意图

1.主动脉　2.肺动脉　3.心包浆膜脏层与壁
层转折处　4.心外膜　5.心包浆膜壁层
6.纤维膜　7.心包胸膜　8.心包腔
9.肋胸膜　10.胸壁　11.胸骨心包
韧带　12.右心室　13.前腔静脉

图5-7　心包模式图

纤维膜为一层坚韧的结缔组织膜,在心基部与起止于心脏的大血管外膜相延续;在心尖部折转到胸骨背侧,与心包胸膜共同构成胸骨心包韧带。

浆膜分为壁层和脏层。壁层衬于纤维性心包的内面;脏层即心外膜。壁层和脏层之间的腔隙称心包腔,内有少量浆液(心包液)。浆液有润滑作用,可减少心脏搏动时的摩擦。

三、心脏的泵血功能

(一)心动周期

心脏不断进行着有节律的收缩和舒张运动。心脏每收缩和舒张一次称为一个心动周期。由于心脏由两个合胞体组成,心动周期包括心房收缩、舒张和心室收缩、舒张四个过程,心室的收缩期叫心缩期,而把心室的舒张期叫心舒期。

(二)心率

动物安静时每分钟的心跳次数,简称心率。心动周期的长短,可随心率的变化而变化,如果心率增加,心动周期就缩短,收缩期和舒张期均缩短,但一般舒张期的缩短更明显。因此,心率增快时心肌的工作时间相对延长,休息时间相对缩短,这对心脏的持久活动是不利的。心率可因动物种类、年龄、性别以及其他生理情况而不同(表5-6)。

表5-6 各种畜禽心率的正常变异范围 次·min⁻¹

动物	心率	动物	心率
骆驼	25～40	猪	60～80
马	28～42	犬	80～130
奶牛	60～80	猫	110～130
公牛	30～60	兔	120～150
山羊 绵羊	60～80	鸡 火鸡	300～400

(三)心音

心音是由于心脏收缩舒张过程中瓣膜关闭和血液撞击心室壁引起的振动而产生的,可在胸壁的一定部位上通过直接听诊或借助听诊器听到"通-塔"两个声音,分别称为第一心音和第二心音。偶尔能听到第三心音。用记录仪,在心音图上还可观察到第四心音。

第一心音发生于心缩期,又称为收缩音,标志着心室收缩的开始。音调较低,持续时间较长。

第二心音发生于心舒期,又称为心舒音,音调较高,持续时间短。

【知识链接】临床上常采用听诊心音和描记心音图来了解心脏的机能。如心室肌肉肥厚时,心室收缩力量强,第一心音可增强;而心肌炎时,心室收缩力弱,第一心音减弱。瓣口狭窄或瓣膜闭锁不全时会出现杂音。

(四)心输出量及其影响因素

1. 每搏输出量和每分输出量 每搏输出量是一侧心室每次搏动射出的血量。在相对安静状态时,每搏输出量只占心室内总血量的小部分。每分输出量是1 min内一侧心室的射血量,其值等于每搏输出量×心率。心输出量通常是指每分输出量,是反映循环系统机能情况的重要指标之一。

心输出量和机体代谢是相适应的,心输出量可随机体代谢的需要而增加的能力叫做心力储备。心力储备的大小可反映心脏泵血功能对代谢需要的适应能力。家畜通过调教和训练可以提高心力储备,这对乘骑马和役用家畜尤其明显。

2. 影响心输出量的主要因素　心输出量的大小取决于心率和每搏输出量,而每搏输出量的大小主要受静脉回流量和心室肌收缩力的影响。

(1)静脉回流量:心脏能自动地调节并平衡心搏出量和回心血量之间的关系;回心血量愈多,心脏在舒张期充盈就愈大,心肌受牵拉就愈大,则心室的收缩力量就愈强,搏出到动脉的血量就愈多。

(2)心室肌的收缩力:在静脉回流量和心舒末期容积不变的情况下,心肌可以在神经系统和各种体液因素的调节下,改变心肌的收缩力量。

(3)心率:心输出量是每搏输出量与心率的乘积。在一定范围内,心率的增加可使每分输出量相应增加。但是心率过快,由于心脏过度消耗供能物质,会使心肌收缩力降低。同时,心率过快时,心舒期缩短,影响心室充盈,结果每搏输出量减少。反之,心率过慢,心舒期过长,超过心室充盈血量达极限所需时间,也不可能再增加搏出量,每分射血量也因此减少。

四、心脏的生物电现象及节律性兴奋的产生与传导

(一)心肌生物电现象

心肌组织具有兴奋性、自律性、传导性和收缩性四种生理特性。心肌细胞可分为两大类:一类是构成心房和心室的心肌细胞,有收缩性,叫做工作细胞。另一类心肌细胞特化构成特殊的传导系统,又叫自律细胞。心肌细胞与其电兴奋细胞(神经细胞、骨骼肌细胞等)一样,生物电活动是细胞兴奋的标志。

1. 心肌细胞的静息电位　心肌细胞的静息电位及其形成机理,与神经细胞基本相同,也是 K^+ 跨膜电位或平衡电位。心肌工作细胞的静息电位大约是 $-90\ mV$;自律心肌细胞大约是 $-70\ mV$。

2. 心肌细胞的动作电位　心肌兴奋时产生的动作电位由去极化和复极化两个过程组成,通常将此过程分为 0、1、2、3、4 共五个时期。

(1)去极化过程(0 期):心房肌、心室肌、浦肯野氏细胞在动作电位的形成过程中,局部电流刺激未兴奋区域,细胞膜对 Na^+ 的通透性瞬间增大而引起 Na^+ 的快速内流。膜迅速完成去极化和反极化的电位变化过程。

窦房结和房室结细胞膜的去极化是由 Ca^{2+} 的缓慢内流完成的,与 Na^+ 无关。因此,去极化的速度比较缓慢,幅度也比较小。

(2)复极化过程:包括 1、2、3、4 四个时期:

①1 期:膜对 Na^+ 通透性恢复正常,Na^+ 内流停止,但在除极过程中有瞬时性的外向钾离子通道的激活,因此有钾离子的快速外流。

②2 期(平台期):Ca^{2+} 和 Na^+ 的内流以及 K^+ 的外流,因而复极化缓慢,膜电位变化很小,膜内外电位差往往处在接近于零位的等电位状态,使波形呈现平台状。2 期是心肌细胞的主要特点之一,也是心肌动作电位时间长和不应期很长的原因。

③3 期:膜对 K^+ 的通透性增高,K^+ 顺着浓度差和电位差快速向膜外流动,使膜内电位快速下降,直到恢复静息电位水平而完成复极化过程,3 期是复极化的主要部分。

④4 期:膜复极化完毕,膜电位恢复到静息电位水平。心肌工作细胞的电位保持稳定水平,即静息电位水平。自律细胞并不保持稳定水平,而是能够缓慢地自动的去极化,使膜电位逐渐变小。

(3)心肌细胞的离子主动转运:在复极化完毕后,通过膜上的钠—钾泵等的主动转运,在 ATP 分解供能的条件下,把细胞内多余的 Cl^- 和 Ca^{2+} 压出膜外,同时把外流到膜外的 K^+ 吸进膜内,直到膜内外各种离子的浓度完全恢复正常为止。

3. 兴奋性的周期性变化与收缩的关系

(1)一次兴奋过程中兴奋性的周期性变化:心肌细胞发生一次扩布性兴奋之后,由于膜电位发生一系列的变化,它的兴奋性也相应的发生周期性变化。心肌兴奋性的变化分为几个时期:

①绝对不应期和有效不应期:心肌细胞在动作电位过程中,有一段时间兴奋性极度降低到零(从去极开始到复极达 -55 mV),无论给予多大的刺激,心肌细胞均不产生反应,称为绝对不应期。有一段时间(从 -55 mV 复极到 -60 mV),给予强烈刺激可使膜发生局部兴奋,但不能爆发动作电位。从去极开始到复极达 -60 mV 这段时期内,给予刺激均不能产生动作电位,称为有效不应期。心肌绝对不应期比其他任何电兴奋细胞都长得多,它使心肌细胞每两次兴奋之间都保持一定的时间间隔,从而保证心肌兴奋所引起的收缩能够一次一次的分开。

②相对不应期:在复极化的一段时间(相当于从复极 $-60 \sim -80$ mV),给予超过阈刺激的阈上刺激,可引起心肌细胞兴奋,产生动作电位,故称为相对不应期。此期心肌的兴奋性已逐渐恢复,但仍低于正常。

③超常期:在复极化完毕前的一段时间(相当于从复极 $-80 \sim -90$ mV),给予阈下刺激,就可引发动作电位,称超常期。此期心肌细胞的兴奋性比正常稍高。以后,心肌细胞的兴奋性完全恢复到正常水平。

(2)兴奋性的周期性变化与心肌收缩活动的关系:

①不发生强直收缩:心肌收缩的特点是每次兴奋所引起的收缩都一次一次地明显分开而形成单收缩,不会与骨骼肌那样,使许多次收缩复合起来形成强直收缩。在此期间,任何刺激都不能使心肌细胞发生兴奋和收缩。

②机能合体性：心脏的机能合体性是心脏区别于骨骼肌的第二特征。动作电位极易由相邻心肌细胞之间的低电阻部分传导到另一个细胞，使整个心房或心室的活动像一个大细胞一样，几乎同时发生兴奋和收缩。这样就充分发挥了心房肌或心室肌的协同作用，提高了收缩效能。

③期前收缩与代偿间歇：正常心脏是按窦房结的自动节律性进行活动的，窦房结产生的每次兴奋，都在前一次心肌收缩过程完成后才传到心房肌和心室肌。如果在心室的有效不应期之后，心肌受到人为的刺激或起自窦房结以外的病理性刺激时，心室可产生一次正常节律以外的收缩，称为期外收缩。由于期外收缩发生在下一次窦房结兴奋所产生的正常收缩之前，故又称为期前收缩。期前兴奋也有自己的有效不应期，当紧接在期前收缩后的一次窦房结的兴奋传至心室时，正好落在期前兴奋的有效不应期内，因而不能引起心室兴奋和收缩。必须等到下一次窦房结的兴奋传来，才能发生收缩。所以在一次期前收缩之后，往往有一段较长的心脏舒张期，称为代偿间歇。代偿间歇后的收缩往往比正常收缩强而有力。

（二）心肌的自动节律性

心肌具有自动地、节律性兴奋的能力，称为自动节律性。心肌的自动节律性起源于心脏内的特殊的细胞即自律细胞。普通心肌细胞（工作细胞）不具有自律性。

自律细胞分布在窦房结、房室结、房室束和浦肯野氏纤维等传导组织中。虽然自律细胞均具自律性，其自律性高低不一。窦房结的自律性最高，成为正常心脏活动的起搏点。以窦房结为起搏点的心脏节律性活动，临床上称为窦性心律。神经系统和各种体液因素对心脏节律的调节，一般也总是影响窦房结的节律性而起作用。当窦房结发生功能障碍，兴奋传导阻滞或某些自律细胞的自律性异常升高时，潜在起搏点也可以自动发生兴奋而引起部分或全部心脏的活动。这种以窦房结以外的部位为起搏点的心脏活动，称为异位心律。

（三）心肌的传导性和兴奋在心脏中的传导

1. 心肌细胞的传导性　传导性是指心肌细胞具有传导兴奋的特性。心肌一处发生兴奋后，由于兴奋部位和邻近静息部位的膜之间发生电位差，产生局部电流，导致静息部位的膜去极化而发生兴奋。正常生理情况下，由窦房结发出的动作电位可以按一定途径传播到心脏各部，顺次引起整个心脏中的全部心肌细胞进入兴奋状态，这是心肌细胞传导兴奋时不同于神经细胞和骨骼肌细胞的重要特点。

2. 兴奋在心脏的传导过程和特点

（1）心脏起搏点：正常情况下，心脏的起搏点是窦房结，其内的自律细胞，为整个心脏的正常起搏点,产生的兴奋经窦房结周边部的细胞(又称过渡细胞),传播到邻近的心房肌细胞。

(2)兴奋在心房内传播:心房肌的传导速度为 $0.3\sim0.5$ m/s,而连接窦房结和房室结的结间束的传导可达每秒 1 m。因此,左、右心房可以几乎同时收缩。

(3)房室结的单向传导和延搁作用:心房肌和心室肌并不直接相连接,因此也无直接的电联系,房室结是联系心房和心室间兴奋的唯一通路。兴奋在房室结的传导速度极慢,约 0.05 m/s,兴奋在房室结延搁约 0.07 s,延搁时间较长。这一特性具有重要的生理意义,保证心房完全收缩把全部血液送入心室,然后兴奋通过房室束、浦肯野氏纤维传播到两个心室的全部细胞,引起心肌收缩。心室收缩前有充足的血液充盈,有利于心室射血。

(4)浦肯野系统兴奋的传导:浦肯野系统由房室束和浦肯野氏纤维组成,负责将兴奋由房室结传到心室肌,浦肯野氏纤维是心脏特殊传导系统的最后一个部分,其细胞体积大。细胞间有丰富的缝隙连接,传导兴奋的速度可高达 $2\sim5$ m/s。可将兴奋几乎同时传到心室肌细胞,这对于保证心室肌的同步收缩具有重要意义。

(5)兴奋在心室肌的传导:兴奋由浦肯野氏纤维传到心室肌后,主要依靠心室肌细胞本身通过局部电流机制在心室壁内进行传导。心室肌的传导速度为 $0.4\sim$ 1 m/s。

子任务三 血管结构、活动观察识别

学习目标

● 了解全身血管的分布,掌握家畜全身动脉、静脉主干及其分支。

● 掌握各种家畜的脉搏检查方法,通过测定的脉搏能够初步判断动物的健康状况。

● 了解直接测定动脉血压的方法,观察某些神经、体液因素对动脉血压的影响。

● 熟练掌握微循环的三条途径及其作用。

学习方法

相关内容学习结合实践操作。

一、全身血管的观察

(一)材料与用品

家畜全身血管标本,全身血管分布图解,解剖器械。

(二)方法和步骤

1. 小循环血管　观察肺动脉和肺静脉的起始点以及循环路径。

2. 大循环血管

(1)观察主动脉、主动脉弓、胸主动脉、腹主动脉。

(2)观察臂头动脉总干、左锁骨下动脉、右臂头动脉、右锁骨下动脉、左右颈总动脉。

(3)观察腋动脉、臂动脉、正中动脉、指总动脉。

(4)观察胸主动脉、腹主动脉的分支。包括肋间背侧动脉、腹腔动脉、肠系膜前动脉、肾动脉、肠系膜后动脉、睾丸动脉(或卵巢动脉)、腰动脉、左右髂外动脉和左右髂内动脉。

二、动脉脉搏的检查

(一)原理

随着心脏的收缩和舒张,血液间断地被射入动脉,动脉管壁表现出周期性的起伏,即为脉搏。用手指在较大的浅层动脉处能触摸到,也可用仪器记录脉搏曲线。

(二)材料及设备

常见家畜(牛、马、羊)。

(三)方法及步骤

1. 马的脉搏检查　检查部位以颌外动脉为最好。检查时,人站在马的左侧,以左手紧握马笼头,右手以食指、中指和拇指沿下颌骨的下缘,前后触摸。在血管切迹附近,可摸到颌外动脉似一条橡皮管在手指下滑动,并可感到它的跳动,即为脉搏。记录其频率。

2. 牛的脉搏检查　检查部位以尾动脉为佳。检查者站在牛的正后方,左手将牛尾略为提起。在尾的上半部,用右手的食指和中指伸入尾的腹部,拇指放在尾的背部,轻压腹面正中的尾动脉,记录其频率。

3. 羊的脉搏检查　检查部位以股动脉为最好。检查者蹲在动物的后方,一手握住其后肢,另一手伸入股内侧,可摸到股动脉,记录其频率。

讨论分析:脉搏是如何产生的? 在临床诊断上有何意义?

注意事项:在检查脉搏之前要将动物适当保定,注意检查者的安全。

三、动脉血压的直接测定及其影响因素观察

(一)原理

动脉血压是心脏和血管功能的综合指标,通常相对稳定,这种相对稳定性是靠神经、体液的调节实现的。神经调节是指中枢神经系统通过反射调节心血管的活动。如交感神经兴奋,末梢释放去甲肾上腺素,使心率加快,动脉血压升高。迷走神经兴奋,末梢释放乙酰胆碱,引起心率减慢,动脉血压降低。体液调节也是影响心血管活动的重要因素,以肾上腺髓质释放的肾上腺素和去甲肾上腺素为主。肾上腺素作用于 α、β 受体,使心跳加速,血压升高。去甲肾上腺素主要作用于 α 受体,引起外周血管广泛收缩,增大外周阻力,使动脉血压升高。对心脏作用较小,外源性给予时常由于明显的血压升高而反射性地引起心率减慢。

(二)材料及设备

大兔一只、手术器械、20％戊巴比妥钠溶液(或其他麻醉剂)、生理盐水、线、肝素生理盐水、动脉套管、二导生理记录仪、0.01％肾上腺素、0.01％乙酰胆碱、保护电极、注射器等。

(三)方法及步骤

1. 麻醉　家兔称重后,按体重由耳静脉注入 20％戊巴比妥钠溶液,麻醉后仰卧固定在手术台上。

2. 分离颈部神经和血管　剪去颈部被毛,沿正中线做 5~7 cm 切口,再沿气管钝性分离皮下组织和肌肉,找到右侧颈动脉、减压神经、迷走神经,在神经下面各穿一条不同颜色的线,颈动脉下面穿两条线。找到左侧颈动脉,穿一根线,并向前分离至分叉处,此即颈动脉窦,在分叉处穿插一根线。

3. 动脉插管　用两个动脉夹将右侧颈动脉夹住,用外科剪子在两把止血钳之间剪一小口,把与二导生理记录仪的动脉套管(内已充满肝素生理盐水),插入动脉中,插入方向朝向心脏,并用线结扎固定。松开近心端的动脉夹。这时,兔动脉血

压通过导管传入记录仪，记录仪描记下一组血压变化曲线。

一切准备就绪后，用一块浸有温生理盐水的纱布盖在手术创口上，开始进行实验。

4. 项目观察

(1)观察正常血压曲线：在不进行任何物理刺激或注射化学药品的情况下，描记血压基本曲线，并注意观察心搏动。

(2)以动脉夹夹住对侧(左侧)颈动脉，血压如何变化，为什么？除去动脉夹待血压恢复正常以后，扯动脉窦处的提线，给以机械刺激，则血压如何变化？

(3)用橡皮手套或塑料袋将兔的口和鼻套起，内有少量空气，一段时间后，手套中二氧化碳浓度升高，观察血压有何变化？

(4)结扎一侧迷走神经，并自结的向心端剪断，血压有无变化？用提线将神经的离心端轻轻提起并刺激之，血压有何变化？

(5)将另一侧的迷走神经剪断，血压又有何变化？

(6)自耳静脉中注入 0.01％肾上腺素 0.5 mL，观察血压有何变化？（注入肾上腺素后应补充数毫升生理盐水，以使药物全部进入血液循环。）

(7)自耳静脉注入 0.01％乙酰胆碱 0.5 mL，观察血压有何变化？

讨论分析：分析神经调节和体液调节对血压的影响。

注意事项：

(1)麻醉剂量一定要准确，防止因麻醉过深或过浅而影响实验。

(2)动脉套管与颈动脉保持平行位置，防止刺破动脉或阻塞血流。

(3)实验过程中要注意保温。

(4)每项实验后须待血压基本恢复正常后再进行下一项。

四、微循环的观察

(一)材料及设备

显微镜、蛙针、大头针、外科剪刀、镊子、解剖针、有孔蛙板、任氏液、0.01％肾上腺素、蛙或蟾蜍。

(二)方法及步骤

(1)制备脊蛙：用蛙针由枕骨大孔处插入，破坏蛙(蟾蜍)的脑和脊髓。

(2)在蛙板上剖开腹腔拉出一段小肠，展开一片肠系膜覆盖在蛙板的孔上，并用大头针把肠袢固定在蛙板上,然后在肠系膜上滴一滴任氏液,防止干燥。

(3)将蛙板放在显微镜的载物台上,使蛙板的小孔对准物镜,进行观察。

①用低倍镜观察动脉、静脉、毛细血管,注意它们的管壁厚度、口径粗细、血流方向、血流速度有何特征?绘一张简图表示动脉、静脉、毛细血管及其血流方向。

②用小镊子轻拉肠系膜的血管,此时血管口径和血流方向有何变化?

③用小片滤纸小心将肠系膜上的任氏液吸干,再在上面滴一滴 0.01％肾上腺素,观察血管有何变化?

讨论分析:分析肾上腺素对血管影响的原因。

注意事项:肠系膜要展平,不能扭转,也不能拉得太紧,更不允许出血,否则影响实验现象的观察。

相关内容

一、血管的分类、构造和功能特点

不论体循环或肺循环,由心室射出的血液都流经由动脉、毛细血管和静脉相互串联形成的血管系统,再返回心房。

1. 动脉系统

(1)大动脉:指动脉主干及其发出的最大的分支。这些血管的管壁厚而富有弹性纤维,可扩张性和弹性较大。当心室收缩将血液射入大动脉时,大动脉扩张,容纳心脏射入的血液,使血压不致过高,血液不致突然涌入较小的动脉。在心舒期,射血停止,动脉瓣关闭,被扩张的动脉由于弹性回缩,把心舒期贮存的位能释放出来,维持血压的稳定,推动血液继续流向外周。大动脉的这种弹性血库的作用,使心室的间断性射血转变成动脉中持续不断的血流。需要指出的是动脉管壁的弹性随年龄的增长而减小。

(2)中动脉:中动脉的功能是将血液输送至各器官组织,又称为分配血管。

(3)小动脉和微动脉:小动脉和微动脉的管壁有丰富的平滑肌,有较强的收缩力,对血流的阻力大,又称为毛细血管前阻力血管。尤其后者的舒缩活动可使局部血管的口径和血流阻力发生明显变化,从而改变所在器官、组织的血流量。

2. 毛细血管

(1)毛细血管前括约肌:在真毛细血管的起始部常有平滑肌环绕,称为毛细血管前括约肌。它的收缩和舒张可控制其后的毛细血管的关闭和开放,因此可决定某一时间内毛细血管开放的量。

(2)交换血管:指真毛细血管。管壁仅由单层内皮细胞构成。它们的口径平均只有几微米,长度也只有 $0.2\sim0.4~\mu m$。但是,它们的数量很大,彼此联结成网,几乎遍及全身各器官组织。真毛细血管的通透性很高,允许气体和各种晶体分子自由通过,小分子蛋白也能微量通过,因此成为血管内血液和血管外组织液物质交换的场所。

3. 静脉

静脉也可分为大静脉、中静脉、小静脉和微静脉。它们的共同特点是管壁薄而柔软,口径比相应的动脉大,弹性和收缩性都比较小。多数较大的静脉都有瓣膜,它们朝着向心方向开放,借以防止血液倒流。

(1)微静脉:微静脉因管径小,对血流也产生一定的阻力,又称为毛细血管后阻力血管。其舒缩可影响毛细血管前阻力和毛细血管后阻力的比值,从而改变毛细血管压以及体液在血管内和组织间隙内的分布情况。

(2)静脉:指大、中、小静脉,由于数量多、口径粗、管壁薄,故其容量较大,而且可扩张性较大,即较小的压力变化就可使容积发生较大的变化。在安静状态下,整个静脉系统容纳了全身循环血量的 $60\%\sim70\%$。静脉的口径发生较小的变化时,静脉内容纳的血量就可发生很大的变化,而压力的变化较小。因此,静脉在血管系统中起着血液贮存库的作用,因此将静脉称为容量血管。

正常情况下,心血管系统各个部分的血容量所占的循环血液总量的百分比大致如下(近似值):心脏血管容量占 12%,主动脉占 2%,体循环动脉系统占 10%,毛细血管占 $4\%\sim6\%$,体循环静脉系统占 $50\%\sim52\%$,肺循环系统占 20%。

4. 短路血管

短路血管是指一些血管床中直接联系小动脉和小静脉之间的血管。它们可使小动脉内的血液不经过毛细血管而直接流入小静脉。蹄部、耳廓等处的皮肤中有许多短路血管存在,它们在功能上与体温调节有关。

二、肺循环的血管

肺循环血管包括肺动脉、毛细血管和肺静脉。

肺动脉干起于右心室的肺动脉口,在升主动脉的左侧向后上方延伸,于心基后上方分为左、右肺动脉。左右肺动脉在同侧主支气管的前方由肺门入肺,在肺内随支气管分支而分支,直到肺泡壁移行为毛细血管网。

肺静脉属支起于肺毛细血管网,在肺内沿肺动脉和支气管的分支逐级汇合,最后汇集成 $6\sim8$ 支,由肺门出肺后开口于左心房。

三、体循环的血管

（一）体循环动脉

主动脉（图5-8）为体循环动脉的总干，全身所有的动脉支都直接或间接自此发出。主动脉起于左心室的主动脉口，可分为主动脉弓、胸主动脉和腹主动脉。主动脉弓为主动脉的第一段，自主动脉口斜向背后侧，呈弓状延伸至胸椎腹侧；然后再继续延伸至膈为胸主动脉；胸主动脉穿过膈的主动脉裂孔进入腹腔称为腹主动脉。

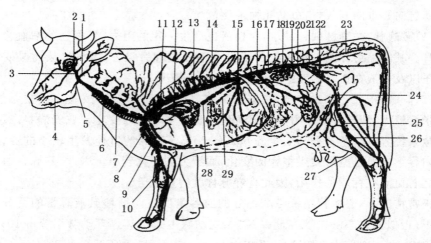

1.枕动脉　2.颌内动脉　3.颈外动脉　4.面动脉　5.颌外动脉　6.颈动脉　7.颈静脉　8.腋动脉
9.臂动脉　10.正中动脉　11.肺动脉　12.肺静脉　13.胸主动脉　14.肋间动脉　15.腹腔动脉
16.前肠系膜动脉　17.腹主动脉　18.肾动脉　19.精索内动脉　20.后肠系膜动脉
21.髂内动脉　22.髂外动脉　23.荐中动脉　24.股动脉　25.腘动脉
26.胫后动脉　27.胫前动脉　28.后腔静脉　29.门静脉

图5-8　牛全身动、静脉分布图

1. **主动脉弓**　主动脉弓的主要分支有：

（1）左、右冠状动脉：由主动脉在其根部发出，大部分分布到心脏。

（2）臂头动脉干：为分布于胸廓前部、头颈和前肢的动脉总干，出心包后沿气管腹侧向前伸延，分出左锁骨下动脉后，移行为臂头动脉。臂头动脉分出短而粗的双颈动脉干后，移行为右锁骨下动脉。

（3）锁骨下动脉：绕过第1肋骨前缘出胸腔前口，分别移行为左、右前肢的腋动脉。在胸腔内左锁骨下动脉发出的分支有：肋颈动脉、颈深动脉、椎动脉、胸内动脉和颈浅动脉；右侧的肋颈动脉、颈深动脉和椎动脉自臂头动脉发出，胸内动脉和颈浅动脉自右锁骨下动脉发出。

2. **胸主动脉**　主要分支为支气管食管动脉和肋间背侧动脉。

3. **腹主动脉**　腹主动脉沿腰椎腹侧后行，至第5～6腰椎腹侧分为左、右髂外动脉和左、右髂内动脉及荐中动脉。在腹腔内向各脏器和腹壁等分出下列侧支：

腹腔动脉在膈的主动脉裂孔后方起于腹主动脉，向前下方行至瘤胃右侧分为肝动脉、脾动脉、胃左动脉和瘤胃左动脉四支。

肠系膜前动脉为腹主动脉的最大侧支，在腹腔动脉起始处后方起于腹主动脉（有时与腹腔动脉同起于一短干），经左、右膈脚之间进入总肠系膜，在结肠旋袢与空肠肠袢之间向下向后伸延，末段延续为回肠动脉。

肾动脉为一对短而粗的动脉，约在第2腰椎腹侧由腹主动脉发出，至肾门附近分为数支入肾。

睾丸动脉或卵巢动脉为成对的动脉，在肠系膜后动脉附近起于腹主动脉。睾丸动脉细而长，走向腹股沟管，参与形成精索，分支分布于睾丸和附睾等；卵巢动脉短而粗，行于子宫阔韧带的前部，分出输卵管支和子宫前动脉之后，本干经卵巢系膜进入卵巢。

脐动脉在胎儿时期发达，出生后管壁增厚，管径变小，末段闭塞而形成膀胱圆韧带，沿膀胱侧韧带的游离缘伸至膀胱顶。脐动脉还分出侧支至输尿管、输精管（公畜）或子宫（母畜）等，其中到母畜子宫的子宫中动脉很发达。子宫中动脉在子宫阔韧带内下行，走向子宫角小弯，分为前、后两支。前支分布到子宫角前部，并有分支与卵巢动脉的子宫支吻合；后支分布于子宫角后部和子宫体。妊娠期，做直肠检查可触摸到该动脉的脉搏。

荐中动脉为腹主动脉分出左、右髂内动脉后的直接延续，沿荐骨盆面正中线向后伸延，在荐部发出3～4对荐外侧动脉；在第1尾椎处发出尾外侧背、腹动脉后，本干延续为尾中动脉。尾中动脉沿尾椎腹侧正中线向后伸延，分布于尾腹侧肌和皮肤。临床上，常在牛尾根部检查尾中动脉触诊脉搏。

4. **骨盆部动脉**　髂内动脉是骨盆部动脉的主干。主要分支有阴部内动脉和闭孔动脉。公牛的阴部内动脉较发达，发出直肠后动脉和会阴腹侧动脉后，移行为阴茎动脉，分布于直肠后部、会阴部和阴茎；母牛的阴部内动脉分支分布于会阴部、乳房后部、阴道前庭、阴蒂和阴门。

5. **头部动脉**　双颈动脉干是头颈部的动脉主干，沿气管腹侧向前延伸，在胸腔前口附近分为左、右颈总动脉。左、右颈总动脉在颈静脉沟的深部，分别沿食管和气管的外侧向前向上延伸，至环枕关节腹侧分为枕动脉、颈内动脉和颈外动脉。

颈总动脉在枕动脉起始处略膨大,称为颈动脉窦,窦壁内有感受血压变化的压力感受器。颈总动脉在延伸途中分出很多分支,分布于附近的肌肉、皮肤、食管、气管、腮腺、甲状腺、咽和喉等。

枕动脉分布于咽、软腭、脑膜、脑和颈部肌肉。颈内动脉,仅犊牛有,而且也较细,分布于脑。成年牛的颈内动脉退化。颈外动脉分出颞浅动脉后,本干移行为上颌动脉。颈外动脉分支为舌面动脉干即颌外动脉,后者本干分为舌动脉和面动脉。面动脉向前伸至下颌支腹侧,与同名静脉和腮腺管一起绕过血管切迹转到面部,沿咬肌前缘上行至面部。

6. 前肢动脉 锁骨下动脉分支延续为腋动脉、臂动脉、正中动脉和指总动脉,分布到前肢。

7. 后肢动脉 髂外动脉为后肢动脉主干的起始段,向趾端顺次延续为股动脉、腘动脉、胫前动脉、跖背侧第 3 动脉、趾背侧第 3 总动脉和第 3、第 4 趾背侧固有动脉,分支分布于后肢。

(二)体循环静脉

体循环的静脉(图 5-8)可归纳为前腔静脉系、后腔静脉系、左奇静脉系和心静脉系。

1. 前腔静脉系 由左、右颈内静脉和左、右颈外静脉及左、右腋静脉在胸腔前口汇合而成,于心前纵隔内沿气管和臂头动脉干的腹侧向后伸延,途中接受胸廓内静脉和肋颈静脉,最后开口于右心房。

胸廓内静脉较大,于同名静脉并行,主要接受腹皮下静脉的血液,末端开口于前腔静脉的起始部。腹皮下静脉在乳牛非常发达,接受乳房的血液,又称乳静脉,于剑状软骨附近第 8 肋下端穿过躯干皮肌和腹直肌上的孔(乳井)转为胸廓内静脉。

颈外静脉较粗,由舌面静脉和上颌静脉在腮腺后角汇合而成,于皮肤与颈静脉沟之间向后伸延,沿途接受一些小静脉,至胸腔前口处接受头静脉,并于颈内静脉汇合,然后开口于前腔静脉。在颈的前半部,颈外静脉与颈总动脉之间以肩胛舌骨肌相隔,此处为临床上静脉注射和采血常用的部位。

2. 后腔静脉系 由左、右髂总静脉和荐中静脉在第 5 或 6 腰椎腹侧汇合而成,沿腹主动脉右侧前行,经肝壁面的腔静脉沟和隔的腔静脉孔进入胸腔,再经右肺副叶与后叶之间向前开口于右心房。

后腔静脉在伸延途中接受腰静脉、睾丸静脉或卵巢静脉、肾静脉和肝静脉等属支。除肝静脉外,其他属支均与同名动脉伴行。

　　肝静脉有 3～4 支,收集肝动脉和门静脉的回流血,在肝壁面的腔静脉沟中开口于后腔静脉。

　　门静脉为腹腔中引导胃、小肠、大肠(直肠后部除外)、脾和胰等的血液入肝的一条较大的静脉,位于后腔静脉腹侧。它由胃十二指肠静脉、脾静脉、肠系膜前静脉和肠系膜后静脉汇合而成,穿过胰走向肝门,与肝动脉一起经肝门入肝。入肝后反复分支至窦状隙(扩大的毛细血管),最后汇合为数支肝静脉而导入后腔静脉。

　　直肠后部的血液汇入髂内静脉。再经髂总静脉、后腔静脉返回右心房。因此,对肝有害及通过肝影响药效的药物可进行灌肠给药,以免危害肝或影响药物的疗效。

　　阴部外静脉与同名动脉伴行,接受阴囊和阴茎(公畜)或乳房(母畜)的血液,并与腹皮下静脉及阴部内静脉吻合。母牛的阴部外静脉以乳房底前静脉与腹皮下静脉相吻合,以乳房底后静脉与阴部内静脉相吻合。乳房的静脉血大部分经阴部外静脉注入髂外静脉,一部分经腹皮下静脉注入胸廓内静脉;阴部内静脉虽与乳房底后静脉相连,但因其静脉瓣开向乳房,故乳房的静脉血不能由此流向髂内静脉。

　　3. 心静脉系　心脏的静脉血通过心大静脉、心中静脉和心小静脉注入右心房。

四、血管的生理功能

(一)血流阻力和血压

　　1. 血流阻力　血液在血管中流动时遇到的阻力,称为血流阻力或外周阻力。阻力主要来自血液流动时发生的摩擦。血流阻力主要与血管半径和血液黏滞度有关,在形成血液阻力的各因素中,微动脉的阻力是主要的。机体对循环功能的调节,就是通过控制各器官阻力血管的口径来调节各器官之间的血流分配的。

　　2. 血压　血压是指血管内的血液对单位面积血管壁的侧压力,即压强。按照国际标准计量单位规定,压强的单位为帕(Pa)。帕的单位较小,故血压数值通常用千帕(kPa)表示。

　　血压的形成有两个基本因素,一是循环系统内有血液充盈;二是心脏射血,心室肌收缩时所释放的能量可分为两部分,一部分用于推动血液流动,是血液的动能;另一部分形成对血管壁的侧压,并使血管壁扩张,这部分是势能,即压强能。在心舒期,大动脉发生弹性回缩,又将一部分势能转变为推动血液的动能,使血液在血管中继续向前流动。由于心脏射血是间断性的,因此在心动周期中动脉血压发生周期性的变化。另外,由于血液从大动脉流向心房的过程中不断消耗能量,故血压逐渐降低。

(二)动脉血压和动脉脉搏

1. **动脉血压** 动脉血压在血液循环中占有重要地位。它决定其他血管中的压力,是保证血液克服阻力供应各组织器官的主要因素。

(1)动脉血压的形成:循环系统内足够的血液充盈和心脏射血是形成动脉血压的基本因素,另一个重要因素是外周阻力,因此动脉血压就是每次心室收缩所产生的推动血液前进的力量和血液流经动脉时所遇到的外周阻力这两种相反的力量相互作用的结果。

(2)动脉血压的构成:每次心动周期中,动脉血压可随着心室的舒缩活动而波动。心室收缩时,动脉压急剧升高,在收缩期的中期达到最高值,这时的动脉血压值称为收缩压。它的高低可以反映心室肌收缩力量的大小。心室舒张时,动脉压下降,在心舒末期动脉血压的最低值称为舒张压。它主要反映外周阻力的大小。收缩压和舒张压的差值称为脉搏压,简称脉压。

(3)影响动脉血压的因素:动脉血压的数值主要取决于心输出量和外周阻力,因此,凡是能影响心输出量和外周阻力的各种因素,都能影响动脉血压。这些因素主要有:每搏输出量、外周阻力、动脉管壁的弹性、循环血量与血管容量的比例和心率。

动脉血压的变化,往往是各种因素相互作用的综合结果。

2. **动脉脉搏**

(1)动脉脉搏的形成:每次心室收缩时,血液射进主动脉,使主动脉压在短时间内迅速升高,富有弹性的主动脉管壁向外扩张。心室舒张时,主动脉内压下降,血管壁发生弹性回缩而恢复原状。因此,心室的节律性收缩和舒张使主动脉壁发生同样节律的扩张和回缩的振动,主动脉壁的振动沿着动脉系统的管壁以弹性压力波的形式传播,形成动脉脉搏。通常临床所说的脉搏就是指动脉脉搏。

(2)动脉脉搏的波形及其变化:用脉搏描记仪可以记录浅表动脉脉搏的波形。这种记录图形称为脉搏图。

(3)动脉脉搏的临床意义:动脉脉搏不但能够直接反应心率和心动周期的节律,而且能够在一定程度上通过脉搏的速度、幅度、硬度、频率等特性反映整个循环系统的功能状态。所以检查动脉脉搏有很重要的意义。

【知识链接】各种家畜检查动脉脉搏时常用的动脉是:牛在尾动脉或颌外动脉,

羊和小动物在股动脉。

（三）静脉血压和静脉回流

1. 静脉血压　通常将在右心房和胸腔内大静脉的血压称为中心静脉压,而各器官静脉的血压称为外周静脉压。中心静脉压可作为临床输液或输血时输入量和输入速度是否恰当的监测指标。

2. 静脉回流　单位时间内的静脉回心血量取决于外周静脉压和中心静脉压的差,以及静脉对血流的阻力。故凡能影响外周静脉压、中心静脉压的因素,都能影响静脉回心血量。

（四）微循环

微循环是指微动脉和微静脉之间的血液循环,其功能就是完成血液和组织之间的物质交换。

典型的微循环由微动脉、后微动脉、毛细血管前括约肌、真毛细血管、通血毛细血管（直捷通路）、动—静脉吻合支和微静脉等七部分组成（图 5-9）。

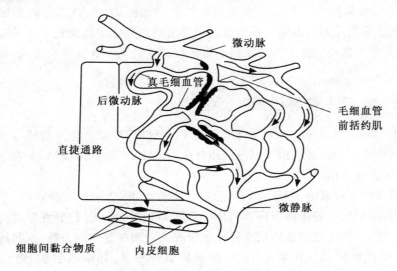

图 5-9　微循环结构示意图

微动脉的管壁有环形的平滑肌,其收缩和舒张可控制微血管的血流量。微动脉分支成为管径更细的后微动脉。后微动脉通常呈直角方向分出真毛细血管。在真毛细血管起始端通常有1～2个平滑肌细胞,形成一个环,即毛细血管前括约肌。

151

该括约肌的舒缩决定进入真毛细血管的血流量。

毛细血管的血液经微静脉进入静脉。最细的微静脉的管壁上没有平滑肌,在功能上属于交换血管。较大的微静脉管壁有平滑肌,在功能上属于毛细血管后阻力血管。微静脉的舒缩状态可影响毛细血管血压,从而影响毛细血管处的液体交换和静脉回心血量。

在微循环系统中,血液从微动脉流到微静脉有三条不同的途径:

1. 直捷通路　指血液从微动脉经后微动脉和通血毛细血管进入微静脉的通路。通血毛细血管比一般的真毛细血管稍粗,中途不分支,路程短,血流速度快。直捷通路经常处于开放状态,其主要功能并不是物质交换,而是使一部分血液能迅速通过微循环而进入静脉,不至于在真毛细血管中滞留,从而不影响静脉回流,使血压能维持正常。直捷通路在骨骼肌组织的微循环中较为多见。

2. 营养通路　指血液经微动脉、开放着的前毛细血管括约肌,进入由真毛细血管组成的迂回曲折的真毛细血管网,最后汇集于微静脉。该通路中血流速度缓慢,血液流程很长,与组织细胞接触广泛,所以能完成血液与组织间的物质交换作用。

3. 动—静脉短路　是吻合微动脉和微静脉的通道,其管壁结构类似于微动脉。其功能是快速调运血液和调节通过局部毛细血管床的血流量。这条通路多见于肢端、耳廓等部位的皮肤和皮下组织处。皮肤中的动—静脉吻合支,在体温调节中发挥作用。

(五)组织液和淋巴液

1. 组织液的生成和吸收　在毛细血管的动脉端,毛细血管内的部分血浆滤出到组织间隙成为组织液。绝大部分组织液呈胶冻状,不能自由流动,只有极小部分呈液态,可自由流动。

组织液的生成取决于四个因素:①毛细血管血压;②组织液静水压;③血浆胶体渗透压;④组织液胶体渗透压。其中①和④是促使液体由毛细血管内向血管外滤过的力量,②和③是将液体从血管外重吸收入毛细血管内的力量,这两种力量之差,称为有效滤过压。如果是正值,血浆从血管滤出,如果是负值,组织液被重吸收。

2. 淋巴液的生成和回流　流经毛细血管的血浆,约有 0.5%～2%在毛细血管动脉端以滤过的方式进入组织间隙,其中约 90%在静脉端被重新吸收回血液,约10%(包括滤过的白蛋白分子)进入毛细淋巴管,成为淋巴液。在毛细淋巴管的起始端,内皮细胞的边缘像瓦片般互相覆盖,形成向管腔内开启的单向活瓣。另外,当组织液积聚在组织间隙内时,组织中的胶原纤维和毛细淋巴管之间的胶原细丝可以将互相重叠的内皮细胞边缘拉开,使内皮细胞之间出现较大的缝隙。因此,组织液包括其中的血浆蛋白质分子可以自由的进入淋巴管(图 5-10)。

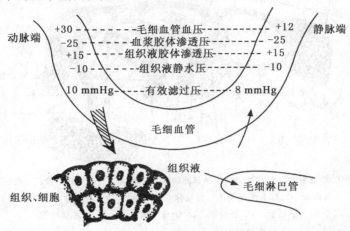

图 5-10　组织液生成与回流示意图

淋巴液回流的生理意义,主要是将组织液中的蛋白质分子带回到血液中;清除组织液中不能被毛细血管重吸收的较大分子以及组织中的红细胞和细菌等,其次,小肠绒毛的毛细淋巴管对营养物质,特别是脂肪的吸收起重要的作用。

五、胎儿血液循环

胎儿在母体子宫内发育,所需要的全部营养物质和氧都是通过胎盘由母体供给,代谢产物也是通过胎盘经母体排出。胎儿血液循环具有与此相适应的一些特点(图 5-11)。

(一)胎儿心脏和血管的构造特点

(1)卵圆孔:心脏的房中隔上有一卵圆孔,沟通左、右心房。由于卵圆孔的左侧具有瓣膜,而且右心房的血压高于左心房,所以血液只能从右心房流向左心房。

(2)动脉导管:主动脉与肺动脉之间以一动脉导管连通,肺动脉的大部分血液经此流入主动脉。

(3)胎盘:是胎儿和母体进行物质交换的特有器官,以脐带和胎儿相连。脐带内有两条脐动脉和一条(猪、马)或两条(牛)脐静脉。

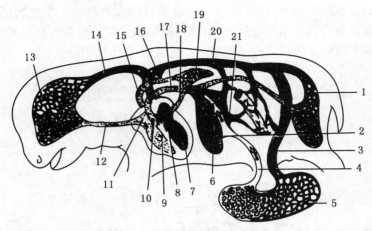

1.身体前部毛细血管　2.走向身体前部的动脉　3.肺动脉　4.动脉导管　5.后腔静脉
6.肺静脉　7.肺毛细血管　8.主动脉　9.门静脉　10.身体后部毛细血管
11.脐动脉　12.脐静脉　13.胎盘毛细血管　14.肝毛细血管
15.静脉导管　16.左心室　17.左心房　18.右心室
19.卵圆孔　20.右心房　21.前腔静脉

图 5-11　胎儿血液循环模式图

（二）胎儿血液循环的途径

脐静脉将胎盘内富有营养物质和含氧较多的动脉血引入胎儿体内,一部分血液经肝门入肝,在窦状隙与来自门静脉的血液混合,再经肝静脉注入后腔静脉;另一部分血液经静脉导管直接注入后腔静脉,与胎儿自身的静脉血混合。后腔静脉的血液注入右心房,大部分经卵圆孔到左心房,再经左心室到主动脉及其分支,大部分到头颈部和前肢。

来自胎儿身体前半部的静脉血经前腔静脉到右心房。由于静脉间嵴的分流作用,进入右心房的血液大部分到右心室,再入肺动脉。因胎儿肺尚无功能活动,致使肺动脉的血液绝大部分经动脉导管到主动脉,进而到身体的后半部,并经脐动脉至胎盘。

（三）出生后的变化

胎儿出生后,脐动脉和脐静脉闭锁,分别形成膀胱圆韧带和肝圆韧带。动脉导管闭锁,成为动脉导管索或动脉韧带。卵圆孔闭锁形成卵圆窝(但有 22% 的牛、羊卵圆孔不封闭或闭锁不全)。此后,心脏的左半部与右半部完全分开。

六、心血管活动的调节

(一)调节心血管活动的神经中枢

心血管系统的活动受到中枢神经系统的调节控制是通过反射活动来实现的,中枢神经内与心血管反射有关的神经元集中的区域叫做心血管反射中枢。

1. **基本中枢**　一般认为,最基本的心血管中枢在延髓,至少可包括四个部位的神经元:即缩血管区、舒血管区、心加速区和心抑制区。

2. **高级中枢**　调节心血管活动的高级中枢分布在延髓以上的脑干部分以及大脑和小脑中,它们在心血管活动调节中所起的作用较延髓基本中枢更加高级。

(二)心脏和血管的神经支配

1. **心脏的神经支配**　心脏受到交感神经和副交感神经的双重支配。

(1)心交感神经及其作用:心交感神经的节前神经元位于脊髓第1~5胸段的中间外侧柱;节后神经元位于星状神经节或颈交感神经节内。

心交感节后神经元末梢释放的递质为去甲肾上腺素,与心肌细胞膜上的 β 型肾上腺素能受体结合,可导致心率加快,房室交界的传导加快,心房肌和心室肌的收缩能力加强。

(2)心迷走神经及其作用:支配心脏的副交感神经是迷走神经的心脏支。

心迷走神经节后纤维末梢释放的递质乙酰胆碱作用于心肌细胞的 M 型胆碱能受体,可导致心率减慢,心房肌收缩能力减弱,不应期缩短,房室传导速度减慢。刺激迷走神经时,也能使心室肌的收缩减弱,但其效应不如心房肌明显。

2. **血管的神经支配**　除真毛细血管外,血管壁都有平滑肌分布。支配血管的神经主要是调节血管平滑肌的收缩和舒张活动,所以称血管运动神经。它们可分为两类:一类神经能够引起血管平滑肌的收缩,使血管口径缩小,称缩血管神经。另一类神经引起血管平滑肌的舒张,称舒血管神经。

(三)心血管反射

正常状态下,机体的心血管活动具有自动的负反馈性的调节作用。心血管系统本身存在着压力和化学感受器,当机体处于不同的生理状态,如运动、休息、变换姿势、应激或机体内、外环境发生变化时,心血管反射一般都能很快完成,其生理意义在于使循环功能能适应于当时机体所处的状态或环境的变化。

心血管系统的反射很多,一般可分为两大类:加压反射和减压反射,其中最重要的是颈动脉窦和主动脉弓压力感受性反射。

1. 颈动脉窦和主动脉弓压力感受性反射

（1）动脉压力感受器：在颈动脉窦和主动脉弓处管壁内有许多感受器（图 5-12）。这些感受器是未分化的枝状神经末梢。生理学研究发现，这些感受器并不是直接感受血压的变化，而是感受血管壁的机械牵张程度，称为压力感受器或牵张感受器。

（2）传入神经和中枢联系：颈动脉窦和主动脉弓压力感受器的传入神经纤维经窦神经和迷走神经传到延髓的心血管活动中枢。

（3）反射效应：动脉血压升高时，动脉管壁被牵张的程度就升高，压力感受器传入的冲动增多，通过中枢机制，使迷走紧张加强，心交感紧张和交感缩血管紧张减弱，其效应为心率减慢，心输出量减少，外周血管阻力降低，故动脉血压下降。反之，当动脉血压降低时，压力感受器传入冲动减少，使迷走紧张减弱，交感紧张加强，于是心率加快，心输出量增多，外周血管阻力增高，血压升高。

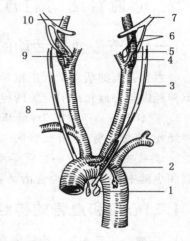

1.主动脉体　2.主动脉弓　3.迷走神经
4.颈动脉窦　5.颈动脉体　6.窦神经
7.舌咽神经　8.颈总动脉
9.颈内动脉　10.颈外动脉

**图 5-12　颈动脉窦和主动脉弓的
压力感受器和化学感受器**

（4）压力感受性反射的意义：压力感受性反射在心输出量、外周血管阻力、血量等发生突然变化的情况下，对动脉血压进行快速调节的过程中起重要作用，使动脉血压不致发生过大的波动。

2. 颈动脉体和主动脉体化学感受性反射

（1）外周化学感受器：外周化学感受器位于颈动脉体（颈动脉窦旁）和主动脉体（主动脉弓旁）中，对血液中氢离子浓度的增加和氧分压降低敏感。

（2）传入神经和中枢联系：化学感受器受到刺激后，发出冲动分别经窦神经和迷走神经传到延髓的呼吸中枢、缩血管中枢和心抑制中枢。

（3）反射效应：当血液中氢离子的浓度过高、二氧化碳分压过高、氧分压过低时，化学感受器受刺激，发出冲动经传入神经传至延髓呼吸中枢，引起呼吸加深加快，可间接地引起心率加快，心输出量增多，外周血管阻力增大，血压升高。

值得注意的是，血液中化学成分的变化直接作用于延髓心血管中枢的效果比作用于外周化学感受器的效果大得多。因此，在一般情况下，从颈动脉体和主动脉体化学感受器来的传入冲动对心血管活动没有重要意义。但在缺氧或窒息时，外周化学感受器变成重要因素,与中枢效应结合,产生强有力的冲动作用于循环系统。

(四)体液调节

心血管活动的体液调节是指血液和组织液中一些化学物质对心肌和血管平滑肌的活动发生影响,并起调节作用。

1. 肾素—血管紧张素 各种原因引起肾血流量减少时,都会引起肾小球旁器分泌一种酸性蛋白酶进入血液。这种酶叫做肾素。它使在肝中生成的血管紧张素原水解成血管紧张素Ⅰ。血管紧张素Ⅰ在肺循环中被血管紧张素转化酶水解成血管紧张素Ⅱ。血管紧张素Ⅱ受到血浆或组织中血管紧张素酶A的作用转变成血管紧张素Ⅲ,血管紧张素Ⅱ有极强的缩血管作用,约为去甲肾上腺素的40倍,它还能加强心肌的收缩力,增强外周阻力,使血压升高;它还作用于肾上腺皮质细胞,促进醛固酮的生成与释放。血管紧张素Ⅲ的缩血管作用较低,但促进肾上腺皮质分泌醛固酮的作用较强。醛固酮可刺激肾小管对钠的重吸收,增加体液总量,也会使血压上升。

2. 肾上腺素和去甲肾上腺素 肾上腺髓质分泌的激素是重要体液调节因素。肾上腺素作用于心肌的 β 受体,引起心肌活动增强和心输出量增加。还能分别作用于血管平滑肌的 α 和 β 受体,使皮肤等的血管收缩,心脏的血管舒张,结果使平均动脉血压升高,同时全身的血液分配发生变化,骨骼肌的血流量大大增加,而皮肤、腹腔器官的血流量减少。去甲肾上腺素作用于平滑肌的 α 受体,引起平滑肌收缩,外周阻力增大和血压上升。临床上常用肾上腺素作为强心剂,而去甲肾上腺素常用作血管收缩剂。

课后练习

一、填空

1. 血浆胶体渗透压主要由血浆的_____形成,而血浆的_____与机体免疫功能有关。

2. 血浆中最重要的抗凝血物质是_____和_____。

二、思考题

1. RBC 有哪些结构与生理特征?

2. 微循环都经过哪些途径进行? 各有何功能?

3. 实际工作中有哪些抗凝和促凝措施?

任务六 免疫系统结构、活动观察识别

- 熟悉免疫器官的位置、形态及活动特点。
- 准确识别体表主要淋巴结的位置及其形态特点。

学习方法

相关内容学习结合实践操作。

相关内容

一、免疫器官

免疫器官(淋巴器官)是以淋巴组织为主要成分构成的器官,包括中枢免疫器官和周围免疫器官,各种免疫器官组成、结构及功能如表 6-1 所示。

表 6-1 免疫器官组成、结构及功能

项目	中枢免疫器官(初级免疫器官)	周围免疫器官(次级免疫器官)
组成	胸腺、骨髓(哺乳类)、腔上囊(鸟类)	淋巴结、脾、扁桃体、血结、血淋巴结等
发生	发生早,性成熟后逐渐退化	发生迟,终生存在
支架	网状组织(骨髓)或上皮细胞(胸腺和腔上囊)	网状组织
淋巴细胞	来自骨髓淋巴干细胞,增殖分化受微环境影响	来自中枢免疫器官,增殖分化受抗原刺激
功能	分泌激素	淋巴细胞发生免疫应答的场所

(一)中枢免疫器官

中枢免疫器官又称中枢淋巴器官,是免疫细胞发生、分化和成熟的基地,对周围免疫器官发育和全身免疫功能起调节作用。

158

　　1. 胸腺　胸腺呈粉红色,质地柔软。位于胸腔,幼龄时发达,性成熟后逐渐退化,老龄时几乎完全被脂肪组织所代替。胸腺既是免疫器官,能产生淋巴细胞,又具有内分泌功能,其网状上皮细胞分泌胸腺素,作用是使原始淋巴细胞成为 T 淋巴细胞,并促进 T 淋巴细胞的成熟和提高其免疫功能。

　　(1)胸腺的形态位置:牛的胸腺为粉红色,由许多小叶组成,分为颈、胸两部(图 6-1)。胸部位于前纵隔内,气管和大血管的腹侧;颈部胸腺发达,分左叶和右叶,自胸腔前口沿气管向前延伸至甲状腺附近。犊牛的胸腺发达,性成熟期胸腺体积最大。4～5 岁开始退化,被结缔组织或脂肪所代替。老龄牛仅在前纵隔中留有残迹。

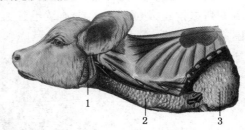

1.腮腺　2.颈部胸腺　3.胸部胸腺

图 6-1　犊牛的胸腺

　　羊的胸腺与牛的相似,羔羊发达,1～2 岁时退化。

　　猪的胸腺呈灰红色,在颈部沿左右颈总动脉向前伸延,幼猪胸腺发达。

　　禽的胸腺一对,位于颈部气管两侧的皮下,从颈前部沿颈静脉延伸到胸腔前口的甲状腺处。有时胸腺组织可进入甲状腺和甲状旁腺内,彼此间无结缔组织隔开。因此,完全切除家禽胸腺是困难的。每侧胸腺一般有 3～8 叶,鸡有 7 叶,鸭、鹅为 5 叶,呈淡黄或带红色。幼龄时体积较大,性成熟后重量开始下降,到成鸡仅保留一些痕迹。

　　(2)胸腺的组织结构:胸腺的表面有一薄层结缔组织被膜,被膜结缔组织成片伸入胸腺内部形成小叶间隔,将实质分隔成许多不完全分离的胸腺小叶。每个小叶都有皮质和髓质两部分,所有小叶的髓质都互相连续。

　　皮质:以胸腺上皮细胞为支架,间隙内含有大量胸腺细胞和少量基质细胞。由于细胞密集,故着色较深。胸腺上皮细胞又称上皮性网状细胞,皮质的上皮细胞分布于被膜下和胸腺细胞之间,多呈星形,有突起,相邻上皮细胞的突起间以桥粒连接成网。某些被膜下上皮细胞胞质丰富,包绕胸腺细胞,称哺育细胞。胸腺上皮细胞能分泌胸腺素和胸腺生成素,为胸腺细胞发育所必需。胸腺细胞即胸腺内分化发育的早期 T 细胞,它们密集于皮质内,占皮质细胞总数的 85%～90%。在发育中的胸腺细胞,凡能与机体自身抗原发生反应的(约占 95%),将被淘汰而凋亡,仅 5%的胸腺细胞能分化成为初始 T 细胞,具有正常的免疫应答潜能。

　　髓质:染色较淡,内含大量胸腺上皮细胞,少量初始 T 细胞,巨噬细胞等,髓质上皮细胞呈多边形,胞体较大,细胞间以桥粒相连,也能分泌胸腺激素,部分胸腺上皮细胞构成胸腺小体。胸腺小体是胸腺髓质的特征性结构,散在分布,由胸腺上皮细胞呈同心圆状排列而成。小体中还常见巨噬细胞,嗜酸性粒细胞和淋巴细胞。

血—胸腺屏障:胸腺内能阻止大分子抗原物质进入胸腺内的屏障结构。它由下列结构组成(图 6-2):①连续毛细血管,其内皮细胞间有紧密连接;②内皮周围连续的基膜;③血管周隙,内含巨噬细胞;④上皮基膜;⑤一层连续的胸腺上皮细胞。

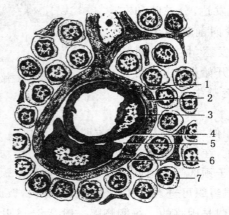

1.细胞连接　2.上皮基膜　3.内皮细胞　4.内皮基膜
5.毛细血管周隙　6.巨噬细胞　7.淋巴细胞

图 6-2　血—胸腺屏障结构模式图

2. **骨髓**　骨髓既是造血器官,又是中枢免疫器官。骨髓中的红骨髓可以生成血中的所有血细胞。骨髓中的多能造血干细胞经增殖、分化,演化为髓系干细胞和淋巴系干细胞。髓系干细胞是颗粒白细胞和单核吞噬细胞的前身;淋巴干细胞则演变为淋巴细胞。哺乳动物的 B 淋巴细胞(B 细胞)直接在骨髓内分化、成熟,然后进入血液和淋巴中发挥免疫作用;禽类的 B 淋巴细胞则是淋巴干细胞从骨髓内转移到法氏囊中分化、成熟的。

3. **腔上囊**　腔上囊又称法氏囊,是禽类特有的免疫器官,位于泄殖腔背侧,开口于肛道。鸡的呈球形,鸭、鹅为椭圆形。腔上囊同胸腺一样,幼龄家禽较发达,性成熟后开始退化,随着年龄增长。体积逐渐缩小,到 10 月龄(鸭 1 年,鹅更迟)时,仅剩小的遗迹,甚至完全消失。

法氏囊的主要功能与体液有关。骨髓产生的淋巴干细胞随血流到法氏囊,在激素的影响下,迅速繁殖分化成囊依赖淋巴细胞——B 细胞,当 B 细胞转移到脾脏、盲肠扁桃体及其他淋巴组织后,在抗原刺激下,可迅速增生,转为浆细胞,产生抗体。

(二)周围免疫器官

周围免疫器官也称周围淋巴器官或次级淋巴器官,包括淋巴结、脾、血结、血淋巴结及弥散的淋巴组织。周围免疫器官内的淋巴细胞来自中枢免疫器官内,在抗原的刺激下进一步分化,以执行免疫功能,是进行免疫反应的重要场所。

1. 淋巴结　淋巴结为大小不一的圆形或椭圆形小体,其颜色变异较大,在活体呈粉红色或微红褐色,在尸体则呈不同程度的灰白色,并略带黄色。在牛、羊身上,有的呈扩散性黑色或褐色的色素沉积。

(1)淋巴结的组织结构(图 6-3):淋巴结由被膜和实质构成。被膜是结缔组织薄膜,含有少量的弹性纤维和平滑肌纤维。数条输入淋巴管穿越被膜与被膜下淋巴窦相通连。淋巴结的一侧凹陷,为门部,有血管和输出淋巴管。被膜伸入淋巴结实质形成相互连接的小梁,构成淋巴结的粗支架,血管行于其内。在小梁之间为淋巴组织和淋巴窦。淋巴结实质分为皮质和髓质两部分。

皮质位于被膜下方,由浅层皮质、副皮质区及皮质淋巴窦构成。浅层皮质含淋巴小结及小结之间的弥散淋巴组织,为 B 细胞区。副皮质区位于皮质深层,为较大片的弥散淋巴组织,主要含 T 细胞故又称胸腺依赖区。

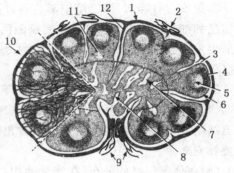

1.被膜　2.输入淋巴管　3.被膜下淋巴窦　4.淋巴小结　5.生发中心　6.皮质　7.髓窦　8.髓索　9.输出淋巴管　10.网状组织　11.副皮质区　12.小梁

图 6-3　淋巴结构造模式图

髓质由髓索和髓窦组成。髓索是相互连接的索条状淋巴组织,主要含浆细胞、B 细胞和巨噬细胞。

猪淋巴结的皮质、髓质位置正好相反,即淋巴小结和弥散的淋巴组织位于中央区,髓质则分布于外周。但成年猪淋巴结的外周有时也见有淋巴小结。

禽类与哺乳动物类似的淋巴结仅见于鸭、鹅等水禽,有两对。一对是颈胸淋巴结,位于颈基都,在颈静脉与椎静脉的夹角内,紧贴颈静脉,呈长纺锤形;另一对是腰淋巴结,为长带形,位于腰部主动脉两侧,在肾与综尾骨之间,后端达坐骨动脉。

(2)淋巴结内的淋巴通路:淋巴流经一个淋巴结需数小时,有利于过滤清除抗原(图 6-4)。

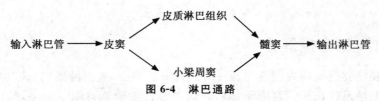

图 6-4　淋巴通路

(3)淋巴结的功能:

①滤过和净化作用:淋巴结是淋巴液的有效滤器,通过淋巴窦内吞噬细胞的吞噬作用以及体液抗体等免疫分子的作用,可以杀伤病原微生物,清除异物,从而起到净化淋巴液,防止病原体扩散的作用。

②免疫应答场所:淋巴结中富含各种类型的免疫细胞,利于捕捉抗原、传递抗原信息和细胞活化增殖。B 细胞受刺激活化后,高速分化增殖,生成大量的浆细胞形成生发中心;T 细胞也可在淋巴结内分化增殖为致敏淋巴细胞。不管发生哪类免疫应答,都会引起局部淋巴结肿大。

③淋巴细胞再循环基地:正常情况下,只有少数淋巴细胞在淋巴结内分裂增殖,大部分细胞是再循环的淋巴细胞。血中的淋巴细胞通过毛细血管后静脉进入淋巴结副皮质,然后再经淋巴窦汇入输出淋巴管。众多的淋巴结是再循环细胞的重要补充来源。

(4)畜体淋巴结的分布:在哺乳动物中,一个淋巴结或淋巴结群常位于身体的同一部位,并接受几乎相同区域的淋巴,这个淋巴结或淋巴结群就是该区的淋巴中心。一个淋巴中心有一个或一群淋巴结,也可能有多个或多群淋巴结。其命名主要根据部位和引流区域,一般分为头部、颈部、前肢、胸腔、腹腔、腹壁及骨盆壁和后肢的淋巴中心七部分。

①头部淋巴结

下颌淋巴结:引流头下半部的皮肤和肌肉、口腔、鼻腔下半部以及唾液腺的淋巴。是头部临床诊断和动物食品卫生检验的首选淋巴结。

腮腺淋巴结:引流头上半部皮肤、肌肉的淋巴,淋巴输出管注入咽后内、外侧淋巴结。

咽后淋巴结:分为咽后内侧淋巴结和咽后外侧淋巴结,引流附近的肌肉、头部、鼻腔、口腔、唾液腺、咽、喉的淋巴,汇入颈深前淋巴结或气管淋巴干。

②颈部淋巴结

颈浅淋巴结:是一群颈浅淋巴结,引流颈部附近皮肤和肌肉的淋巴,分别汇入胸导管和右气管淋巴干(图 6-5)。

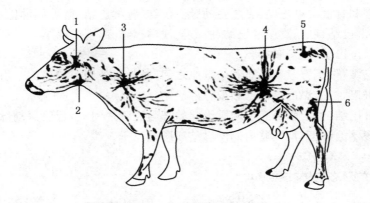

1.腮腺淋巴结　2.下颌淋巴结　3.颈浅淋巴结
4.髂下淋巴结　5.坐骨淋巴结　6.腘淋巴结

图 6-5　牛体浅层主要淋巴结

颈深淋巴结:有三群,即颈深前淋巴结、颈深中淋巴结和颈深后淋巴结。引流头、颈、前肢的淋巴,汇入胸导管或右淋巴导管。

③前肢淋巴结:前肢只有一个腋淋巴结,牛有两群,即腋固有淋巴结和第1肋腋淋巴结。引流前肢、胸下壁和腹底壁前部皮肤的淋巴。

④胸腔淋巴结

胸背侧淋巴结:有两群,即胸主动脉淋巴结和肋间淋巴结,引流前肢、胸下壁和腹壁上半部的淋巴,直接或间接汇入胸导管。

胸腹侧淋巴结:有两群,即胸骨前淋巴结和胸骨淋巴结。引流胸壁和腹壁下半部的淋巴,左侧汇入胸导管,右侧入导管。

纵隔淋巴结:有三群,即纵隔前、中、后淋巴结。引流,心、肺、膈、胸膜、心包、食管、气管、胸腺的淋巴,汇入胸导管或右淋巴导管。

支气管淋巴结:有气管支气管左淋巴结、气管支气管右淋巴结和气管支气管中淋巴结。牛、羊和猪还有气管支气管前淋巴结。引流心、肺的淋巴,汇入胸导管或右淋巴导管(或右气管淋巴干)。

⑤腹腔内脏淋巴结

腹腔淋巴结:有腹腔淋巴结、胃淋巴结、胰十二指肠淋巴结、肝淋巴结和脾淋巴结。其输出管汇成腹腔淋巴干。

肠系膜前淋巴结:有肠系膜前淋巴结、空肠淋巴结、盲肠淋巴结和结肠淋巴结,其输出管形成肠淋巴干,与腹腔淋巴干汇成内脏淋巴干后,注入乳糜池。

肠系膜后淋巴结:引流结肠后部和直肠的淋巴,汇入腰淋巴干,注入乳糜池。

⑥腹壁和骨盆壁淋巴结:有腰主动脉淋巴结、肾淋巴结、髂外侧淋巴结、髂内侧淋巴结、荐淋巴结、肛门直肠淋巴结、腹股沟浅淋巴结、髂下淋巴结。

⑦后肢淋巴结

腘淋巴结:位于臀股二头肌和半腱肌之间,腓肠肌外侧头的表面。引流小腿下部肌肉的淋巴,汇入髂内侧淋巴结或荐淋巴结。

髂股淋巴结:位于阴部腹壁动脉干起始部与股管之间,靠近股深动脉。引流腘淋巴结和腹壁的淋巴,汇入髂内侧淋巴结或腰淋巴干。

2. 脾

(1)脾的形态位置(图6-6):

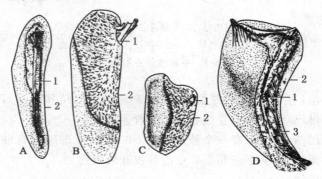

A.猪脾　B.牛脾　C.羊脾　D.马脾
1.脾门　2.前缘　3.胃脾韧带

图6-6　脾的形状

猪脾:狭而长,上宽下窄,呈紫红色,质软,以胃脾韧带与胃大弯相连。

牛脾:长而扁的椭圆形、蓝紫色、质硬,位于瘤胃背囊左前方。

羊脾:扁平略呈钝三角形,红紫色,质软,位于瘤胃左侧。

马脾:扁平镰刀形,上宽下窄,蓝红或铁青色,位于胃大弯左侧。

禽脾:较小,位于腺胃右侧,为褐红色,呈圆形或三角形,鸽为长形。

(2)脾的组织结构:脾是体内最大的淋巴器官,结构类似淋巴结。脾的表面有结缔组织被膜,实质比较柔脆,分为白髓和红髓。白髓是淋巴细胞聚集之处,沿中央小动脉呈鞘状分布,富含T细胞,相当于淋巴结的副皮质区。白髓中还有淋巴小结,是B细胞居留之处,受抗原刺激后可出现生发中心。脾中T细胞占总淋巴细胞数35%～50%,B细胞占50%～65%。红髓位于白髓周围,可分为脾索和血窦。脾索为网状结缔组织形成的条索状分支结构;血窦为迂曲的血管,其分支吻合成网。红髓与白髓之间的区域称为边缘区,中央小动脉分支由此进入,是再循环淋巴细胞入脾之处。与淋巴结不同,脾没有输入淋巴管,只有一条平时关闭的输出淋巴管与中央动脉并行,发生免疫应答时淋巴细胞由此进入再循环池。

禽类脾白髓和红髓分界不明显。

(3)脾的血液通路:

(4)脾的功能:

①滤血:脾索中的巨噬细胞可清除衰老的红细胞。

②免疫应答:脾是各类免疫细胞居住的场所,侵入血内的病原体,可引起脾内发生免疫应答,脾的体积和内部结构也发生变化。体液免疫应答时,淋巴小结增多增大,脾索内浆细胞增多;细胞免疫应答时,动脉周围淋巴鞘显著增厚。

③造血:胚胎早期的脾有造血功能,但成年后,脾内仍含有少量造血干细胞,当缺血时,脾可恢复造血功能。

④储血:脾窦和脾索内可储存一定量的血液。

3. 血淋巴结　血淋巴结常见于牛、羊动脉的径路上、瘤胃表面和空肠系膜中。一般呈圆球形,如豌豆大小,暗红色,构造似淋巴结,窦腔中常同时存在血液和淋巴。血淋巴结也有滤血的功能,同时具有一定免疫功能。

二、免疫组织

免疫组织是由淋巴细胞构成的网状组织。多分布在中空性器官的管腔大小和方向突然有所改变的部位,例如咽峡、回肠等处。

(一)弥散性淋巴组织

淋巴细胞分布稀疏,没有特定的外形结构,常分布在消化管、呼吸道和尿生殖道的黏膜上皮下,以抵御外来细菌或异物的入侵。

(二)淋巴小结

淋巴细胞较密集,具有一定的形态,多呈圆形或卵圆形,分布在淋巴结、脾、消化道和呼吸道的黏膜。其中单独存在的称为淋巴孤结,聚成团的称为淋巴集结,如回肠黏膜的淋巴孤结和淋巴集结。

三、免疫细胞

免疫细胞主要包括淋巴细胞、单核巨噬细胞系统的细胞、抗原提呈细胞及各种粒细胞,广义上也包括血液中其他白细胞及结缔组织中的浆细胞和肥大细胞等。

(一)淋巴细胞

淋巴细胞是种类繁多、分工极细、并有不同分化阶段和功能表现的一个细胞群体。各种淋巴细胞的寿命长短不一,如效应性淋巴细胞仅 1 周左右,而记忆性淋巴细胞可长达数年,甚至终身。各种淋巴细胞的形态相似,不易区分,只有用免疫细胞化学等方法才能予以鉴别。

1. T 细胞(T 淋巴细胞) 是骨髓内形成的淋巴干细胞在胸腺内分化、成熟的淋巴细胞,也称胸腺依赖淋巴细胞或囊依赖淋巴细胞,成熟后进入血液和淋巴,是淋巴细胞中数量最多功能复杂的一类。T 细胞体积较小,胞质很少,一侧胞质内常有数个溶酶体。胞质呈非特异性酯酶染色阳性,细胞表面有特异性抗原受体。血液中的 T 细胞占淋巴细胞总数的 $60\% \sim 75\%$。在异抗原的刺激下可增殖形成大量效应性 TC 细胞,能特异性地杀伤靶细胞,是细胞免疫应答的主要成分。

2. B 细胞(B 淋巴细胞) 是淋巴干细胞在骨髓或禽的腔上囊中分化、成熟的,也称骨髓依赖淋巴细胞细胞。常较 T 细胞略大,胞质内溶酶体少见,含少量粗面内质网。细胞表面的标志主要是有许多膜抗体(特异性抗原受体)。血液中 B 细胞占淋巴细胞总数的 $10\% \sim 15\%$。B 细胞成熟后进入血液和淋巴,在抗原刺激下转为浆细胞,产生抗体,从而清除相应的抗原,此为体液免疫应答。

3. 大颗粒淋巴细胞(LGL) LGL 常较 T、B 细胞大(图 6-7),直径约 11 μm,胞质较丰富,含许多散在的溶酶体。血液中 LGL 约占淋巴细胞的 10%,在脾内和腹膜渗出液中较多,淋巴结和骨髓内较少,胸腺内无。LGL 的来源未明,寿命约数周,细胞表面无特异性抗原受体,膜上的标志主要是 GM1(单核巨噬细胞的标志)和 CD8(TC 细胞的标志),并常有 Fc 受体。LGL 可分为两种:①杀伤细胞(K 细胞),在靶细胞与抗体结合后,K 细胞可借 Fc 受体与抗体的 Fc 端结合进而杀伤靶细胞。②自然杀伤细胞(NK 细胞),它不需抗体的存在,也不需抗原的刺

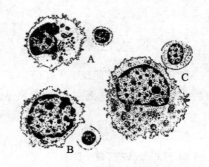

A. T 细胞 B. B 细胞 C. 大颗粒淋巴细胞
(其中小细胞示光镜结构,大细胞示超微结构)

图 6-7 淋巴细胞种类

激即能杀伤某些肿瘤细胞。由于 K 细胞和 NK 细胞的形态、分布与表面标志均近似，故它们可能是同一种细胞的不同功能表现。

（二）抗原呈递细胞

抗原呈递细胞是免疫应答起始阶段的重要辅佐细胞，有多种类型。其中巨噬细胞分布最广，是处理抗原的主要细胞。交错突细胞分布于脾、淋巴结和淋巴组织中的 T 细胞区，是辅佐细胞免疫应答的主要成分。滤泡树突细胞仅分布于淋巴小结的生发中心，能借抗体将大量抗原聚集于细胞突起表面，与选择 B 细胞高亲和性抗体细胞株的功能有关。郎格汉斯细胞分布于表皮深层，可捕获和处理侵入表皮的抗原，并能离开表皮经淋巴进入淋巴结，转运抗原或转变为交错突细胞。微皱褶细胞位于回肠集合淋巴小结顶端上皮及扁桃体隐窝上皮中，也有捕获和转递抗原的作用。

（三）单核吞噬细胞系统

该系统包括结缔组织的巨噬细胞、肝的枯否细胞、肺的尘细胞、神经组织的小胶质细胞、骨组织的破骨细胞、表皮的郎格汉斯细胞和淋巴组织内的交错突细胞等。它们均来源于骨髓内的幼单核细胞，幼单核细胞分化为单核细胞进入血流，后者从不同部位穿出血管壁进入其他组织内，分别分化为上述各种细胞。

单核巨噬细胞系统是一个生理性的防御系统，在正常情况下，它们不断清除体内衰老死亡的细胞及碎片。当外界的异物或细菌侵入机体时，它们表现出活跃的吞噬能力，将这些细菌和异物进行吞噬处理，并能清除病灶中坏死的组织和细胞。

四、淋巴和淋巴管

（一）淋巴生成和淋巴循环

血液经动脉输送到毛细血管时，其中一部分液体经毛细血管动脉端滤出，进入组织间隙形成组织液。组织液与周围组织细胞进行物质交换后，大部分（约 90%）在毛细血管静脉端回流入血，其余约 10% 则进入毛细淋巴管，成为淋巴液。淋巴液沿着毛细淋巴管流入集合淋巴管和淋巴结，最后经过淋巴导管（胸导管和右淋巴管），又进入前腔静脉，参加血液循环。所以淋巴循环是组织液向血液循环回流的一个重要辅助系统。淋巴液回流具有重要的生理意义：①可以回收蛋白质；②运输脂肪及其他营养物质；③调节组织液与血浆间的液体平衡；④清除组织中异物。

（二）淋巴管

根据结构和功能可将淋巴管分为毛细淋巴管、淋巴管、淋巴干和淋巴导管（图6-8）。毛细淋巴管彼此吻合，并汇合成淋巴管，淋巴管再集合形成一些较大的淋巴干，淋巴干最后合成胸导管和右淋巴导管。

1. 毛细淋巴管　毛细淋巴管是由单层内皮细胞构成的闭锁管道，以盲端起始于组织间隙，彼此吻合成网，除脑、脊髓、骨髓、软骨、上皮、角膜以及晶状体外，几乎遍及全身。毛细淋巴管常与毛细血管伴行，形态结构相似，但又不尽相同。其主要特点是管径粗细不均，一般比毛细血管粗，管壁内皮细胞连接呈叠瓦状，使毛细淋巴管有较大的通透性，一些不容易通过毛细血管的大分子物质，如蛋白质、细菌、异物等，易于进入毛细淋巴管，由毛细淋巴管收集后回流。同时只允许液体进入毛细淋巴管，而不能向外流，小肠内的毛细淋巴管尚能吸收脂肪，其淋巴呈乳白色，故又称乳糜管。

除无血管分布的组织器官如上皮、角膜、晶状体等以及中枢神经和骨髓外，机体全身均有毛细淋巴管的分布。

2. 淋巴管　淋巴管由毛细淋巴管汇合而成。形态结构与小静脉相似。但管径较细，数量最多，形成广泛的吻合。淋巴管

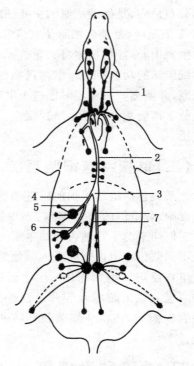

1.气管干　2.胸导管　3.乳糜池　4.内脏淋巴干　5.腹腔淋巴干　6.肠淋巴干　7.腰淋巴干

图6-8　马淋巴管分布模式图（背侧观）

内膜突入腔内形成瓣膜，瓣膜的出现是毛细淋巴管过渡到淋巴管的主要标志。瓣膜保证淋巴向心流动，防止淋巴逆流。回流较困难的部位，如四肢的淋巴管，瓣膜较多，致使淋巴管外形呈串珠状。淋巴管在向心流程中，通常要通过一个或多个淋巴结。

按所在位置，淋巴管可分为浅层淋巴管和深层淋巴管。前者汇集皮肤及皮下组织淋巴液，多与浅静脉伴行；后者汇集肌肉、骨和内脏的淋巴液，多伴随深层血管和神经。此外，根据淋巴液对淋巴结的流向，淋巴管还可分成输入淋巴管和输出淋巴管。

3. 淋巴干　淋巴干为身体一个区域内大的淋巴集合管，由淋巴管汇集而成，多与大血管伴行。主要淋巴干有：

（1）气管淋巴干：伴随颈总动脉，分别收集左、右侧头颈、肩胛和前肢的淋巴，最后注入胸导管（左）和右淋巴导管或前腔静脉或颈静脉（右）。

（2）腰淋巴干：伴随腹主动脉和后腔静脉前行，收集骨盆壁、部分腹壁、后肢、骨盆内器官及结肠末端的淋巴，注入乳糜池。

（3）内脏淋巴干：由肠淋巴干和腹腔淋巴干形成，分别汇集空肠、回肠、盲肠、大部分结肠和胃、肝、脾、胰、十二指肠的淋巴，最后注入乳糜池。

4. 淋巴导管　淋巴导管由淋巴干汇合而成，全身有两条淋巴导管，即胸导管和右淋巴导管。

（1）胸导管：为全身最大的淋巴管道，起始于乳糜池，穿过膈上的主动脉裂孔进入胸腔，沿胸主动脉的右上方，右奇静脉的右下方向前行，然后越过食管和气管的左侧向下行，在胸腔前口处注入前腔静脉。胸导管收集除右淋巴导管以外的全身淋巴。

有时胸导管分左、右两条，最后合并成一条。乳糜池是胸导管的起始部，呈长梭行膨大，位于最后胸椎和前1～3腰椎腹侧，在腹主动脉和右膈脚之间，左、右腰淋巴干和内脏淋巴干的淋巴注入其中。

（2）右淋巴导管：短而粗，为右侧气管干的延续，收集右侧头颈、右前肢、右肺、心脏右半部及右侧胸下壁的淋巴，末端注入前腔静脉。右淋巴导管位于胸腔前口附近，由右气管淋巴干、右前肢和胸腔右半器官的淋巴管汇合而成。收集右侧头颈部、肩带部、前肢和右半胸壁以及右心、右肺的淋巴，一般注入前腔静脉或颈静脉。

课后练习

一、填空题

1. 免疫器官又称 _____ ，是以淋巴组织为主要成分构成的器官，包括 _____ 和 _____ 。

2. 中枢免疫器官主要包括 _____ 、 _____ 、 _____ 。

3. 周围免疫器官也称 _____ 或 _____ ，包括 _____ 、 _____ 、血淋巴结及弥散的淋巴组织等。

二、思考题

1. 血—胸腺屏障的作用。

2. 淋巴结的功能。猪淋巴结的组织结构特点。

3. 兽医临床和卫生检疫中常检的淋巴结主要有哪些？

任务七　生殖系统结构、活动观察识别

学习目标

● 能熟练掌握公母畜生殖系统的结构。
● 能根据母牛、母羊和母猪发情时外部表现（性兴奋），阴道的变化和性欲表现，判断是否发情是否适合配种。

学习方法

相关内容学习结合实践操作。

子任务一　公、母畜的生理发育期观察

学习目标

可以熟练观察识别母牛、母羊和母猪发情时外部表现（性兴奋），阴道的变化和性欲表现。

学习方法

相关内容学习结合实践操作。

（一）材料及用具

阴道开张器、载玻片、消毒棉签、腹腔镜、温水、1％煤酚皂溶液、75％酒精棉球、生理盐水。

（二）方法及步骤

1. 外部观察法　发情动物常表现为精神不安，鸣叫，食欲减退，外阴部充血肿胀，湿润，有黏液流出，对周围的环境和雄性动物的反应敏感。

母牛发情表现不安,哞叫,食欲和奶量都减少,尾巴常不停地摇摆和高举。放牧时通常不安静吃草而乱走。明显的特征是接受其他母牛的爬跨,弓腰站立不动,发情母牛也追逐其他牛。其他牛常嗅闻发情母牛的阴门,但发情母牛从不去嗅闻其他母牛的阴门。阴道排出蛋清样的黏液,打开阴道从开张器中间滴溜垂落地下。

母羊发情亦表现不安,高声鸣叫,不停地摇尾巴,用手按压其臀部摇尾更甚,食欲减退,反刍停止,放牧时常有离群现象,上述表现,山羊比绵羊表现强烈。

母猪的发情表现在各种母畜中表现最为强烈,食欲剧减甚至废绝,在圈内不停走动,碰撞骚扰,拱地,啃嚼门闩企图外出,不停爬跨其他母猪,而且也接受其他母猪的爬跨。

2. 阴道检查

(1)开张器法:

①检查前的准备工作:保定:根据现场条件和习惯,利用绳索,三角绊或六柱栏保定母马;将尾毛理齐,由一侧拉向前方。外阴部的洗涤和清毒:先用温水(或肥皂、2%～3%的苏打水等)洗净外阴部,然后用1%煤酚皂溶液进行消毒,最后用消毒纱布或酒精棉球擦干。在洗净或消毒时,应先由阴门裂开始,逐渐向外扩大。如果准备用手臂检查,洗涤及消毒范围应该上至尾根,两侧达到臀端外侧。开张器的准备:先用75%的酒精棉球清毒开张器的内外面,然后用无烟火焰烧灼消毒亦可用消毒液浸泡消毒,然后,用开水冲去药液并在其湿润时使用之。

②方法步骤:

a.用左手拇指和食指(或中指)开张阴门,以右手转开张器把柄向右或向左。把柄向右或向左,尖端斜向前上方插入阴门。

b.当开张器的前1/3进入阴门后,即改成水平方向插入阴道,同时以顺时针或反时针方向放置开张器,使其柄部向下。

c.轻轻撑开阴道,用手电筒或反光镜照明阴道,迅速进行观察。

d.观察阴道应特别注意阴道黏膜的色泽及湿润程度,子宫颈口是否开张及其开张程度。

e.雌性动物未发情时,阴门紧缩,并有皱纹,开张器插入有干涩的感觉,阴道黏膜苍白,黏液呈糨糊状或很少,子宫颈口紧缩。

(2)黏液抹片法:

①用经消毒的开张器扩张阴道。

②将用生理盐水浸湿的消毒棉签插入阴道,在子宫颈外口蘸取阴道黏液。

③将蘸取的黏液均匀地涂抹于载玻片上。待自然干燥后在显微镜下观察结晶花纹。也可用 10% AgNO₃ 溶液滴于玻片上,待其自然干燥后在显微镜下镜检。牛的黏液抹片可放大 100 倍。羊的放大 200 倍观察。

④黏液抹片无花纹时,以"－"记录;有少量树枝状花纹时以"＋"记录;有较多花纹时以"＋＋"记录;整个视野全部为结晶花纹,以"＋＋＋"记录,表示母畜正处发情盛期。

3. 性欲表现

(1)母牛的性欲表现:

①将母牛拴在牛舍或交配架内(树上亦可),牵公牛接近母牛,如果母牛发情,则当试情公牛接近时,母牛安静不动,并弯背弓腰,作交配姿势。

②为了在大群牛中发现发情母牛,亦可于母牛逍遥在运动场中时,将试情公牛放入牛群内。由试情公牛在牛群中寻找发情母牛。若某头母牛发情,则当公牛爬跨时即安静不动。

(2)母羊的性欲表现:发情母羊随着发情时间的发展,表现有强烈的交配欲,如主动接近公羊,接受爬跨。母羊的发情外部表现常常在接近公羊时表现得最为明显,同时,公羊对发情母羊具有特殊灵敏的识别能力,因此在生产实践中,常常采用公羊试情。

(3)母猪的性欲表现:发情母猪当听到公猪叫声,则四处张望,当公猪接近时,顿时变得温顺安静,接受公猪交配。发情鉴定时常采用一种"止动反射"视察,即用手按压发情母猪背部时,母猪站立不动尾翘起凹腰拱背,向前推动,不仅不逃脱反而有抵抗的反作用力,将这种现象也可以作为一种性欲表现。

4. 腹腔镜法 通过腹腔镜观察到,排卵前卵巢体积达到最大,系膜内的血管很粗。卵泡呈球状突出于卵巢表面。卵泡壁很薄,卵泡内充满半透亮的暗红色的卵泡液。排卵前约 12 h,卵泡壁开始变薄,卵泡颜色变淡稍白。排卵前 5～7 h,卵泡壁进一步变薄,出现较细的血管网。排卵前 2～3 h,卵泡壁中央部血管变粗呈树枝状,卵泡进一步增大。排卵前约 1.5 h,卵泡中央部的血管崩解,血液外溢,血管形态模糊,卵泡壁染红。约 1 h 后可见卵泡壁顶端变薄,随后外膜崩解,出现小孔,卵泡内膜和卵泡液从小孔中突出,形成一透明的小乳突,数分钟后乳突破裂,外膜孔扩大,卵泡液随之流出,排卵结束。

分析总结:家畜的发情鉴定方法有哪几种?

相关内容

一、家畜生殖系统的结构与功能

(一)公畜生殖系统的结构与功能

公畜的生殖器官包括睾丸、附睾、输精管、副性腺、尿生殖道、阴茎与包皮。公猪和公牛的生殖器官见图 7-1。

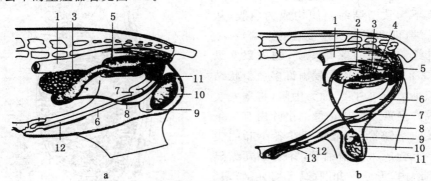

a.公猪生殖器官　b.公牛生殖器官

1.直肠　2.输精管壶腹　3.精囊　4.前列腺　5.尿道球腺　6.阴茎　7.S 状弯曲
8.输精管　9.附睾头　10.睾丸　11.附睾尾　12.阴茎游离端　13.内包皮鞘

图 7-1　公畜的生殖器官

1. 睾丸

(1)睾丸的形态位置及组织构造:家畜的睾丸正常成对存在,呈长卵圆形。其大小因家畜种类不同而有很大的差别,猪、绵羊和山羊的睾丸相对较大。各种家畜睾丸重量见表 7-1。

表 7-1　各种家畜睾丸重量表

畜种	两个睾丸重量	
	绝对重量(g)	相对重(占体重%)
牛	550～650	0.08～0.09
猪	900～1 000	0.34～0.38
绵羊	400～500	0.57～0.70
山羊	150	0.37

睾丸原位于腹腔内肾脏的两侧,在胎儿期的一定时期,由腹腔下降入阴囊。因

此,正常情况下,成年公畜的睾丸位于阴囊中,左右各一,大小相同,牛、马的左侧睾丸稍大于右侧。但有时一侧或两侧睾丸并未下降入阴囊,称为隐睾。这种情况会影响生殖机能,严重时会导致不育。各种家畜睾丸的长轴与阴囊位置各不相同。牛、羊睾丸的长轴和地面垂直,悬垂于腹下,附睾位于睾丸的后外缘,头朝上,尾朝下;猪睾丸的长轴倾斜,前低后高,位于肛门下方的会阴区,附睾位于睾丸背外缘,头朝前下方,尾朝后上方;马、驴睾丸的长轴与地面平行,紧贴腹壁腹股沟区,附睾附着于睾丸的背外缘,附睾头朝前,附睾尾朝后。

　　睾丸的表面由浆膜覆盖(即固有鞘膜),其下为致密结缔组织构成的白膜,从睾丸一端(即和附睾头相接触的一端)有一条结缔组织索伸向睾丸实质,构成睾丸纵隔(图 7-2),纵隔向四周发出许多放射状结缔组织小梁伸向白膜,称为中隔,将睾丸实质分成许多锥形小叶。每个小叶内有一条或多条曲精细管,曲精细管在各小叶的尖端各自汇合成为直精细管,穿入睾丸纵隔结缔组织内,形成睾丸网(马无睾丸网),最后在睾丸网的一端又汇成 10～30 条睾丸输出管,穿过白膜,形成附睾头。精细管的管壁由外向内是由结缔组织纤维、基膜和复层生殖上皮构成。上皮主要由两种细胞构成:①能产生精子的生精细胞;②支持和营养生精细胞的支持细胞。

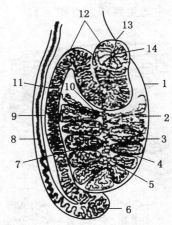

1.睾丸　2.曲精细管　3.小叶　4.中隔　5.纵隔
6.附睾尾　7.睾丸网　8.输精管　9.附睾体
10.直精细管　11.附睾体　12.附睾头
13.输出管　14.睾丸网

图 7-2　睾丸和附睾的组织构造

　　在睾丸小叶内的精细管之间有疏松结缔组织构成的间质,内含血管、淋巴管、神经和间质细胞。其中的间质细胞能分泌雄激素。

　　(2)睾丸的生理机能:

　　①产生精子:精细管的生精细胞是直接形成精子的细胞,它经多次分裂后最后形成精子。精子随精细管的液流输出,经直精细管、睾丸网、输出管而到附睾。

　　②分泌雄激素:间质细胞能分泌雄激素,雄激素能激发公畜的性欲和性行为;刺激第二性征;刺激阴茎及副性腺的发育;维持精子的发生及附睾内精子的存活。

　　③产生睾丸液:曲细精管和睾丸网可产生大量的睾丸液,其含有较高的钙、钠等离子成分和少量的蛋白成分。睾丸液主要作用有维持精子的生存,并有助于精子的移动。

2. 附睾

(1)附睾的形态位置及组织构造：附睾位于睾丸的附着缘,分头、体、尾三部分。附睾头和尾部粗大,体部较细。附睾头主要由睾丸输出管盘曲组成。这些输出管汇集成一条较粗而弯曲的附睾管,构成附睾体。在睾丸的远端,附睾体延续并转为附睾尾,其中附睾管弯曲减少,最后逐渐过渡为输精管。附睾管的长度:牛、羊为 35～50 m;猪为 60 m;马约 80 m。管腔直径为 0.1～0.3 mm。

(2)附睾的生理机能:

①附睾是精子最后成熟的场所。从睾丸精细管生成的精子,刚进入附睾头时,颈部常有原生质滴存在,其形态尚未发育成熟。此时其活动微弱,没有受精能力或受精能力很低。精子通过附睾管的过程中,原生质滴向尾部末端移行脱落,达到最后成熟,使之活力增强,且有受精能力。精子的成熟与附睾的物理及细胞化学特性有关。

②附睾是精子的贮藏场所。附睾可以较长时间贮存精子,一般认为在附睾内贮存的精子,经 60 d 仍具有受精能力。

③吸收和分泌作用。吸收作用是附睾头和附睾尾的一个重要作用。其的上皮细胞具有吸收功能,来自睾丸的稀薄精子悬浮液,通过附睾管时,其中的水分被上皮细胞所吸收,因而到附睾尾时精子浓度升高,每升含精子 1 亿个以上。

④运输作用。精子在附睾内缺乏主动运动的能力,来自睾丸的精子借助于附睾管纤毛上皮的活动和管壁平滑肌的收缩,可将精子悬浮液从附睾头运送到附睾尾。

3. 阴囊　阴囊是柔软而富有弹性的袋状皮肤囊,对睾丸和附睾起到保护作用。阴囊含有丰富的皮脂腺和汗腺,缺少皮下脂肪,肉膜能调整阴囊的厚度及表面积,并能改变睾丸与腹壁的距离;调节睾丸的温度,这对于生精机能至关重要。

4. 输精管和精索　输精管由附睾管在附睾尾端延续而成,它与通向睾丸的血管、淋巴管、神经、提睾肌等共同组成精索,经腹股沟管进入腹腔,折向后进入盆腔。两条输精管在膀胱的背侧逐对变粗,形成输精管壶腹,其末端变细,穿过尿生殖道起始部背侧壁,与精囊腺的排泄管共同开口于精阜后端的射精孔。壶腹壁内富含分支管状腺体,具有副性腺的性质,其分泌物也是精液的组成成分。马、牛、羊的壶腹比较发达,猪则没有壶腹。输精管的肌肉层较厚,交配时收缩力较强,能将精子排送入尿生殖道内。

5. 副性腺　副性腺是精囊腺、前列腺和尿道球腺的统称(图 7-3)。

(1)副性腺形态位置及组织构造:

①精囊腺:成对存在,位于输精管末端的外侧。牛、羊、猪的精囊腺为致密的分

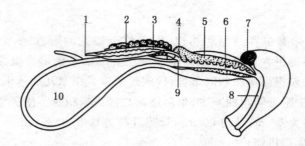

1.输精管　2.输精管壶腹　3.精囊腺　4.前列腺体部　5.前列腺扩散部
6.尿生殖道骨盆部　7.尿道球腺　8.尿生殖道阴茎部
9.精阜及射精孔　10.膀胱

图 7-3　公牛尿生殖道骨盆部及副性腺(正中矢状面)

叶腺。腺体组织中央有一较小的腔。马的为长圆形盲囊,其黏膜层含分支的管状腺。精囊腺的排泄管和输精管一起开口于精阜,形成射精孔。

②前列腺:位于精囊腺后部,即尿生殖道起始部的背侧。牛、猪前列腺分为体部和扩散部;羊的仅有扩散部;马的前列腺位于尿道的背面,并不围绕在尿道的周围。前列腺为复管状腺,有多个排泄管开口于精阜两侧。

③尿道球腺:成对存在,呈球状,在坐骨弓背侧,位于尿生殖道骨盆部的外侧,猪的体积最大,马次之,牛、羊的最小。一侧尿道球腺一般有一个排出管,通入尿生殖道的背外侧顶壁中线两侧。但马的每侧有 6～8 个排出管,开口形成两列小乳头。

(2)副性腺机能:

目前一般认为,副性腺的机能主要有以下几个方面:

①冲洗尿生殖道,为精液通过做准备。交配前阴茎勃起时,主要是尿道球腺分泌物先排出,它可以冲洗尿生殖道内的尿液,为精液通过创造适宜的环境,以免精子受到尿液的危害。

②稀释精子。副性腺分泌物是精子的内源性稀释剂。

③为精子提供营养物质。精囊腺分泌物含有果糖,当精子与之混合时,果糖即很快地扩散入精子细胞内,果糖的分解是精子能量的主要来源。

④活化精子。副性腺分泌物偏碱性,其渗透压也低于附睾处,这些条件都能增强精子的运动能力。

⑤运送精液。精液的射出,除借助附睾管、输精管副性腺平滑肌收缩及尿生殖道肌肉的收缩外,副性腺分泌物的液流也起着推动作用。

⑥延长精子的存活时间。副性腺分泌物中含有柠檬酸盐及磷酸盐,这些物质

具有缓冲作用,从而可以保护精子,延长精子的存活时间,维持精子的受精能力。

⑦防止精液倒流。有些家畜的副性腺分泌物有部分或全部凝固现象,一般认为这是一种在自然交配时防止精液倒流的天然措施。

6. 阴茎和包皮

(1)阴茎:阴茎是公畜的交配器官,主要由勃起组织及尿生殖道阴茎部组成,自坐骨弓沿中线先向下,再向前延伸到脐部。由后向前分为阴茎根、阴茎体和阴茎头三部分。阴茎根借左右阴茎脚附着于坐骨弓外侧部腹侧面,阴茎体由背侧的两个阴茎海绵体及腹侧的尿道海绵体构成。阴茎前端的游离部分即为阴茎头(龟头)。

不同家畜的阴茎外形迥异:猪的阴茎较细长;在阴囊前形成"S"状弯曲,龟头呈螺旋状。牛、羊的阴茎较细,在阴囊后形成"S"状弯曲。牛的龟头较尖,沿纵轴略呈扭转形,在顶端左侧形成沟,尿道外口位于此。羊的龟头呈帽状隆突,尿道前端有细长的尿道突,突出于龟头前方。

(2)包皮:包皮是由皮肤凹陷而发育成的阴茎套。在不勃起时,阴茎头位于包皮腔内,包皮有保护阴茎头的作用。当阴茎勃起时,包皮皮肤展开包在阴茎表面,保证阴茎伸出包皮外。

猪的包皮腔很长,包皮口上方形成包皮憩室,常积有尿和污垢,有一种特殊腥臭味。牛的包皮较长,包皮口周围有一丛长而硬的包皮毛。马的包皮形成内外两层皮肤褶,有伸缩性。

【知识链接】在公畜采精操作前,必须进行的一项工作,就是对公畜阴茎进行认真地清洗,以去除在包皮中存留的尿和污垢;避免对精液造成污染,影响精液的质量。

7. 尿生殖道　公畜的尿生殖道是排出尿液和精液的共同管道,分为骨盆部和阴茎部。骨盆部尿生殖道位于骨盆腔内,由膀胱颈直达坐骨弓,为一长的圆柱形管,外面包有尿道肌;阴茎部尿生殖道是骨盆部尿生殖道的延续,位于阴茎海绵体腹面的尿道沟内,外面包有尿道海绵体和球海绵体肌。射精时,从壶腹聚集来的精子,在尿道骨盆部与副性腺的分泌物相混合。在膀胱颈部的后方,有一个小的隆起(精阜),它主要由海绵组织构成,在射精时可以关闭膀胱颈,从而阻止精液流入膀胱。

(二)母畜生殖系统的结构与功能

母畜的生殖器官包括:卵巢、输卵管、子宫、阴道、外生殖器(图7-4)。

1. 卵巢

(1)卵巢的形态位置及构造:卵巢是母畜的重要生殖腺体,其形态位置因畜种、

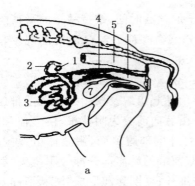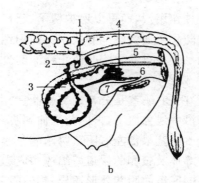

a. 母猪的生殖器官　　　　　　　b. 母牛的生殖器官

1. 卵巢　2. 输卵管　3. 子宫角　4. 子宫颈　5. 直肠　6. 阴道　7. 膀胱

图 7-4　母畜的生殖器官

年龄、发情周期和妊娠而异。卵巢以较厚的卵巢系膜悬吊于腰部,位于盆腔前口的两侧,在子宫角末端的上方,经产母牛的卵巢常稍坠向前下方。成年牛的卵巢呈扁卵圆形,平均长 4 cm,宽 2 cm,厚 1 cm,重 15～20 g,通常右侧稍大于左侧。羊的卵巢呈卵圆形或圆形,长约 1.5 cm。每侧卵巢的前端为输卵管端;后端为子宫端;两缘为游离和卵巢系膜缘。在卵巢系膜缘有血管、淋巴管和神经从卵巢系膜进入卵巢内,此处称为卵巢门。卵巢的子宫端借卵巢固有韧带与子宫角相连;输卵管端有一浆膜延至子宫,并包着输卵管,称输卵管系膜。在输卵管系膜与卵巢固有韧带之间,形成一个卵巢囊。卵巢囊宽大,牛的卵巢通常位于囊内。卵巢囊是保证卵细胞进入输卵管的有利结构。

卵巢表面在其卵巢系膜附近被覆腹膜,其余大部分被覆生殖上皮(表面上皮)。上皮下面有一层致密结缔组织构成的白膜,白膜内为卵巢实质。卵细胞成熟后,突出于卵巢表面,在神经和体液的影响下,卵泡破裂,从卵巢中排出后,卵巢壁塌陷,壁内细胞增大,并在细胞质出现黄色素颗粒,这些细胞称为黄体。如果排卵后没有受精,黄体则很快退化,称假黄体(周期性黄体)。如果卵细胞受精,黄体继续发育,直到妊娠末期,这种黄体称真黄体(妊娠黄体)。黄体退化后为结缔组织所代替,称为白体。

(2)卵巢的生理机能:

①产生成熟的卵子。卵巢皮质部分布着许多原始卵泡,它经过次级卵泡、生长卵泡、成熟卵泡几个发育阶段,最终有部分卵泡发育成熟,破裂排出卵子,原卵泡腔处便形成黄体。多数卵泡在发育到不同阶段时退化、闭锁。

②分泌雌激素和孕酮。在卵泡发育过程中,包围在卵泡细胞外的两层卵巢皮质基质细胞形成卵泡膜。卵泡膜分为内膜和外膜,其中的内膜可分泌雌激素,雌激素是母畜发情的直接因素。而排卵后形成的黄体,可分泌孕酮,它是维持妊娠所必需的激素。

2. 输卵管

(1)输卵管形态位置和组织构造:输卵管是一对多弯曲的细管,它位于每侧卵巢和子宫角之间,是卵子进入子宫必经的通道,由子宫阔韧带外缘形成的输卵管系膜所固定。

输卵管可分为三个部分:①管的前端(卵巢端)接近卵巢称为漏斗。漏斗的边缘形成许多皱褶,称为输卵管伞,牛、羊的输卵管伞不发达,马的发达。伞的一端附着于卵巢的上端(马的附着于排卵窝),漏斗的中心有输卵管腹腔口,与腹腔相通。②管的前1/3段较粗,称为输卵管壶腹部,是卵子受精的地方。③管的其余部分较细,称为峡部。壶腹和峡部连接处叫壶峡连接部。峡部的末端以小的输卵管子宫口与子宫角相通,此处称为宫管接合处。由于牛羊的子宫角尖端细,所以输卵管与子宫角之间无明显分界,括约肌也不发达。马的宫管接合处明显,输卵管子宫口开口于子宫角尖端黏膜的乳头上。猪的输卵管卵巢端和伞包在卵巢囊内,宫管连接处与马的相似。

输卵管管壁从外向内由浆膜、肌层和黏膜构成。肌层从卵巢端到子宫端逐渐增厚,黏膜上有许多纵褶,其大多数上皮细胞表面有纤毛,能向子宫端蠕动,有助于卵子的运送。

(2)输卵管生理机能:

①运送卵子和精子。借助纤毛的运动、管壁蠕动和分泌液的流动,使卵子经过伞向壶腹部运送,同时将精子反向由峡部向壶腹部运送。

②是精子获能、卵子受精和受精卵分裂的场所。子宫和输卵管为精子获能部位。输卵管壶腹部为精、卵子结合的部位。

③具有分泌机能。输卵管的分泌物主要是黏多糖和黏蛋白,是精子、卵子的运载工具,也是精子、卵子和早期胚胎的培养液。输卵管的分泌作用受激素控制,发情时分泌增多。

3. 子宫　子宫是有腔的肌质器官,壁较厚,胎儿在此发育成长。各种哺乳动物子宫的形态不一致,可分为双子宫、双分子宫、双角子宫和单子宫。

(1)子宫的形态位置和结构:子宫是一个有腔的肌质性器官,富于伸展性。它前面与输卵管连接,后接阴道,背侧为直肠,腹侧为膀胱。子宫大部分在腹腔,小部分在骨盆腔,借子宫阔韧带附着于腰下和骨盆的两侧。各种家畜的子宫都分为子宫角、子宫体及子宫颈三部分。子宫角成对,角的前端接输卵管,后端会合而成子宫体,最后由子宫颈接阴道。

猪的子宫有两个长而弯曲的子宫角,形似小肠。子宫体短,为双角子宫;子宫颈较长,管腔中有若干个断面为半圆形突起的环形皱襞,后端逐渐过渡为阴道,没有明显的子宫颈阴道部。

牛子宫两侧子宫角基部内有纵隔,将两角分开,为对分子宫。子宫黏膜有70～120个突出于表面的半圆形子宫阜,妊娠时子宫阜发育为母体胎盘。子宫颈口突出于阴道,颈管发达,壁厚而硬。羊子宫与牛基本相同,只是羊的子宫较小,其子宫颈为极不规则的弯曲管道。

(2)子宫壁的结构:子宫壁由黏膜、肌层和浆膜构成。黏膜又称为子宫内膜,膜内有子宫腺,分泌物对早期胚胎有营养作用。在子宫角和子宫体的黏膜呈灰红或蓝红色,除形成纵褶和横褶外,牛、羊还具有特殊隆起,称为子宫阜。子宫阜在子宫角常排成4列,约100个。在两肌层间有发达的血管层,内含丰富的血管和神经。子宫颈的环肌特别发达。浆膜又称子宫外膜,被覆子宫的表面。

(3)子宫的生理机能:

①贮存和运送精液。母畜发情后,子宫颈口开张,精子逆流进入,并可阻止死精子和畸形精子进入。同时,子宫颈隐窝内可储存大量的精子。精子在子宫内分泌物的作用下,可实现精子的获能。

②孕育胎儿的场所。子宫内膜可提供孕体附植。附植后的子宫内膜形成母体胎盘,与胎儿胎盘结合,为胎儿的生长发育创造良好的条件。妊娠时子宫颈黏液高度粘稠形成栓塞,封闭子宫颈口,起屏障作用,既可保护胎儿,又可防止子宫感染。分娩前栓塞液化,子宫颈扩张,以便胎儿排出。

③调节卵巢黄体功能,诱发发情。配种未孕母畜在发情周期的一定时间,子宫分泌前列腺素,使卵巢的周期黄体消融退化,在促卵泡素的作用下引起卵泡发育,引发再次发情。妊娠后,子宫内膜不再分泌前列腺素,周期黄体转化为妊娠黄体,维持妊娠。

4.阴道　阴道是交配器官,同时也是分娩的产道。牛的阴道长约30 cm,位于盆腔内,背侧为直肠,腹侧为膀胱和尿道,前接子宫,后连阴道前庭。阴道壁的外层,在前部被覆有腹膜,后部为结缔组织的外膜,中层为肌层,由平滑肌和弹性纤维构成。阴道黏膜呈粉红色,较厚,并形成许多纵褶,没有腺体。在阴道前端,子宫颈阴道部的周围,形成一个环状隐窝,称为阴道穹。羊的阴道长8 cm,阴道穹仅见于子宫颈阴道部的背侧。各种家畜的阴道长度:猪阴道约长10 cm,牛阴道长22～28 cm。

5. 尿生殖前庭 为从阴瓣到阴门裂的短管。前高后低,稍为倾斜,既是生殖道,又是尿道。猪的前庭自阴门下连合至尿道外口 5~8 cm,牛约 10 cm,羊 2.5~3 cm,马 8~12 cm。

【知识链接】由于母畜尿生殖前庭是家畜生殖道的外段,它与体轴呈现一定角度;因此,在家畜人工授精的过程中,输精器要与母畜体轴呈一定夹角,才能顺利进入生殖道。

6. 阴门 阴门又称外阴,为母畜的外生殖器,位于肛门下方,以短的会阴与肛门隔开。阴门由左、右阴唇构成,在背侧和腹侧互相连合,形成阴唇背侧联合和腹侧联合。在两阴唇间的裂隙,称为阴门裂。牛的阴唇厚,略有皱褶,腹侧联合呈锐角。在腹侧联合之内,有一小而略凸的阴蒂,它与公畜的阴茎是同源器官,由海绵体构成。

二、胚外构造

胎膜与胎盘是胚胎发育过程中形成的附属结构,以脐带与胎儿相连,对胚胎起营养、呼吸、排泄和保护等作用。

(一)胎膜

家畜的胎膜包括绒毛膜、羊膜、卵黄囊和尿囊,并以脐带与胎儿相连(图 7-5)。

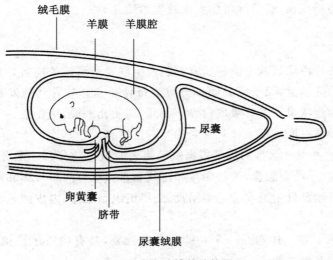

图 7-5 家畜胎膜的结构图

胎膜由胚外的三个胚层形成。胚外中胚层也分为体壁中胚层和脏壁中胚层，两层之间的腔称胚外体腔。

1. 卵黄囊　随着胚体的形成，原肠腔的顶部卷入胚体内，形成原肠。留在胚体外的部分即为卵黄囊。因此卵黄囊与原肠相通，囊壁由内胚层（原肠腔壁）和脏壁中胚层组成。家畜的卵黄囊相对很小，卵黄含量少，胚胎发育所需营养从母体获得。

卵黄囊壁的脏壁中胚层可形成血岛，是胚胎早期的造血原基。

2. 尿囊　是后肠腹侧向外突出的一个盲囊，囊壁的组成与卵黄囊相同，内侧为内胚层、外侧为脏壁中胚层。

3. 羊膜和绒毛膜　随着胚体的形成，胚外外胚层（滋养层）和体壁中胚层形成羊膜褶，最终在胚体的背侧合拢；羊膜褶的内、外层断离，内层为羊膜，包围胚体。外层称浆膜。因密生绒毛，称绒毛膜，包在羊膜囊（连同羊膜囊内的胎儿）、尿囊及卵黄囊（哺乳动物的卵黄囊后期萎缩）的最外面与子宫内膜密贴。羊膜腔内充满羊水。羊水由羊膜上皮所分泌。胎儿漂浮在羊水中。羊水有缓冲外界对胎儿的压力与震荡、防止胎儿与羊膜粘连和调节温度等作用；分娩时，羊水还有扩张子宫、冲洗产道等作用。

4. 脐带　为连接胎儿与胎盘的索状物，外包一层光滑的羊膜，内含两条脐动脉、一条脐静脉，以及尿囊与卵黄囊的遗迹。脐动脉将胎儿的血液送至胎盘，与母体血液进行物质交换；脐静脉将胎盘血液输给胎儿。

（二）胎盘

胎盘通常指由尿膜绒毛膜和子宫黏膜发生联系所形成的构造。其中尿膜绒毛膜部分称为胎儿胎盘，而子宫黏膜部分称为母体胎盘。哺乳动物发育的早期特点是胚胎通过胎盘从母体器官吸取营养。因此，对胎儿来说，胎盘是一个具有很多功能活动并和母体有联系但又相对独立的暂时性器官。

1. 胎盘的类型　胎盘的类型根据绒毛膜表面绒毛的分布一般分为四种类型，即弥散型胎盘、子叶型胎盘、带状胎盘和盘状胎盘。也有按照母体和胎儿真正接触的细胞层次将胎盘分为上皮绒毛型胎盘、结缔组织型胎盘、内皮绒毛型胎盘和血绒毛型胎盘。

2. 胎盘的功能　胎盘是一个功能复杂的器官，具有物质运输、合成分解代谢及分泌激素等多种功能。

子任务二　家畜的妊娠期推算

学习目标

- 熟练掌握家畜妊娠期的计算方法。
- 掌握家畜的繁殖过程。

学习方法

相关内容学习结合实践操作。

(一)原理

发情后的母畜与公畜配种后,精子和卵子会在母畜的输卵管的壶腹部结合,形成受精卵。经过这样的过程,母畜就进入了妊娠的生理时期。不同种动物妊娠期时间长短不一。

(二)材料及用具

计算器。

(三)方法及步骤

1. 猪　母猪妊娠期为 114 d(110～118 d),其预产期推算是 3.3.3 法,是从母猪配种之日起,向后推算 3 个月加 3,星期加 3 d,即是预产期。

2. 牛

(1)黄牛:黄牛的妊娠期平均为 280 d(270～285 d)。预产期推算方法是:月减3,日加 6。即母牛配种月份减 3,配种日加 6,即是预产日期。若配种月份在 1、2、3月不够减时,则需借 1 年(即加上 12 个月)再减。若配种日加 6 超过 1 个月时,则需减去本月,日数按剩余日数计算,同时在月份上加 1。

例如:某母牛于 2000 年 2 月 29 日配种妊娠,预产犊日期应为月份加 2+12(借1 年)－3＝11,日期 29+6－30＝5,月份再加 1,即 12 月份。其预产期为 2000 年12 月 5 日。

(2)奶牛:奶牛妊娠期和预产期测算方法与黄牛相同。

(3)水牛:水牛妊娠期平均为 330 d(320～348 d)。预产期计算方法是月减 1,

日加 2. 若月份为元月或日加 2 后超过 1 个月时,可按黄牛办法处理。

3. **羊** 母羊妊娠期平均为 150 d(绵羊 144~152 d、绒山羊 147~155 d)。预产期为配种月份加 5。

4. **马** 母马妊娠期平均 340 d(330~350 d)。预产期推算方法:月减 1 日加 1。

5. **驴** 驴的妊娠期平均为 360 d(350~365 d)。

6. **其他动物的妊娠期**

犬:妊娠期平均为 60 d(58~64 d);

猫:妊娠期为 63 d(60~66 d);

兔:妊娠期为 30 d(29~31 d)。

分析总结:家畜妊娠期的计算方法?

相关内容

家畜的繁殖过程

家畜繁殖过程的完成,是建立在生殖器官成熟发育的基础上的,并接受以激素为主的多种因素的调节。家畜出生到产生自己后代,经历着一系列的过程;主要表现性成熟、配种、妊娠和分娩等重要过程。

(一)性成熟

家畜在出生后,经过生长和发育,生殖器官发育成熟,进入性成熟才具有繁殖能力。性成熟后的家畜,由于身体发育还不完全,还不能参加繁殖活动;仍然需要一段时间才可以真正参加繁殖活动,这被称作适配年龄。对于不同的动物来说,初情期、性成熟和适配年龄是不同的,表 7-2 和表 7-3 分别列出了部分家畜的生理发育期。

表 7-2　部分公畜的生理发育期

动物种类	性成熟(月)	体成熟
牛	10~18	2~3 年
绵羊	5~8	12~15 月
猪	3~6	12~15 月

表 7-3　部分母畜的生理发育期

动物种类	初情期(月)	性成熟(月)	适配年龄
奶牛	6~12	12~14	1.3~1.5 年
黄牛	8~12	10~14	1.5~2.0 年
绵羊	4~5	6~10	12~18 月
猪	3~6	5~8	8~12 月

(二)受精和妊娠

发情后的母畜与公畜配种后,精子和卵子会在母畜的输卵管的壶腹部结合,形成受精卵。受精卵经过有丝分裂,经历桑葚胚、囊胚和原肠胚等阶段,在子宫部位附植,并与母体开始建立起联系。胚胎与母体之间通过胎盘实现物质的交换;对于不同的家畜来说,胎盘存在一定的差异。牛和羊胎盘的类型为子叶型的,马和猪胎盘的类型为弥散型的。经过这样的过程,母畜就进入了妊娠的生理时期。在妊娠期,母畜子宫颈产生子宫栓,被封闭;阴道干涩,阴门收缩。同时,妊娠母畜食欲增强,体重增加;随胎儿的生长,体躯逐渐增大。

各种家畜妊娠期有明显的差异。同品种家畜的妊娠期也受年龄等因素影响;表7-4列出了部分家畜的妊娠期。

表 7-4 部分家畜的妊娠期

种类	妊娠期	种类	妊娠期
牛	282	马	340
猪	114	狗	62
羊	150	家兔	30

(三)分娩

胎儿经过一定的妊娠期,在激素等多方面因素的作用下,借助子宫和腹肌的收缩,与胎膜一起被排除体外,这一过程就是母畜的分娩过程,也是新个体诞生的过程。分娩的过程大体经历开口期、胎儿排除期和胎衣排除期三个阶段。

课后练习

一、填空题

1. 卵巢的实质可分为_____和_____两部分。

2. 家畜胎膜包括_____、_____、_____和_____部分。

3. 胎盘的类型根据绒毛膜表面绒毛的分布一般分为_____、_____、_____和_____四种类型。

二、思考题

1. 比较牛、马、猪卵巢的形态和结构特征。

2. 叙述母禽生殖系统的特点。

3. 叙述胎盘的生理功能。

任务八　泌尿系统结构、
活动观察识别

学习目标

- 掌握牛、羊、猪和禽的肾的外形、位置及内部结构特点，了解膀胱的位置、形态和组织结构。
- 了解尿液形成的过程，排泄及对维持机体内环境稳态的意义。
- 理解水和电解质的代谢过程，掌握钙磷的代谢。
- 会分析各种因素对尿的生成和排出的影响。
- 熟练掌握畜禽各种矿物质缺乏的典型症状。

学习方法

相关内容学习结合实践操作。

子任务一　肾的结构与功能观察

学习目标

掌握牛、羊、猪和禽的肾的外形、位置及内部结构特点，了解膀胱的位置、形态和组织结构。

学习方法

相关内容学习结合实践操作。

相关内容

泌尿系统由肾、输尿管、膀胱和尿道组成，他们分别是生成、输送、贮存和排放尿液的器官。肾是实质性器官，左右各一，略呈蚕豆形，新鲜时为红褐色。肾位于

186

腰椎下方,在腹主动脉和后腔静脉两侧的腹膜外。肾的外面包裹有脂肪囊。

肾的内侧缘有一凹陷,称为肾门,是肾动脉、肾静脉、输尿管、神经和淋巴管出入之处。肾门向肾内深陷的空隙,称肾窦,窦内有肾盂、肾盏以及血管、神经、淋巴管和脂肪等。

一、肾的类型与大体结构

肾由许多肾叶构成,哺乳动物的肾,根据其外形和内部结构的不同,可分复肾、有沟多乳头肾、光滑多乳头肾和光滑单乳头肾几种类型。

1. 牛肾　属于有沟多乳头肾。肾叶大部分融合在一起,肾的表面有沟,肾乳头单个存在。肾盏与肾乳头相对,收集由乳头孔流出的尿液,肾盏汇合为前、后两条集收管(相当于肾大盏)。进而汇合为一条输尿管。无明显的肾盂。牛的右肾呈长椭圆形,位于第12肋间隙至第2、第3腰椎横突的腹侧。左肾呈三棱形,前端较小,后端大而钝圆,因其有较长的系膜,故位置不固定。

2. 猪肾　属于平滑多乳头肾。肾叶的皮质部完全合并,但肾乳头仍单独存在。左、右肾呈豆形(图8-1),位于最后胸椎和前3个腰椎横突腹侧。每个肾乳头与一个肾小盏相对,肾小盏汇入两个肾大盏,后者汇成肾盂,接输尿管。

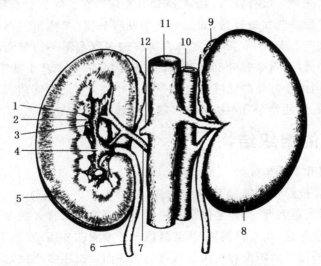

1,3.肾盏　2.肾乳头　4.肾盂　5.右肾　6.输尿管　7.肾动脉　8.左肾
9.肾上腺　10.腹主动脉　11.后腔静脉　12.肾静脉

图 8-1　猪肾脏

3. 马肾　属于平滑单乳头肾,不仅肾叶之间的皮质部完全合并,而且相邻肾叶间髓质部之间也完全合并,肾乳头融合成嵴状,称为肾嵴。从切面上观察,在皮质和髓质之间,可见有血管断面,血管之间的肾组织的髓质部分称为肾锥体。皮质部肾组织伸入肾锥体之间,形成肾柱。肾盂呈漏斗状,中部稍宽,肾盂两端接裂隙状终隐窝。肾盂延接输尿管。有肾略呈三角形,左肾呈豆形,位于最后二三肋骨椎骨端和第 1～3 腰椎横突腹侧。

4. 羊肾和犬肾　均属于平滑单乳头肾。两肾均呈豆形,羊的右肾位于最后肋骨至第 2 腰椎下,左肾在瘤胃背囊的后方,第 4、第 5 腰椎下。犬的右肾位置比较固定,位于前 3 个腰椎椎体的下方,有的前缘可达最后胸椎。左肾位置变化较大,当胃近于空虚时,肾的位置相当于 2～4 腰椎椎体下方。当胃内食物充满时,左肾更向后移,左肾的前端约与右肾后端相对应。羊和犬的肾除在中央纵轴为肾总乳头突入肾盂外,在总乳头两侧尚有多个肾嵴,肾盂除有中央的腔外,并形成相应的隐窝。

5. 禽肾　禽肾比例较大,占体重的 1% 以上。位于腰荐骨两旁和髂骨的内面,前端达最后椎肋骨。肾外无脂肪囊包裹,仅垫以腹气囊的肾憩室。禽肾呈红褐色,分为前、中、后三部。没有肾门,血管、神经和输尿管在不同部位直接进出肾脏。输尿管在肾内不形成肾盂或肾盏,而是分支为初级分支(鸡约 17 条)和次级分支(鸡的每一初级分支上有 5～6 条)。禽肾表面有许多深浅不一的裂和沟,较深的裂将肾分为数十个肾叶,每个肾叶又被其表面的浅沟分成数个肾小叶。肾小叶呈不规则形状,彼此间由小叶间静脉隔开。每个肾小叶也为皮质和髓质,但由于肾小叶的分布有浅有深,因此整个肾不能区分出皮质和髓质。

二、肾的组织结构

肾由被膜和实质构成。

1. 被膜　被膜由致密结缔组织构成,在肾表面由内向外,有三层被膜包裹。纤维囊贴在肾实质表面,薄而坚韧。在正常情况下容易从肾表面剥离,但在某些病变时,与肾实质粘连,则不易剥离;脂肪囊位于纤维囊的外面;肾筋膜包在脂肪囊的外面,由腹膜外结缔组织发育而来。从肾筋膜深面发出很多小束,穿过脂肪囊连至纤维囊,对肾起固定作用。

2. 实质　肾实质由若干肾叶组成,在肾切面上,肾叶可分为外周的皮质和深部的髓质。肾皮质富有血管,新鲜时呈棕红色,主要由肾小体和肾小管构成(图 8-2)。肾髓质色较淡,由若干肾锥体构成。肾锥体呈圆锥形,锥底朝向皮质。锥尖钝圆,伸向肾窦,称为肾乳头,有16～22个,个别乳头较大,为两个乳头连合而成。乳头上有许多乳头管开口。输尿管在肾窦内分为两条收集管,即肾大盏。收集管分出若干短支,每一短支再分出几个肾小盏,包住每个肾乳头。

肾叶由肾单位(包括肾小体和肾小管)、集合管和血管构成。肾单位是肾的结构和功能的基本单位,其中的肾小体分散存在皮质内,由肾球囊和血管球组成。肾球囊由肾小管起始部膨大内陷而成,内含血管球。肾小管分近曲小管、肾小管袢和远曲小管。其中近曲小管和远曲小管弯曲,分布于皮质中;肾小管袢直接在髓质中由皮质近曲小管伸向肾乳头,再返回皮质,连远曲小管,最后连集合管和乳头管。

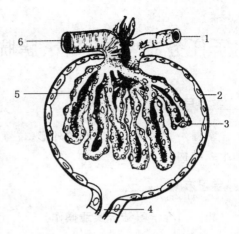

1.出球小动脉　2.肾小囊　3.肾小囊腔
4.近曲小管　5.肾小球　6.入球小动脉
图 8-2　肾小体模式图

肾小球旁器主要分布在皮质肾单位,由球旁细胞和致密斑组成。球旁细胞由位于入球小动脉中膜平滑肌细胞特化而成的上皮样细胞构成,呈立方形或多角形,内有分泌颗粒,颗粒内含有肾素。致密斑在靠近肾小体入球小动脉和出球小动脉交叉处的内侧面,远曲小管上皮细胞变为高柱状细胞,呈现斑状隆起,故称为致密斑。致密斑可感受小管液中 Na^+ 浓度的变化,并将信息传递至球旁细胞,调节肾素的释放。

3. **肾的血液循环**　肾的血液供给极为丰富,肾动脉由腹主动脉分出,经肾门入肾后,几经分支后,在皮质内发出许多短而粗的入球动脉,进入肾球囊盘曲成血管球,然后汇合成一条细而长的出球动脉,离开肾球囊,再分支形成毛细血管网,围绕在肾小管的周围。静脉与动脉伴行,最后汇合成肾静脉,由肾门出肾。

禽肾的血液供应与哺乳动物不同,除肾动脉和肾静脉外,还有肾门静脉。输尿管从肾中部走出,沿肾的腹侧向后延伸,最后开口于泄殖腔顶壁两侧。输尿管壁很薄,有时因管内的尿液含有较浓的尿酸盐而显白色。禽类没有膀胱,尿沿输尿管输送到泄殖腔与粪混合,形成浓稠灰白色的粪便一起排出体外。

子任务二　输尿管、膀胱和尿道结构与功能观察

掌握牛、羊、猪和禽的肾的外形、位置及内部结构特点,了解膀胱的位置、形态和组织结构。

相关内容学习结合实践操作。

一、输尿管

输尿管左、右各一,是细长的肌膜性管道,起于肾的收集管,经肾门出肾,最后开口于膀胱,管径 6～8 mm。

输尿管由肾门到膀胱背侧壁,进入膀胱。各种动物两侧输尿管均斜穿膀胱壁,并在膀胱壁内斜走 3～5 cm。输尿管这种斜穿膀胱壁的结构,可以保证膀胱内尿液充满时,不至于逆流。

输尿管管壁由黏膜、肌层和外膜构成。黏膜形成很多纵行皱褶。肌层收缩可产生蠕动使尿液流向膀胱。外膜为结缔组织膜,内有血管和神经。

二、膀胱

膀胱是暂时贮存尿液的囊状器官,呈长卵圆形,长度约 15 cm,宽约 7 cm。前端钝圆为膀胱顶,突向腹腔。后端逐渐变细称膀胱颈,与尿道相连;膀胱顶和膀胱颈之间为膀胱体。膀胱的形态、大小及位置随其含尿液量的多少而改变。当膀胱空虚时位于盆腔前部的腹侧;被尿液充满时,膀胱的前半部可突入腹腔。公畜的膀胱位于直肠、生殖褶及精囊腺的腹侧,母畜的膀胱则位于子宫的后部及阴道的腹侧。胎儿时期,膀胱主要位于腹腔,呈细长的囊状,其顶端伸达脐孔,并经此孔与尿囊相连通。以后逐渐缩入盆腔内。

膀胱壁由黏膜、肌层和浆膜构成。黏膜上皮为移行上皮。在膀胱侧韧带的游离缘有一索状物,称膀胱圆韧带,是胎儿时期脐动脉的遗迹。

三、尿道

尿道是尿液排出的肌膜性管道。尿道内口,起于膀胱颈,以尿道外口通于体外。公畜的尿道很长,兼有排精作用,位于盆腔内的部分称为尿生殖道盆部;经坐骨弓转到阴茎腹侧的部分称为尿生殖道阴茎部。

母牛的尿道很短,长 10~13 cm,起自膀胱颈的尿道内口,在阴道腹侧沿盆腔底壁向后延伸,以尿道外口开口于阴道前庭。尿道外口呈横的缝状,其腹侧是一个宽、深各 1~2 cm 的盲囊,朝向前下方,称尿道下憩室,临床导尿时应避免导尿管插入憩室内。

母绵羊的尿道长 4~5 cm;山羊的长 5~6 cm。

子任务三 泌尿生理活动的观察

学习目标

掌握尿液生成过程,掌握尿液排放的神经调节,准确分析各种因素对尿的生成和排出的影响

学习方法

相关内容学习结合实践操作。

相关内容

动物在新陈代谢过程中产生的各种代谢产物和多余的水分必须及时排出体外,才能维持正常的生命活动。体内具有排泄功能的器官主要有肺、皮肤、消化道和肾脏,其中肾脏是机体重要的排泄器官,肾脏通过生成尿液完成其排泄功能。

(一)原理

尿是血液流经肾单位时,经过肾小球的滤过、肾小管和集合管的重吸收及分泌而形成的,凡是影响肾小球的滤过、肾小管和集合管的重吸收的因素,都会引起尿量的改变。

(二)材料及用具

家兔、兔手术台、手术器械、生理多用仪(或记滴器、电磁标、感应圈)、保护电极、膀胱插管、注射器(5 mL、20 mL)、10％水合氯醛、20％葡萄糖、生理盐水、肾上腺素、垂体后叶素。

(三)方法与步骤

(1)耳缘静脉注射10％水合氯醛(500 mg/kg),待动物麻醉后仰卧位固定于兔手术台上。

(2)颈腹部剪毛,在颈部正中切开皮肤6～7 cm,分离皮下组织及肌肉,找出迷走神经、颈动脉和内脏大神经,分别穿线备用,并在颈静脉或股静脉备以输液装置。

(3)尿液的收集可选用膀胱插管法或输尿管插管法。

①膀胱插管法:自耻骨联合上缘向上沿正中线作3～4 cm长皮肤切口,再沿腹白线剪开腹壁及腹膜,找到膀胱,将膀胱翻至体外。辨认清楚输尿管,并向肾侧仔细地分离两侧输尿管2～3 cm,在其下方穿一条线,将膀胱上翻用线结扎膀胱颈部以阻断它同尿道的通路;用止血钳提起膀胱前壁(靠近顶端部分),选择血管较少处,切一纵行小口(图8-3),插入插管后膀胱即随着尿液的流出而缩小。如膀胱壁较松弛而膀胱容积仍较大时,可用粗线将膀胱扎掉一部分,使膀胱内的贮尿量减至最少。使插管尿液流出口处低于膀胱水平,用培养皿盛接由插管流出的尿液,手术完毕后,用温热的生理盐水纱布覆盖腹部创口。

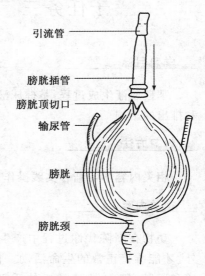

引流管

膀胱插管

膀胱顶切口

输尿管

膀胱

膀胱颈

图8-3 膀胱插管示意图

②输尿管插管法:找到膀胱,将其移出体外,在膀胱底部找到两侧输尿管,在靠近膀胱处分离输尿管,用细线在其下打一松结,在结下方的输尿管上剪一小口,向肾脏方向插入插管,并将松结抽紧以固定插管,另一端连接记滴器。

(4)实验观察

①记录正常情况下每分钟尿分泌的滴数。可连续计数5～10 min,求平均数并观察动态变化。

②静脉注射 38℃的生理盐水 30 mL(速度稍快些),记录每分钟尿分泌的滴数。

③静脉注射 38℃的 20％葡萄糖 10 mL,记录每分钟尿分泌的滴数。

④静脉注射 0.1％肾上腺素溶液 0.2～0.5 mL,记录每分钟尿分泌的滴数,注意观察注药前后尿滴数的差异。

⑤切断右侧迷走神经,用保护电极以中等强度的电刺激连续刺激右侧迷走神经的外周段 20～30 s,观察每分钟尿分泌滴数有无变化?

⑥刺激内脏大神经,观察每分钟尿分泌滴数有无变化?

⑦静脉注射垂体后叶素 1～2 IU,记录每分钟尿分泌的滴数,并观察何时开始出现抗利尿作用。

⑧颈动脉放血约 20 mL,观察尿量有何变化?

(5)根据实验结果,分析尿量发生变化的机理。

附注:

(1)家兔在实验前给予足够的饮水,或用橡皮导管向胃中灌入 40～50 mL 清水,以增加基础尿量。

(2)作膀胱插管时,操作需轻,以免膀胱受刺激而缩得很小,增加插管难度。

(3)各项实验顺序的安排是:在尿流量增多的基础上进行减少尿生成的实验,在尿量少的基础上进行促进尿生成的实验。

(4)本实验也可连接计算机生物信号采集系统,设定相应参数进行实验观察。

相关内容

一、肾小球的滤过作用

循环血液经过肾小球毛细血管时,血浆中的水和小分子溶质(包括少量分子质量较小的血浆蛋白),可以滤入肾小囊的囊腔而形成滤过液。这种肾小囊液除了蛋白质含量甚少之外,其他各种成分(如葡萄糖、氯化物、无机磷酸盐、尿素、尿酸和肌酐等物质)的浓度都与血浆中的非常接近,而且渗透压、酸碱度和导电性,也与血浆的相似,可以说是一种含有丰富营养和较多废物的血浆超滤液,被称为原尿。

原尿是通过肾小球滤过作用而产生的。而发生肾小球的滤过作用取决于两个因素:一是肾小球滤过膜的通透性;二是肾小球的有效滤过压。其中,前者是原尿产生的前提条件,后者是原尿滤过的必要动力。

(一)滤过膜及其通透性

肾小球滤过膜由三层结构组成:①内层是肾小球毛细血管的内皮细胞。内皮细胞有许多直径 50～100 nm 的小孔,称为窗孔,可阻止血细胞通过,但对血浆蛋白的滤过不起阻留作用。②中间层是非细胞性的基膜,是滤过膜的主要滤过屏障,它是由水合凝胶构成的微纤维网结构,网上有 4～8 nm 的多角形网孔,水和部分溶质可以通过微纤维网上的网孔。网孔的大小决定着有选择性地让一部分溶质通过,而让另一部分不能通过。③外层是肾小囊脏层的上皮细胞。上皮细胞具有足突,相互交错的足突之间形成裂隙。裂隙上有一层滤过裂隙膜,膜上有直径 4～14 nm 的孔,它是滤过的最后一道屏障。通过内、中两层的物质最后将经裂隙膜滤出,裂隙膜在超滤作用中也有很重要的作用。

滤过膜各层含有许多带负电荷的物质,主要为糖蛋白。这些带负电荷的物质排斥带负电荷的血浆蛋白,限制它们的滤过。在病理情况下,滤过膜上带负电荷的糖蛋白减少或消失,就会导致带负电荷的血浆蛋白滤过量比正常时明显增加,从而出现蛋白尿。

肾小球滤过膜的通透性能,取决于被滤过物质的分子大小及其所带的电荷。

(二)有效率过压

肾小球滤过作用的发生,其动力是滤过膜两侧的压力差。这种压力差称为肾小球的有效滤过压。

有效滤过压,是由三种力量的对比来决定的。正常情况下,肾小球毛细血管的平均压约 9.3 kPa,血浆胶渗压 3.33 kPa 与肾小囊内压 0.67 kPa 的和约为 4 kPa,因而在滤过膜处存在着 5.3 kPa 的有效滤过压。

即:有效率过压＝肾小球毛细血管压－(血浆胶体渗透压＋囊内压)＝9.3－(3.33＋0.67)＝9.3－4＝5.3(kPa)。所以,血浆中总是有一部分水和溶质能不断透出滤过膜而进入肾小囊,生成原尿。

(三)影响肾小球滤过的因素

1. **肾小球有效滤过压改变**　肾小球有效滤过压直接取决于肾小球毛细血管血压、血浆胶体渗透压和囊内压三种压力的对比,也间接受到肾血流量的影响。

(1)肾小球毛细血管血压:当动脉血压降低时,肾小球毛细血管的血压将相应下降,有效滤过压降低,肾小球滤过率也减少。

【知识链接】家畜在创伤、出血、烧伤等情况下出现的尿量相应减少,主要就是由肾小球毛细血管血压降低所致。

(2)血浆胶体渗透压:当血浆蛋白的浓度明显降低时,血浆胶体渗透压将降低。此时,有效滤过压会相应升高,肾小球滤过率也随之增加。

【知识链接】由静脉输入大量的生理盐水使血液稀释时,一方面升高了血压,另一方面又降低了血浆胶体渗透压(血液稀释使血浆蛋白的浓度降低),导致尿量增多。

(3)囊内压:在输尿管或肾盂有异物(如结石)堵塞或者因发生肿瘤而压迫肾小管时,都可造成囊内压升高,致使有效滤过压相应降低,因此滤过率降低,原尿生成不多,尿量相应减少。

(4)肾血流量:肾血流量几乎占心输出量的1/5,它的变化对肾小球滤过作用有很大影响。一般来说,肾血流量增加,肾小球滤过率增大,原尿生成增多;反之,原尿生成减少。

2. 肾小球滤过膜通透性能改变

(1)滤过面积改变:

【知识链接】在急性肾小球肾炎时,由于肾小球毛细血管管腔变窄或完全阻塞,致有滤过功能的肾小球数量减少,有效滤过面积也随之减少,导致肾小球滤过率降低,结果出现少尿甚至无尿。

(2)滤过膜通透性改变:

【知识链接】在中毒或缺氧的情况下,肾小球滤过膜的微孔变大,通透性增加,以致原来不能透过的血细胞和大分子血浆蛋白质都可以通过滤过膜,导致尿量增加,并使尿中出现血细胞(血尿)和蛋白质(称为蛋白尿)。在急性肾小球肾炎时,由于肾小球内皮细胞肿胀,基膜增厚,除能减少有效滤过面积外,还能造成滤过膜通透性能降低,致使平时能正常滤过的水和溶质减少滤过甚至不能滤过,因而出现少尿或无尿。

二、肾小管与集合管的转运功能

肾小管和集合管的转运包括重吸收和分泌。重吸收是指水和溶质从肾小管液中转运至血液中;而分泌是指肾小管上皮细胞将本身产生的物质或血液中的物质转运至肾小管液中。经过肾小管与集合管的转运,小管液的数量会大幅度减少(99%以上的小管液被重吸收),质量也发生重大改变(小管液的营养急剧减少,而排泄物的浓度迅速增高),使原尿终于被改造成为终尿。

(一)近端小管和肾单位袢中的物质转运

1. 葡萄糖、氨基酸和小分子蛋白质的重吸收 肾小球滤过液中的葡萄糖浓度与血糖浓度相同,但正常尿中几乎不含葡萄糖,这说明葡萄糖全部被肾小管重吸收回到了血中。实验表明,重吸收葡萄糖的部位仅限于近端小管,尤其在近端小管前半段。

小管液中氨基酸的重吸收与葡萄糖重吸收的机制相同。

小管液中的少量小分子血浆蛋白,是通过肾小管上皮细胞的吞饮作用被重吸收的。

2. Na^+、K^+、Cl^-、HCO_3^- 和水的重吸收　　在近端小管前半段,Na^+ 主要与 HCO_3^- 和葡萄糖、氨基酸一起被重吸收,而在近端小管后半段,Na^+ 主要与 Cl^- 和 K^+ 一同被重吸收。这些物质的重吸收中,Na^+ 是关键,它靠钠泵。许多溶质的重吸收过程都与 Na^+ 泵活动有关。

水的重吸收是被动的,是靠渗透作用而进行的。水重吸收的渗透梯度存在于小管液和细胞间隙之间。这是由于 Na^+、Cl^-、K^+、葡萄糖、氨基酸被重吸收进入细胞间隙后,降低了小管液的渗透性,提高了细胞间隙的渗透性。

小管液中的 HPO_4^{2-} 和 SO_4^{2-} 等溶质的重吸收也与 Na^+ 同向转运。

肾小管上皮细胞内的 H^+ 被分泌到小管液中和小管液中的 Na^+ 被重吸收到上皮细胞时,先在管腔膜上形成 Na^+-H^+ 交换体,再进行 Na^+-H^+ 逆向交换。小管液中的 Na^+ 顺电化学梯度通过管腔膜进入细胞,同时将细胞内的 H^+ 分泌到小管液中。

体内的代谢产物(如有机酸和有机强碱)及进入体内的某些物质(如青霉素、酚红和大多数利尿药等),由于与血浆蛋白结合而不能通过肾小球滤过,它们均在近端小管被主动分泌到小管液中而排出体外。

3. 髓袢中的物质转运　　小管液在流经髓袢的过程中,有小部分的 Na^+、Cl^- 和 K^+ 等物质被进一步重吸收。

(二)远端小管和集合管中的物质转运

小管液在流经远曲小管和集合管的过程中,有小部分的 Na^+、Cl^- 和不同数量的水被重吸收入血,并有不同量的 K^+ 和 H^+、NH_3 被分泌到肾小管液中。水、NaCl 的重吸收及 K^+、H^+、NH_3 的分泌可根据机体的水盐平衡状况来进行调节。如机体缺水或缺盐时,远曲小管和集合管可增加水、盐的重吸收;当机体水、盐过多时,则水、盐重吸收明显减少,使水和盐从尿中排出增加。因此,远曲小管和集合管对水盐的转运是可调节的。水的重吸收主要受抗利尿激素的调节,而 Na^+ 和 K^+ 的转运主要受醛固酮调节。

在远曲小管初段,Na^+ 是通过 Na^+-Cl^- 同向转运体进入上皮细胞的,然后,由 Na^+ 泵将 Na^+ 泵出细胞,被重吸收回血。在远曲小管后段和集合管上含有两类上皮细胞,其主细胞能重吸收 Na^+ 和水,并分泌 K^+,其闰细胞则主要是分泌 H^+。远曲小管和集合管的上皮细胞在代谢过程中不断生成 NH_3，NH_3 能通过细胞膜向小管周围组织间隙和小管液自由扩散。扩散量取决于两种体液的 pH。小管液的 pH 较低（H^+ 浓度较高），所以 NH_3 能与小管液中的 H^+ 结合并生成 NH_4^+，小管液的 NH_3 浓度因而下降，于是管腔膜两侧形成 NH_3 的浓度梯度，此浓度梯度又可加速 NH_3 向小管液中扩散。

在物质转运中，溶质的重吸收与分泌有下列关系：Na^+ 的重吸收与 K^+ 的分泌有密切关系（互相促进）；K^+ 的分泌与 NH_3 的分泌有密切关系（互相促进）；NH_3 的分泌与 $NaHCO_3$ 重吸收也有密切关系（NH_3 的分泌可促进 $NaHCO_3$ 的重吸收）。

（三）影响肾小管重吸收的因素

影响肾小管重吸收的因素主要有三个。一是原尿中溶质的浓度；二是肾小管上皮的机能状态；三是激素的作用。

1. 原尿中溶质浓度的改变　当原尿中溶质浓度增加，并超过肾小管对溶质的重吸收限度时，原尿的渗透压就高，而渗进压升高必将妨碍肾小管对水的重吸收，于是尿量增加。

2. 肾小管上皮细胞的机能状态改变　当肾小管上皮细胞因某种原因而被损害时，往往会影响它的正常吸收机能，从而使尿的质量发生改变。

3. 激素的影响　抗利尿素、醛固酮和甲状旁腺激素影响肾小管的重吸收作用，所以对尿液的质和量有一定的影响。

（四）家禽肾小管与集合管的转运特点

①肾小管上皮细胞向小管液中分泌尿酸而不是尿素，另外还分泌马尿酸、鸟苷酸、肌酸、肌酐、K^+ 以及其他有关成分。②禽无肾盂和膀胱，肾小管液通过集合管汇入输尿管，再进入泄殖腔，最后排出体外。③肾小管浓缩尿的能力较低，而泄殖腔却有很强烈的重吸收水的能力，尿到此处渗透浓度较高但尿液的排出量较少。④尿酸在尿液中有高度的不溶性，极易在肾小管和输尿管中发生沉积，尿液需以较多的水分，将其冲运到泄殖腔加以排泄。

三、尿生成的调节

调节尿生成的激素较多，主要有抗利尿激素、醛固酮。

抗利尿激素的作用是增加远端小管对水的通透性，促进水的重吸收，从而使排尿量减少。在反刍动物，抗利尿素还能增加 K^+ 的分泌和排出。血浆渗透压升高和循环血量减少，均可引起抗利尿激素的分泌和释放，创伤及一些药物（如巴比妥等）

也能引起抗利尿激素的分泌,减少排尿量。

【知识链接】外科手术、剧痛、创伤、严重染、精神紧张以及某些药物如吗啡、巴比妥类、肾上腺素等均可使 ADH 分泌增加,引起少尿或无尿现象。下丘脑—垂体束的病变,常引起 ADH 分泌减少,出现多尿。

醛固酮对尿生成的调节作用是促进远端小管的主细胞重吸收 Na^+,同时促进 K^+ 排出。即醛固酮有保 Na^+ 排 K^+ 作用;血 K^+ 浓度升高和血 Na^+ 浓度降低时,也可引起醛固酮的分泌,导致保 Na^+ 排 K^+。

四、尿的排放

终尿生成后,从肾乳头处滴出,经肾盏和肾盂流进输尿管,再借助输尿管的蠕动,续不断地流入膀胱暂时积存。当膀胱中的尿液由少到多逐渐积存到一定贮量时,就会引起反射性的排尿动作,于是膀胱中的尿液集中经尿道而排出体外。

(一)膀胱与尿道的神经支配

膀胱逼尿肌和内括约肌(又称膀胱括约肌)受交感神经和副交感神经的双重支配。由荐部脊髓上发出的盆神经中含有副交感神经纤维,兴奋时可引起逼尿肌收缩和内括约肌松弛,所以可促使尿液从膀胱排出;由腰部脊髓上发出的腹下神经属于交感神经,兴奋时可引起逼尿肌舒张和内括约肌收缩,所以有利于尿液在膀胱内继续贮存;由荐神经丛上发出的阴部神经属于躯体神经,兴奋时可使外括约肌(又称尿道括约肌)收缩,以阻止膀胱内尿液的排出。

由于调节膀胱与尿道活动的上述三种神经都是发自于腰荐部脊髓,所以通常把这段脊髓视为排尿低级中枢的所在地。

在机体内,脊髓低级排尿中枢经常受到延髓、脑桥、中脑、下丘脑以及大脑皮层的支配。大脑皮层是支配低级排尿中枢的最高级排尿中枢所在地。

(二)排尿反射

当膀胱内的尿量充盈到一定程度时,膀胱内压必然升高,膀胱壁的牵张感受器受到尿压力刺激而发生兴奋。冲动沿着盆神经和腹下神经的感觉纤维传到腰荐部脊髓的低级排尿中枢。同时,冲动再从腰荐部脊髓上行,历经延髓、脑桥、中脑和下丘脑,直至大脑皮层的高级排尿中枢。在脊髓以上直至大脑皮层的各级神经部位存在有排尿活动的易化区和抑制区,如果易化区兴奋,则产生排尿感觉。

在排尿过程中,当尿液流经尿道时,可刺激尿道壁的感受器,冲动不断地经阴部神经的感觉纤维传至脊髓低级排尿中枢,使其持续保持兴奋状态,直到尿液排完兴奋才消失。在排尿末期．由于尿道海绵体肌反射性地收缩,可将残留于尿道内的尿液排出体外。

排尿时,还反射性地发生声门关闭和腹肌、膈肌的强烈收缩,使腹内压急剧升高,以压迫膀胱,克服尿道阻力,促使排尽尿液。

子任务四　动物体内水、无机盐代谢及酸碱平衡

学习目标

掌握酸碱平衡及水、盐代谢的过程,能正确解决生产及临床实践问题。

学习方法

相关内容学习结合实践操作。

相关内容

水与无机盐(又称电解质)是机体的主要组成部分和不可缺少的营养物质。动物体内无机盐的含量虽然很少,占动物体重的 3‰～4‰,但对于生命活动却起着非常重要的作用,但在体内的含量差异很大。磷、钙、钾、钠、氯和镁在动物体内的含量较多称为常量元素。铁、铜、锰、锌、碘、钴、钼、氟、硒等的含量甚少,如钴的合成约为体重的 0.000 04‰,又为动物所必需,称为微量元素。

一、水的代谢

(一)体液及其分布

动物体内存在的液体称为体液。体液包括细胞内液和细胞外液两大部分。存在于细胞内的体液为细胞内液,其化学组成与容量的变动直接影响物质代谢与生理功能;存在于细胞以外的体液为细胞外液,细胞外液通常分为血浆与组织间液两部分。

组织间液填充于组织细胞周围,起沟通血浆与细胞内液的作用,同时也是两者之间的缓冲地带(图 8-4)。

(二)体液的总量与作用

1. 体液的总量　正常成年动物体内的体液总量约为体重的 60%,其中细胞内

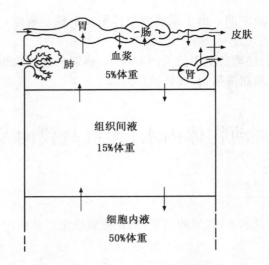

图 8-4 体液分布区的图解

液约占体重的 40％,细胞外液占体重的 20％。细胞外液中血浆约占体重的 5％,组织间液等约占体重的 15％(图 8-4)。由于血浆在血管系统内不断循环流动,因而血浆的量和组成的变化对机体的影响也就更大。

在不同个体之间,体内的体液总量有一定差异。一般说来,成年瘦的家畜体内的总体液量约占体重的 60％,幼畜的体液量较高,肥胖家畜脂肪含量较多而比瘦的家畜含水量少,这是由于脂肪组织中含水较少之故。

体液中的溶质,分为电解质和非电解质两类。非电解质包括尿素、葡萄糖等。电解质包括 K^+、Na^+、HCO_3^-、Cl^-、Ca^{2+}、Mg^{2+}、PR^-、HPO_4^{2-}、SO_4^{2-} 及各种有机酸等。

电解质在细胞内、外液中的分布差异很大,其浓度和分布情况见表 8-1。

表 8-1 体液各区中的电解质含量

电解质		血浆 (mol/L)	细胞间液 (mol/L)	细胞内液 (mol/L)
阳 离 子	Na^+	142	147	15
	K^+	5	4	150
	Ca^{2+}	2.5	1.25	1
	Mg^{2+}	1	0.5	13.5
阳离子总数		150.5	152.75	179.5

续表 8-1

电解质		血浆（mol/L）	细胞间液（mol/L）	细胞内液（mol/L）
阴离子	Cl^-	103	114	1
	HCO_3^{2-}	27	30	10
	HPO_4^{2-}	1	1	50
	SO_4^{2-}	0.5	0.5	10
	有机酸	5	7.5	—
	蛋白质	16	微量	63
阴离子总数		152.4	153	134

从表 8-1 中可以看出体液各分区中成分具有以下特点：

（1）血浆、细胞间液、细胞内液中所含阳离子与阴离子种类基本相同，都含有 K^+、Na^+、HCO_3^-、Cl^-、Ca^{2+}、Mg^{2+}、Pr^-、HPO_4^{2-}、SO_4^{2-} 等。无论是细胞内液还是细胞外液，其中的阳离子与阴离子总量相等，体液呈电中性。

（2）细胞外液与细胞内液中电解质的分布差异很大，细胞外液的阳离子以 Na^+ 为主，阴离子 Cl^- 以及 HCO_3^- 为主；而细胞内液的阳离子以 K^+、Mg^{2+} 为主，阴离子以蛋白质负离子和有机磷酸离子（以 HPO_4^{2-} 表示）为主。K^+ 和 Na^+ 在细胞内外分布的显著差异，一般认为是由于细胞膜上的"Na^+-K^+ 泵"作用的结果，"Na^+-K^+ 泵"在有 ATP 供能时，能主动把 Na^+ 排出细胞外，同时把 K^+ 吸入细胞内，以维持这种差异。细胞内外离子分布的差异对于细胞的生理活动具有重要的意义。

（3）细胞外液中，血浆与细胞间液两者的电解质分布及含量都比较接近。唯有蛋白质含量不同。因此，血浆胶体渗透压高于细胞间液胶体渗透压，对于血浆和细胞间质水的交换有重要意义。

2. 体液的交换　体液的交换主要指血浆、细胞间液和细胞内液等各部分体液之间的水、电解质和小分子机物的交换。在动物的生命过程中营养物质不断由外界进入细胞内，细胞的代谢产物也不断输送到有关组织，再排出体外，这说明体液各分区的成分在不断相互交换。

（1）血浆与组织间液的交换：血浆与组织间液之间由毛细血管相隔，毛细血管壁为生物半透膜，血浆与组织间液中的小分子物质如葡萄糖、氨基酸、尿素和多种电解质能自由通过，而蛋白质不能自由通过。因此，造成血浆中蛋白质浓度高出组织间液几十倍，形成血浆与组织间液胶体渗透压差，通常称为有效渗透压。它是使水由组织间液回流到血液的动力，而血压是使水由血浆流向组织间液的动力。水在血浆与组织间液之间的交换取决于血管壁这两种压力的对比。

在正常情况下,毛细血管的动脉端血压大于血浆有效渗透压,水由血管内流向组织间液,而毛细血管的静脉端则相反,有效渗透压大于静脉压,水必然由组织间液流入血液,由此保持水在血浆与组织间液流量的平衡。

(2)细胞外液与细胞内液的交换:细胞内外液之间隔一层细胞膜。它也是一种生物半透膜,葡萄糖、氨基酸、尿素、肌酸、酐、CO_2、O_2、Cl^-、与 HCO_3^- 等物质可自由通过,而 K^+、Na^+、Ca^{2+}、Mg^{2+} 和蛋白质不能自由通过。因此,造成细胞内外这些物质或离子分布的差别。细胞内液含较多的 K^+,而细胞外液含较多的 Na^+,由这些离子所形成的渗透压称晶体渗透压。晶体渗透压的大小决定着水的流动方向。Na^+ 及其对应的阴离子决定细胞外液的渗透压,而 K^+ 及其对应的阴离子决定细胞内液的渗透压。当细胞内外液渗透压发生变动时,靠水的移动来维持平衡。通常细胞外液电解质较细胞内液易变动。当钠盐浓度增加,造成渗透压升高时,水即从细胞内液移向细胞外液;反之,当钠盐大量丢失,造成细胞外液渗透压降低时,水就由细胞外流向细胞内。

二、无机盐的代谢

(一)钠和氯的代谢

1. 含量与分布　成畜体内钠的总量每千克体重为 $40\sim44$ mmol(1 g 左右)。Na^+ 是细胞外液的主要阳离子,约有 50% 在细胞外液中,40%~45% 存在于骨骼中,其余的存在于细胞内液中。血清中 Na^+ 含量为 $135\sim145$ mmol/L。氯主要分布于血浆与细胞液,血清 Cl^- 含量为 $98\sim100$ mmol/L。

2. 吸收与排泄　动物体内的 Na^+ 主要来自饲料。草食动物的饲料含 K^+ 多,含 Na^+ 少,所以常需添加食盐;肉食兽食入的动物性饲料含 Na^+ 多,故不需补盐。

Na^+、Cl^- 主要经肾由尿排出,小部分由粪便和汗液排出。肾脏对钠的排出控制力极强,使钠的排出与摄入持平,钠排出时伴有氯的排出。当机体内缺钠时尿中氯的排出也减少,甚至完全不排;与此相反,钠过多时,尿氯排出也增多。因此,临床上可检测尿氯含量以判断患畜是否是缺盐性脱水,并提示缺盐的程度。

(二)钾的代谢

1. 含量与分布　成畜体内含钾量为每千克体重 $49\sim54$ mmol(2 g 左右),其中 98% 分布于细胞内液,2% 左右在细胞外液。细胞内外液中钾的含量相差悬殊,由于 Na^+、K^+-ATP 酶不断将细胞外 K^+ 泵入细胞内,二者之间不断进行缓慢地交换,从而能保持动态平衡。

2. 吸收与排泄　钾是动物细胞内液中含量最多的阳离子,因此饲料中的钾的浓度都很高,只要正常进食,家畜机体不会缺钾。食入的钾大部分被小肠壁吸收,进入体内,并迅速分布于细胞外液,只有少部分钾缓慢进入细胞内。而大部分的钾在 4 小时内可经肾脏随尿排出体。

3. 钾的生理功能

(1)维持细胞的功能:K^+是细胞内某些酶的激活剂,如丙酮酸激酶,Na^+、K^+-ATP 酶均需 K^+ 作为激活剂。糖代谢与蛋白质代谢过程中均需 K^+ 参与。在临床上遇有大面积伤、严重创伤、缺氧等病理情况时,由于细胞大量分解破坏,K^+ 由细胞内转移出来,使血钾升高。而当这些患者处于恢复期,因蛋白质合成增加,K^+ 由细胞外进入细胞内,会出现低血钾。

(2)钾的代谢与酸碱平衡:钾的代谢对酸碱平衡影响较大。当机体缺钾时,细胞内 K^+ 外移,而细胞外 H^+、Na^+ 内移,出现碱中毒;同时,由于肾小管分泌 K^+ 作用降低,分泌 K^+ 作用增强,从而加重了低血钾性碱中毒。反之,当血钾过高时,细胞外 K^+ 内移,细胞内的 Na^+、H^+ 外移,出现酸中毒;同时肾小管 K^+ 增加,分泌 H^+ 降低,加重了高血钾性酸中毒。因此,低血钾伴有代谢性碱中毒,高血钾伴有代谢性酸中毒。

此外,K^+ 还有维持体液渗透压、水的平衡、神经肌肉和心肌兴奋等作用。

(三)钙、磷代谢

钙和磷是组成机体的重要元素,约占机体无机盐总量的 3/4。它们除作为构成骨骼和牙齿的原料外,还具有多种生理功能。

1. 钙、磷的含量、分布和生理功能

(1)磷在体内的含量与分布:机体内钙、磷的含量相当丰富。99％以上的钙和大约 85％的磷以羟基磷灰石[$3Ca_3(PO_4)_2Ca(OH)_2$]的形式存在于骨骼,和牙齿中,其余部分存在于体液和软组织中。血浆钙浓度约为 2.5 mmol/L。

(2)钙、磷的生理功能:钙主要存在于骨骼和牙齿中,是构成骨盐的主要成分。分布于细胞外液和软组织的钙不足体内总钙 1％,但这部分钙却有重要的调节作用。Ca^{2+} 可降低神经肌的应激性,降低毛细血管及细胞膜通透性,增强心肌的收缩;Ca^{2+} 也是凝血因子之一,参与血液凝固过程;Ca^{2+} 还是很多酶的激活剂,并在细胞的信息传递中起重要作用,被认为是另一种第二信使。

无机磷酸盐是构成骨盐的另一重要成分,而结合在有机化合物中的磷酸根具有多方面的作用。例如,磷酸是核酸的组成成分之一;ATP、ADP 和磷酸肌酸在能量代中起重要作用;磷脂是细胞膜结构的重要成分,功能蛋白质如酶的磷酸化和脱磷酸化是调节细胞内物质代谢和细胞功能的方式之一；体液中的无机磷酸盐构成的缓冲系统，对维持酸碱平衡起一定作用。

2. 钙、磷的吸收和排泄

(1)钙、磷的吸收：动物机体内的钙、磷由饲料供给，钙和无机磷吸收的主要部位在酸度较大的小肠上段，有机磷需经消化酶水解成无机磷后，才能于小肠下段吸收。钙的吸收是主动耗能性吸收，磷是伴随钙的吸收而被动吸收。

钙、磷吸收受下列因素的影响：钙盐的溶解度越大越易吸收，因此凡能与钙、磷结合生成不溶性盐的物质都能影响钙、磷的吸收；肠道 pH 低，可促进钙磷吸收。因此酸性物质的饲料都有助于钙、磷的吸收；维生素 D 是影响钙、磷吸收的最主要的因素。维生素 D 促进钙的主动吸收和被动吸收；饲料中钙、磷的比值对钙、磷的吸收有很大影响。这是因为磷酸钙的溶解度只是一个常数，饲料中的钙过多时，多余的钙在小肠后段与磷结合，生成不溶性的磷酸钙，随粪便排出，影响磷的吸收；过多的磷也可与钙结合，影响钙的吸收。因此，在家畜饲养中必须注意调整饲料中钙、磷含量的比值。一般说来，饲料中的钙∶磷以(2～1.5)∶1 为宜；钙、磷吸收与机体的需要量相一致。母畜在妊娠和泌乳时会增加钙、磷的吸收率；幼畜生长则吸收钙、磷也多。

(2)钙、磷的排泄：动物主要通过粪便和尿排出钙和磷，而妊娠、泌乳和产蛋的动物更要排出大量的钙和磷。

3. 血钙与血磷

(1)血钙：正常成年动物血钙含量很小，其浓度平均为 10 mg/100 mL，一般范围为 9～12 mg/100 mL。血钙有三种存在形式：

①结合钙：一部分钙与血浆蛋白主要是清蛋白结合，这部分钙不能透过毛细血管壁，故称为不扩散钙。结合钙占血钙总量的 45%。

②络合钙：这是与血中柠檬酸等有机酸结合的钙，可透过毛细血管壁。络合钙占血钙总量的 5%左右。

③离子钙：约占血钙总量的 50%，离子钙能透过毛细血管壁。

离子钙和络合钙都属于可扩散钙。上述 3 种形式的血钙中，只有离子钙直接发挥生理作用。例如，缺钙导致的手足搐搦，实际上是由于离子钙降低引起的，但这几种形式可以相互转变。当离子钙浓度降低时，结合钙可逐渐释放 Ca^{2+}。

以上相互转变关系明显地受血液 pH 的影响。当血液 pH 下降时，促进结合钙解离，使血浆离子钙浓度升高；反之，当血液 pH 升高时，离子钙与血浆蛋白、有机酸的结合作用增强，致离子钙浓度降低。

(2)血磷：血磷主要是指血浆中的无机磷酸盐（HPO_4^{2-} 和 $H_2PO_4^-$）所含的磷。

正常成年动物血磷 4～7 mg/100 mL，幼畜一般较高。血磷随代谢的进行而在细胞内外转移，因此细胞外液的磷并不反映体内总磷的增加或减少，而且调节血磷的机制不如血钙调节有效。

血浆中钙、磷含量的相对稳定主要依赖于钙磷的吸收与排泄，以及钙磷在骨组织的沉积与骨盐溶解的相对平衡。

4. 成骨作用与溶骨作用　骨是由骨细胞（包括成骨细胞、骨细胞、破骨细胞）、骨盐及有机质三部分组成。骨的化学组成中水为 20%～25%，骨盐为 40%～50%，有机质为 30%～40%。骨盐决定骨的硬度，有机质与骨骼的弹性和韧性有关。有机质总量的 90%～95%都是胶原蛋白，其余为蛋白多糖。

（1）成骨作用：包括两个过程，即有机质的生成和骨盐的生成。

①有机质的生成：骨的有机质主要是胶原蛋白、氨基多糖、糖蛋白等成分。在有机质形成过程中，先由成骨细胞分泌胶原及蛋白多糖等有机质，分泌出的胶原随后聚合成胶原纤维，成骨细胞则被埋在有机质内，经一定时间后转化为骨细胞。

②骨盐的生成：骨盐主要以无定形的磷酸氢钙及柱状或纤维状的羟磷灰石形式存在。骨盐沉积于有机质上称为骨化（钙化）。骨盐的生成不单纯是骨盐的沉积，而是有成骨细胞参与的复杂生物学过程。

（2）溶骨作用：在正常情况下，不仅进行着骨的生成，同时也发生骨的溶解，即原有的骨组织通过破骨细胞的积极活动而溶解，亦称为骨质吸收。这个过程包括有机质的水解和骨盐的溶解。

骨细胞和破骨细胞可向外分泌蛋白水解酶及若干种有机酸，如乳酸、柠檬酸等。蛋白水解酶可催化水解骨的有机质，而酸可促使骨盐溶解。破骨细胞产生的柠檬酸能与 Ca^{2+} 结合，成可溶而不解离的柠檬酸钙，使局部 Ca^{2+} 浓度降低，促使磷酸钙的溶解。胶原蛋白水解可生成特有的羟脯氨酸，释放入血后，可随尿排出。因此，可将尿中羟脯氨酸的排泄量作为溶骨度的参考指标。

成骨作用及溶骨作用不断交替进行，呈动态平衡状态，这就是骨的更新作用。这种作用可维持体液中的钙的平衡，还可更新老化的骨组织。

骨组织的更新依赖于三种细胞即成骨细胞、骨细胞和破骨细胞的生成和转化。三种骨细胞均来源于未分化的间质细胞。它们的生成、转化受到维生素 D_3、甲状旁腺素（PTH，下同）、降钙素（CT，下同）等影响。

甲状旁腺素可促进未分化间质细胞转化为破骨细胞，抑制破骨细胞转化为骨细胞；降钙素抑制未分化间质细胞转化为破骨细胞，促进破骨细胞转化为骨细胞。维生素 D_3 亦参与骨细胞转化的调节。破骨细胞促进骨质溶解作用完成后，即转化为成骨细胞。成骨细胞的作用是促进成骨作用，作用完成后，它可以转化为骨细胞;成骨细胞和骨细胞在骨降解时都可转化为破骨细胞。

5. 钙、磷代谢的调节　钙磷代谢主要受甲状旁腺激素(PTH)、降钙素和1,25-$(OH)_2$-D_3 三种体液因素的调节。通过调节使血浆中钙、磷浓度和二者的比例关系正常(图8-5)。

(1)甲状旁腺激素:作用的主要靶组织是骨和肾。

①PTH 对骨的作用:促进间质细胞转变为破骨细胞,抑制破骨细胞向成骨细胞的转化,促进骨盐溶解并抑制成骨作用。

②PTH 对肾的作用:促进肾小管对 Ca^{2+} 的重吸收和对磷

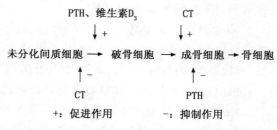

图 8-5　钙、磷代谢的激素调节

的排泄,使血钙升高、血磷降低。PTH 的分泌主要受血钙浓度的调节。当血钙浓度升高时,PTH 的分泌减少。

③PTH 对小肠的作用:能促进肾脏对维生素 D 的活化,使 25-羟维生素 D_3 转化为 1,25-$(OH)_2$-D_3,后者有促进小肠吸收钙的作用,故间接地促进了血钙升高。

(2)降钙素:降钙素的主要作用是降低血钙和血磷的浓度。

抑制间质细胞转变为破骨细胞;抑制破骨细胞的活动;阻止骨盐的溶解和骨基质的分解;促进破骨细胞转变为成骨细胞;同时抑制肾小管对钙、磷的重吸收。

(3)1,25-$(OH)_2$-D_3:维生素 D_3 在肝的 25-羟化酶的催化下生成 25-羟维生素 D_3。25-羟维生素 D_3 在血浆与 α-球蛋白结合运输至肾,在肾经 1-羟化酶催化,转变为 1,25-$(OH)_2$-D_3。维生素 D 只有在转化成 1,25-$(OH)_2$-D_3 后才能发挥其调节钙、磷代谢的功能。1,25-$(OH)_2$-D_3 的作用如下:

①促进小肠对钙、磷的吸收

②对骨的作用:1,25-$(OH)_2$-D_3 一方面加速破骨细胞的形成,促进溶骨作用,使骨盐中的钙和磷进入血液;另一方面由于小肠对钙、磷的吸收增强,又促进成骨作用。

③对肾的作用:1,25-$(OH)_2$-D_3 促进肾小管对钙、磷的重吸收。缺乏维生素 D 时,钙、磷代谢障碍,骨的钙化将不能正常进行。

三、肾脏对酸碱平衡的调节作用

肾脏是通过肾小管进行 H^+—Na^+ 交换、NH_4^+—Na^+ 交换和 K^+—Na^+ 交换,以排出过多的碱,从而维持血浆中 HCO_3^- 的正常浓度和 pH 的恒定。

(一)H⁺—Na⁺交换

肾小管上皮细胞有分泌 H^+ 的作用,此作用与 Na^+ 的重吸收同时进行,称为 H^+—Na^+ 交换。肾小管上皮细胞中含有碳酸酐酶,能催化代谢过程中产生的 CO_2 和水结合生成 H_2CO_3,后者再解离成 H^+ 和 HCO_3^-。H^+ 被分泌到肾小管腔,和存在于管腔中的 Na^+ 进行交换。Na^+ 由肾小管上皮细胞吸收,与细胞内的 HCO_3^- 结合,形成 $NaHCO_3$ 进入血液,从而补充消耗的 $NaHCO_3$。肾小管分泌出的 H^+ 与管腔中的 HCO_3^- 形成 H_2CO_3,后经肾小管管壁细胞刷状缘上碳酸酐酶催化,分解成 CO_2 和水,CO_2 扩散回肾小管细胞内,再被利用,水则随尿排出(见图 8-6)。

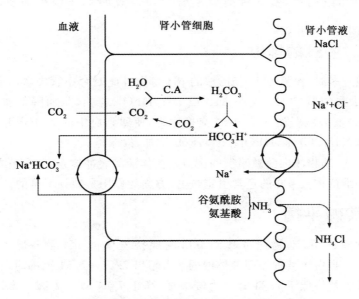

图 8-6 NH^+-Na^+ 交换与 NH_4^+ 的排泄

(二)NH₄⁺—Na⁺交换

远端肾小管具有的一种重要功能是泌氨。肾小管管腔内的尿液流经远端肾小管时,尿中氨的含量逐渐增加。排出的 NH_3 与原尿中的 H^+ 结合生成 NH_4^+ 使尿的 pH 升高。NH_4^+ 也可与管腔中的 Na^+ 交换,生成铵盐排出。肾小管氨的分泌与排出受体液 pH 的影响。当体液中酸性物质过多时,尿液的氢离子浓度增加,NH_4^+ 的生成和排出增多;相反,当体液中碱性物质过多时,尿液呈碱性,NH_4^+ 的生成和排出减少;当机体严重碱中毒时,尿中则无 NH_4^+ 的排出。

(三)K^+—Na^+交换

肾远曲小管细胞还有分泌 K^+ 的功能。排出的 K^+ 与肾小管液中的部分 Na^+ 进行交换,Na^+ 被吸收入血,而 K^+ 则随尿排出。由于肾远曲小管同时具有 H^+— Na^+ 交换的作用,因此 K^+—Na^+ 交换与 H^+—Na^+ 交换是竞争性的。如果 K^+— Na^+ 交换作用增强,则 H^+—Na^+ 交换就减弱,肾脏回收的 $NaHCO_3$ 的量减少;反之肾脏回收的 $NaHCO_3$ 的量增加。

当血钾升高时,肾小管 K^+—Na^+ 交换作用增强,可导致 H^+—Na^+ 交换减弱,引起酸中毒;相反,低血钾时肾小管会使回收的 $NaHCO_3$ 增多,可能引起碱中毒。

(四)过多碱的排出

机体碱过多时,血液 pH 上升,尿的 pH 也上升此时肾小管中碳酸酐酶活性降低,原尿中大量的碱($KHCO_3$、$NAHCO_3$、Na_2HPO_4)排出,从而降低血液 pH。由于 H^+—Na^+ 交换减弱而 K^+—Na^+ 交换增强,使回到血中的 $NaHCO_3$ 减少,而尿中 $KHCO_3$、$NaHCO_3$、K_2HPO_4、Na_2HPO_4 增加,故尿呈碱性。

综上所述,动物体内酸碱平衡的调节是由体液的缓冲体系、肺和肾共同配合进行的。为了维持体液 pH 的正常恒定,这三方面的作用是缺一不可的。

四、酸碱平衡

在正常情况下,动物通过其调节机制保持着体液 pH 的正常恒定,即 pH 7.24～7.54。当由于某种原因使体液的 pH 超出 7.24～7.54 范围时,机体就会出现代谢紊乱。常将低于 7.24 时称为酸中毒,高于 7.54 时称为碱中毒。引起体液 pH 改变的原因大致有两方面,一是由于肺功能失常使二氧化碳的排出不畅,二是由于肺功能失常以后的其他原因引起。

(一)体液酸碱平衡失调的类型

归纳起来体液酸碱平衡的失调可分为四种类型。

1. 呼吸性酸中毒 由于肺的通气和肺的循环障碍,二氧化碳不能通畅地排出体外可引起呼吸性酸中毒。发生呼吸性酸中毒时血液中 H_2CO_3 浓度升高 $[NaHCO_3]/[H_2CO_3]$ 比值下降,pH 降低。此时肾脏进代偿性代谢,增加排 H^+,增强 $NaHCO_3$ 的重吸收,使血浆中 $NaHCO_3/H_2CO_3$ 浓度升高。呼吸性酸中毒常见于下列情况,一是广泛性肺部疾病如肺水肿、严重肺气肿、胸膜肺炎等;二是由于胸部外伤或药物引起的呼吸中枢抑制;三是由于使用挥发性麻醉剂和采用密闭系统麻醉机麻醉。

2. 呼吸性碱中毒　由于通气过度,肺排出二氧化碳过多而引起。当呼吸性碱中毒时,血液中 $NaHCO_3$ 的浓度降低,$NaHCO_3/H_2CO_3$ 的比值升高。此时肾脏的代偿作用与呼吸性酸中毒相反,肾小管排 H^+ 量与 HCO_3^- 重吸收减少,$NaHCO_3$ 的排出量增加,故血浆中 $NaHCO_3$ 降低。呼吸性碱中毒常见于疼痛或生理应激时引起的呼吸增加,如犬在高温环境中引起的过度换气,在其他动物中少见。

3. 代谢性酸中毒　这是临床上最常见最重要的一种酸碱平衡紊乱。产生的主要原因是由于体内酸过多或丢失碱过多而引起血浆中 $NaHCO_3$ 减少,$NaHCO_3/H_2CO_3$ 比值下降,使血液 pH 下降。这种代谢性酸中毒时的代偿功能主要是肺增加换气率(呼吸加深加快),增加二氧化碳的排出,降低血液中 H_2CO_3 的浓度,使 $NaHCO_3/H_2CO_3$ 比值趋于正常。

产酸过多引起的疾病有牛的酮病、羊的妊娠毒血症;反刍动物饲喂不当所引起的瘤胃异常发酵;休克病畜由于微循环障碍,组织缺氧等。肠道疾病则多发于碱过多引起的代谢性酸中毒。

4. 代谢性碱中毒　主要是细胞外液中的 $NaHCO_3$ 浓度升高,导致 $NaHCO_3/H_2CO_3$ 比值增高,血液 pH 增大。其代偿作用首先是呼吸中枢受抑制,肺呼吸变浅变慢,换气减少,血液中二氧化碳排出减少,使 $NaHCO_3/H_2CO_3$ 比值和血液 pH 趋于正常。常见的动物病例有犬连续呕吐、牛的皱胃变位与十二指肠阻塞或弛缓等。

(二)酸碱平衡失调的纠正

当动物出现酸碱平衡失调时可采取以下方法进行纠正:

1. 改善肺、肾的代谢功能　代谢性酸中毒时,应改善肾功能,防止肾衰竭,增加酸的排出;代谢性碱中毒时,改善碳酸氢钠的排出。呼吸性酸中毒时,可增加肺的换气功能,加速二氧化碳的排出。

2. 补碱　是纠正酸中毒的一项重要措施。常用的碱液有碳酸氢钠、乳酸钠、三羟甲基烷等。

3. 补充电解质　体液的氢离子浓度常影响体液的电解质平衡。如代谢性碱中毒时血钾浓度降低,应注意补钾;在酸中毒时也会继发低血钾症,也应注意补钾。

课后练习

一、填空题

1. 泌尿系统由 _____ 、_____ 、_____ 和 _____ 组成。_____ 是核心器官。

2. 影响肾小球滤过的因素有 _____ 、滤过膜通透性、_____ 和 _____ 量的改变。

3. 尿生成的过程包括肾小球的 _____ 、肾小管和集合管的 _____ 作用和 _____ 作用。

二、思考题

1. 有效滤过压的大小取决于哪几种因素?

2. 尿液的生成受哪几种因素影响?

3. 机体是如何进行水和电解质平衡的调节的?

任务九　神经系统结构、活动观察识别

学习目标

- 理解神经纤维传导和突触传递的特点。
- 掌握植物性神经对内脏的调节机能,条件反射的生物学意义。
- 能够解释植物性神经对各系统的调节功能。
- 能够应用神经递质治疗某些疾病;能应用条件反射驯化、饲养动物。
- 熟练掌握不同手术时的麻醉部位和需要麻醉的神经。

学习方法

相关内容学习结合实践操作。

神经系统包括位于颅腔的脑和椎管内的脊髓,以及与脑、脊髓相连接并分布全身各处的周围神经。神经系统可接受体内和体外的刺激,通过脑和脊髓各级中枢的整合,再经周围神经控制和调节机体各个系统的活动。一方面使机体适应外界环境的变化,另一方面也调节着机体内环境的相对平衡,保证生命活动的正常进行,使动物体成为一个完整的对立统一体。

子任务一　神经组织基本结构与功能观察

学习目标

- 理解神经纤维传导和突触传递的特点。
- 理解神经纤维传导和突触传递的特点。

学习方法

相关内容学习结合实践操作。

相关内容

一、神经元与神经胶质细胞结构

神经组织由神经细胞和神经胶质细胞组成。神经细胞又称神经元,是神经系统形态和功能的基本单位,是高度分化的细胞,有感受刺激、传导冲动和产生化学信使(即神经递质)等功能。神经元的细胞体主要集中分布于脑、脊髓灰质、神经节以及某些内脏器官的壁内,其突起构成神经纤维分布于各种器官组织内。神经胶质细胞起支持、营养、保护和隔离等作用。

(一)神经元的分类

神经元按功能可分为感觉神经元、运动神经元和联合神经元。若根据细胞突起的多寡可分成三类;①假单极神经元:从细胞体发出一个突起,在离开胞体不远处又分成两支,一支为接受感觉的外周突,另一支为传向中枢的中枢突,如分布于脑、脊神经节内的感觉神经元。②双极神经元:从细胞体发出两个对称的突起,接受刺激的称树突,传出冲动的称轴突。③多极神经元:具有多个树突和一个轴突,轴突可伸向很远距离,其末梢终止于肌纤维或腺上皮。神经元也可按其所释放的递质分类,如胆碱能神经元和肾上腺素能神经元。

(二)神经元的结构

神经元可分为细胞体和突起(树突和轴突)。

(1)细胞体:神经元的胞体大小相差悬殊,胞体形态多样。细胞核呈球形。神经元的细胞质亦称神经浆,其中除了一般的细胞器以外,还有特有的神经原纤维和尼氏体(图9-1)。

(2)树突:呈树枝状,自细胞体发出,起始部较粗,逐渐变细,它是神经元接受化学信使的部位,将神经冲动传入细胞体。树突内含有尼氏体、神经原纤维等。

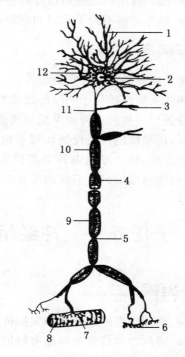

1.树突 2.神经细胞核 3.侧支 4.雪旺氏鞘
5.朗飞氏节 6.神经末梢 7.运动终板
8.肌纤维 9.雪旺氏细胞核 10.髓鞘
11.轴突 12.尼氏小体

图9-1 运动神经元构造模式

（3）轴突：是自胞体发出的一个细长的突起，其起始部呈丘状隆起，称轴丘。轴突和轴丘内无尼氏体。轴突的末端有树枝状的终末分枝，其末端有许多内含神经递质的膜包小泡，称突触小泡。轴突内的胞质称轴浆，轴突处的细胞膜称轴膜。轴突主要是将胞体发生的冲动传至另一种神经元或至肌细胞和腺细胞等效应器。

（4）神经纤维：由轴突或长树突与包在其外面的神经膜细胞，即雪旺氏细胞共同组成。分为有髓神经纤维和无髓神经纤维。动物机体绝大多数的神经纤维属于有髓神经纤维，它是由中央的轴突或长树突和外包的髓鞘和雪旺氏鞘构成。髓鞘是直接包在轴突外面的鞘状结构，每隔一定的距离出现间断，此处称郎飞氏结，两个郎飞氏结之间称结间段。雪旺氏鞘由扁平的雪旺氏细胞构成，紧贴于髓鞘表面。通常认为髓鞘是绝缘物质，能防止神经冲动从一个轴突扩散到邻近的轴突。无髓神经纤维的主要特征是有雪旺氏鞘而缺少髓鞘，亦不存在郎飞氏结，故纤维较细，表面光滑，电镜下可见若干条轴突陷入雪旺氏细胞内，缺少缠绕的过程。

（5）神经末梢：按功能分为感觉神经末梢和运动神经末梢。

①感觉神经末梢：是感觉神经的外周突与外周器官的接触点。

②运动神经末梢：是运动神经元轴突末梢与肌细胞、腺细胞等构成的结构，它将神经冲动传至肌肉或腺体。

③内脏运动神经末梢：神经纤维较细，末梢分支呈串珠状或膨大的扣结状，包绕在平滑肌纤维或穿行于腺细胞间，支配平滑肌纤维收缩或腺细胞的分泌。

（三）神经元间的连接——突触

神经元之间的接触点称突触。最常见的突触是轴突末梢在其末端膨大形成小结或小环，贴附于另一神经元的树突或胞体的表面。

（四）神经胶质细胞

神经胶质细胞，分布于神经元之间，起着支持、营养、黏合（能把神经元黏合在一起）、保护和绝缘作用。例如参与构成神经纤维的雪旺氏细胞。

二、神经元与神经纤维的功能

（一）神经元的基本功能

神经元是高度分化的细胞，它的基本功能是：①能感受体内、体外各种刺激而引起兴奋或抑制。②对不同来源的兴奋或抑制进行分析综合。神经元通过其突起与其他神经元、其他器官、组织之间相互联系，把来自内、外环境改变的信息传入中枢,加以分析、整合或贮存,再经过传出通路把信号传到其他器官、组织,产生一定的生理调节和控制效应。

(二)神经纤维传导兴奋的特征

神经纤维的主要功能是传导兴奋即动作电位,亦即传导神经冲动。神经冲动是指沿着神经纤维传导着的兴奋或动作电位。

1. 完整性 兴奋能够在同一神经纤维上传导,首先要求神经纤维在结构和功能上是完整的。

2. 绝缘性 一条神经干内有无数神经纤维,但每条纤维传导兴奋时基本上互不干扰,即一条神经纤维与另一条神经纤维之间彼此绝缘。

3. 双向性 当神经纤维的任何一点刺激而产生神经冲动时,冲动就从受到刺激的部位开始,沿着纤维向两端传播,一直到达末梢。

4. 相对不疲劳性 由于神经冲动的传导耗能较突触传递要少得多,神经纤维始终能保持其传导兴奋的能力,相对突触传递而言,神经纤维的兴奋传导表现为不易发生疲劳。

5. 不衰减性 冲动在同一条纤维内传导时,不论传导的距离多长,冲动的强度、频率和传导速度都自始至终保持相对恒定。

(三)传导速度与神经纤维直径的关系

不同种类的神经纤维,其传导兴奋的速度有很大的差别,这与神经纤维的直径、有无髓鞘、髓鞘的厚度以及温度有密切关系。

神经纤维的传导速度与纤维直径的关系:神经纤维的直径越大,传导速度越快。哺乳动物神经干内有三类纤维,即 A、B、C 三类纤维。

三、神经突触的功能

一个神经元的轴突末梢与其他神经元的胞体或突起相接触,相接触处所形成的特殊结构称为突触。兴奋还能从一个神经元传递给产生效应的细胞,神经元与效应器细胞相接触而形成的特殊结构称为接头,如神经肌肉接头。在突触前面的神经元叫突触前神经元,在突触后面的神经元叫突触后神经元。神经冲动由一个神经元通过突触传递到另一个神经元的过程叫做突触传递。

(一)突触的分类

根据突触接触的部位,可将突触分为三类。

①轴—树型:前一神经元的轴突与后一神经元的树突相接触形成突触。最为多见。

②轴—体型:前一神经元的轴突与后一神经元的胞体相接触形成的突触,较常见。

③轴—轴型:前一神经元的轴突与后一神经元的轴突相接触形成的突触,较少见。

按照突触传递信息的方式,可将突触分为化学突触和电突触。机体内大多数突触传递是化学突触。

按照突触的功能,可将突触分为兴奋性突触和抑制性突触。电突触大都是兴奋性突触,化学突触有兴奋性的,也有抑制性的。大多数轴—体突触是抑制性突触。

(二)突触的微细结构

用电子显微镜观察一个典型的突触包括突触前膜、突触间隙和突触后膜三个部分组成。

1. 突触前膜　突触前神经元的轴突末梢首先分成许多小支,每个小支的末梢部分膨大呈球状而为突触小体,贴附在下一个神经元的胞体或树突的表面。突触小体外面有一层突触前膜包裹,比一般神经元膜稍厚约 7.5 nm,突触小体内部除含有轴浆外,还有大量线粒体和突触小泡。突触小泡内含有兴奋性介质或抑制性介质。

2. 突触间隙　它是突触前膜和突触后膜之间的空隙,突触间隙宽 20～40 nm,间隙内有黏多糖和黏蛋白。

3. 突触后膜　指与突触前膜相对的后一种神经元的树突、胞体或轴突膜。突触后膜比一般神经元膜稍厚约 7.5 nm,上有相应的特异性受体。

(三)化学性突触传递

1. 兴奋性突触传递　在兴奋性突触中,当神经冲动从突触前神经元传到突触前末梢时,突触小体内的突触小泡就释放出兴奋性介质。介质通过扩散作用穿过突触间隙,作用于突触后膜上的受体,提高后膜对 Na^+ 和 K^+ 的通透性,尤其是对 Na^+ 的通透性,从而导致局部膜的去极化。

突触后膜的膜电位在递质作用下发生去极化改变,使该突触后神经元对其他刺激的兴奋性升高,这种电位变化称兴奋性突触后电位。

2. 抑制性突触的传递　在抑制性突触中,每当神经冲动从突触前神经元传到突触末梢时,突触小体内的突触小泡就释放出抑制性介质。介质通过扩散作用穿过突触间隙,作用于突触后膜的受体,使后膜的 Cl^- 内流,从而使膜电位发生超极化。有人认为,后膜电位的变化也与 K^+ 外流增加,以及 Na^+ 和 Ca^{2+} 通道的关闭有关。

突触后膜的膜电位在递质作用下产生超极化改变,使该突触后神经元对其他刺激的兴奋性下降,这种电位变化称为抑制性突触后电位。抑制性突触后电位有空间和时间的总和作用。

3. 动作电位在突触后神经元的产生　在中枢神经系统中,一个神经元常与其他多个神经末梢构成许多突触,这些突触中有的产生兴奋性突触后电位,有的产生抑制性突触后电位。因此,突触后神经元的胞体实质上起着整合器的作用,不断地对电位变化进行整合。突触后膜上的电位改变的总趋势取决于同时产生的兴奋性突触后电位和抑制性突触后电位的代数和。当突触后神经元的膜电位去极化达到一定程度时,就足以达到阈电位水平而产生可传播的动作电位,使突触后神经元进入兴奋状态。

(四)突触传递的特性

神经冲动通过突触的传递明显不同于神经纤维上的冲动传导,这是由于突触本身的结构和化学递质的参与等因素所决定的。突触传递的特征主要表现为以下几个方面。

1. 单向传导　兴奋在神经纤维上的传导是双向性,但兴奋在通过突触传递时只能由突触前神经元传递给突触后神经元,绝对不能向相反的方向逆传。因此在突触部位,只有突触前膜能释放神经递质,递质也只能作用于突触后膜的特异性受体,因而兴奋不能逆向传导。突触传递的这种特性使神经冲动能循着特定的方向和途径传播,从而保证神经系统的调节和整合活动能够有规律进行。

2. 突触延搁　兴奋通过突触传递要比其在神经纤维上传导通过同样的距离要慢得多。根据测定,兴奋通过一个突触所需要的时间为 0.3~0.5 ms。在反射活动中.当兴奋通过中枢部分时,往往需要多个突触的接替,因此延搁时间长达 10~20 ms,与大脑皮层活动相关联的反射可达 500 ms 左右。

3. 总和　在突触传递过程中,突触后神经元发生兴奋需要有多个兴奋性突触后电位,才能使膜电位的变化达到阈电位水平,从而爆发动作电位。兴奋的总和包括空间总和和时间总和,如果总和未达到阈电位,此时处于局部阈下兴奋状态的神经元,与其处于静息状态下相比,兴奋性有所提高。由于这种总和作用,突触传递就不像神经纤维与肌肉间的传递那样以 1:1 的方式来传播冲动,而需要许多次的突触前神经冲动,才能诱发一次突触后神经冲动。

4. 对内环境变化敏感和易疲劳　突触部位易受内环境理化因素变化的影响。如缺氧、二氧化碳及某些药物等均可作用于突触传递的某些环节,改变突触部位的传递能力。因为突触间隙与细胞外液相沟通,细胞外液中许多物质到达突触间隙而发生影响。此外,突触部位是反射弧中最易发生疲劳的环节。

(五)神经递质及受体

1. 神经递质　是指突触前神经元合成并在末梢处释放,经突触间隙扩散,特异性的作用于突触后神经元或效应器细胞上的受体,引导信息从突触前传递到突触后的一些化学物质。常见神经递质见表 9-1。

表 9-1　一部分神经递质和它们的作用部位

物质	作用部位	作用形式	备注
乙酰胆碱(ACH)	骨骼肌和神经肌肉接点	兴奋	确定
	植物性神经系统		
	交感节前	兴奋	确定
	副交感节前	兴奋	确定
	副交感节后	兴奋或抑制	确定
	中枢神经系统	兴奋	确定
	多种无脊椎动物	多样的	确定
去甲肾上腺素(NE)	中枢神经系统	兴奋或抑制	确定
	绝大部分交感节后		
谷氨酸(GLU)	中枢神经系统	兴奋	确定
	甲壳动物,中枢与外周神经系统	兴奋	确定
天冬氨酸	中枢神经系统	兴奋	可能
γ-氨基丁酸(GABA)	中枢神经系统	抑制	确定
	甲壳动物,中枢与外周神经系统	抑制	确定
5-羟色胺(5-HT)	脊椎动物和无脊椎动物的中枢神经系统	—	确定
多巴胺(DA)	中枢神经系统	—	确定

2. 受体　受体是指细胞膜或细胞内能与某些化学物质(如递质、激素等)发生特异性结合并诱发生物学效应的特殊生物分子。能与受体发生特异性结合并产生生物效应的物质称为激动剂;只发生特异性结合,但不产生生物效应的化学物质则称为颉颃剂。两者统称为配体。

3. 主要的递质和受体系统

(1)乙酰胆碱(ACH)及其受体:在周围神经系统,释放乙酰胆碱作为递质的神经纤维称胆碱能神经纤维。所有植物神经节前纤维、大多数副交感神经的节后纤维、少数交感神经的节后纤维(引起汗腺分泌和骨骼肌血管舒张的舒血管纤维),以及支配骨骼肌的纤维都属于胆碱能纤维。在中枢神经系统中,以乙酰胆碱作为递质的神经元,称为胆碱能神经元,胆碱能神经元在中枢的分布极为广泛。

凡是能与乙酰胆碱结合的受体,都叫胆碱能受体。根据其药理特性,胆碱能受体可分为两种。

①毒蕈碱受体:毒蕈碱是一种从有毒伞菌科植物中提出的生物碱,对植物神经节中的受体几乎没有作用,但能模拟释放乙酰胆碱对心肌、平滑肌和腺体的刺激作用。所以这些作用称为毒蕈碱样作用(M样作用),相应的受体称为毒蕈碱受体(M受体),它的作用可被阿托品阻断。毒蕈碱受体分布在胆碱能节后纤维所支配的心脏、肠道、汗腺等效应器细胞和某些中枢神经元上。当乙酰胆碱作用于这些受体时,可产生一系列植物神经节后胆碱能纤维兴奋的效应,它包括心脏活动的抑制,支气管平滑肌的收缩,胃肠平滑肌的收缩,膀胱闭尿肌的收缩,虹膜环形肌的收缩,消化腺分泌的增加以及汗腺分泌的增加和骨骼肌血管的舒张等。

【知识链接】临床上常用阿托品作为解毒剂,主要解有机磷中毒,有机磷中毒时动物会出现平滑肌收缩加强,腺体分泌增加,即胆碱能神经兴奋。

②烟碱受体:这些受体存在于所有植物性神经节神经元的突触后膜和神经—肌肉接头的终板膜上。小剂量的乙酰胆碱能兴奋植物性神经节神经元,也能引起骨骼肌收缩,而大剂量乙酰胆碱则阻断植物性神经节的突触传递。这些效应不受阿托品影响,但可被从烟草叶中提取的烟碱所模拟,因此这些作用称为烟碱样作用(N样作用),其相应的受体称为烟碱受体(N受体)。

(2)儿茶酚胺及其受体:儿茶酚胺类递质包括肾上腺素、去甲肾上腺素(NE)和多巴胺。在周围神经系统,至今尚未发现释放肾上腺素作为递质的神经纤维。多数交感神经节后纤维释放的递质是去甲肾上腺素。凡是神经末梢释放的神经递质是去甲肾上腺素的都叫肾上腺能纤维。最近研究表明,在植物性神经系统中,还有少量的神经末梢释放多巴胺的多巴胺纤维。在中枢神经系统中,以肾上腺素为递质的神经元称为肾上腺素能神经元,胞体主要分布在延髓。以去甲肾上腺素为递质的神经元称为去甲肾上腺素能神经。绝大多数去甲肾上腺素能神经元位于脑干。

凡是能与去甲肾上腺素或肾上腺素结合的受体均称为肾上腺素能受体。肾上腺素能受体主要分为α型肾上腺素能受体（α受体）和β型肾上腺素能受体（β受体）两种。受体的分布及作用如表 9-2 所示。

表 9-2 肾上腺素能受体的分布及效应

效应器	受体	效应
瞳孔散大肌	α	收缩
睫状肌	β	舒张
心脏	β	心率加快、传导加速、收缩加强
冠状动脉	α、β	收缩、舒张（在体内主要为舒张）
骨骼肌血管	α、β	收缩、舒张（舒张为主）
皮肤血管	α	收缩
脑血管	α	收缩
肺血管	α	收缩
腹腔内脏血管	α、β	收缩、舒张（除肝血管外舒张为主）
支气管平滑肌	β	舒张
胃平滑肌	β	舒张
小肠平滑肌	α、β	舒张
胃肠括约肌	α	收缩

子任务二　中枢神经形态与结构观察

学习目标

掌握中枢神经的形态与结构。

学习方法

相关内容学习结合实践操作。

相关内容

一、脊髓

脊髓由胚胎时期的神经管后部发育而成，具有节段性，是中枢神经系的低级部分。脊髓是躯干与四肢的初级反射中枢，与脑的各级中枢联系密切，又是神经冲动的传导通路。正常情况下，脊髓的活动都是在脑的控制下进行的。

（一）脊髓的外形和位置

脊髓位于椎管内，其前端在枕骨大孔处与延髓相连，后端止于荐骨中部。呈背腹略扁的圆柱状，依据所在部位可分为颈部（颈髓）、胸部（胸髓）、腰部（腰髓）、荐部（荐髓）。脊髓的全长粗细不等，有两个膨大，即颈膨大和腰膨大。在颈后部和前肢的神经，神经细胞和纤维含量较多，形成颈膨大。在腰荐部分出至后肢的神经，也较粗大，形成腰膨大。腰膨大之后则逐渐缩小呈圆锥状，称脊髓圆锥。脊髓圆锥向后伸出一根细丝，叫终丝。脊髓表面有背正中沟和腹正中裂。

（二）脊髓的内部构造

脊髓由灰质和白质构成，从脊髓的横切面观察，灰质位于中央，呈"H"形，颜色灰暗。白质位于灰质的外周呈白色。灰质中央是中央管，纵贯脊髓全长，前接第四脑室，后达终丝的起始部，并在脊髓圆锥内呈菱形扩张形成终室（图9-2）。

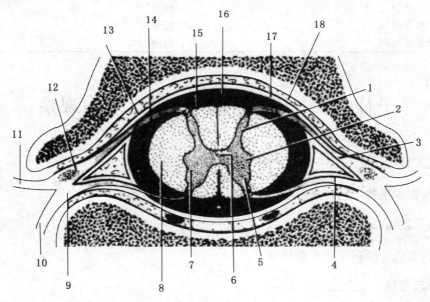

1.背角　2.侧角　3.背根　4.腹根　5.腹角　6.中央管　7.灰质　8.白质　9.脊神经
10.腹支　11.背支　12.脊神经节　13.硬膜　14.蛛网膜　15.软膜
16.蛛网膜内腔　17.硬膜内腔　18.硬膜外腔

图9-2　脊髓构造

灰质主要由神经元的胞体和树突构成。横切面上，可见每侧灰质都有背、腹侧两个突出部，分别称为背角和腹角，从第 1 胸节段（或第 8 颈节）到胸第 3 腰节段，在灰质中间部向外突出，形成侧角。它们在脊髓前后连贯形成柱状，分别称为背侧柱、腹侧柱和外侧柱。背侧柱的神经元，属于中间神经元，腹侧柱主要由运动神经元组成。外侧柱内的神经元属于植物性神经，聚集形成中间外侧核。

白质主要由有髓纤维组成，含有长短不等的纤维束，被灰质柱分为三个索。在背侧柱与背正中沟之间的为背侧索；位于腹侧柱与腹正中裂之间的为腹侧索；位于背侧柱与腹侧柱外侧的为外侧索。靠近灰质的白质为一些短程的连接脊髓各段之间的纤维，形成脊髓固有束。其他都是一些远程的连于脑和脊髓之间的上行（感觉）、下行（运动）传导束。

（三）脊髓的被膜

脊髓外面被覆有三层结缔组织膜，总称为脊膜。由内向外依次为脊软膜、脊蛛网膜和脊硬膜。脊软膜很薄，紧贴在脊髓的表面，富有神经和血管，对脊髓的滋养具有重大意义。脊蛛网膜也很薄，缺乏血管和神经，与脊软膜之间形成相当大的腔隙，称为蛛网膜下腔，向前与脑蛛网膜下腔相通，容纳脑脊液。蛛网膜通过结缔组织小梁与脊硬膜和脊软膜相连结。荐尾部的蛛网膜下腔较宽。脊硬膜为白色致密的结缔组织膜。在脊硬膜与蛛网膜之间形成狭窄的硬膜下腔，内含少量液体，向前与脑硬膜下腔相通。在脊硬膜与椎管之间，有一较宽的腔隙称为硬膜外腔，内含静脉和大量脂肪，有脊神经通过。

【知识链接】临床做脊髓硬膜外麻醉，就是把麻醉药注入硬膜外腔，以阻滞脊神经的传导作用。

二、脑

脑位于颅腔内，经枕骨大孔与脊髓连续。脑的形态不规则，表面凹凸不平，根据外部形态和内部结构特征可区分为延髓、脑桥、中脑、间脑、大脑和小脑。通常将延髓、脑桥和中脑合称为脑干，也有学者认为间脑也属于脑干（图 9-3）。

从整个脑的背面观察，在脑的背侧后部有一明显的大脑横裂将大脑和小脑分隔，大脑由一深的大脑纵裂分成左右两个大脑半球。半球表面被覆有灰质，称为大脑皮质。根据其机能和位置的不同，可将每一大脑半球分为五叶。前背侧面为额叶；后背侧面为顶叶；外侧面为颞叶；后面为枕叶；在半球内侧面上半部属于额叶、顶叶和枕叶，下半部为边缘叶。在大脑纵裂的深部，有连接两半球的白质板，称为胼胝体。小脑表面的两条纵向的浅沟，可把小脑分为中间的蚓部和两侧的小脑半球。

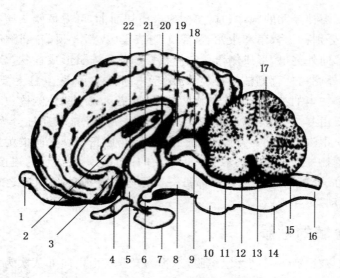

1.嗅球　2.透明隔　3.室间孔　4.视交叉　5.第3脑室　6.乳头体　7.脑垂体　8.大脑脚
9.中脑导水管　10.脑桥　11.前髓帆　12.第4脑室　13.脉络层　14.延髓　15.后髓帆
16.中央管　17.小脑　18.四叠体　19.松果体　20.脉络层　21.中间块　22.丘

图 9-3　脑正中切面

从脑腹面观察最后的部分是延髓,它的后方连于脊髓。延髓后部较窄前部稍宽,呈扁柱状。在延髓腹侧正中线上有腹正中裂。在裂的两侧有向前后伸延的隆起,叫做锥体。在锥体的后端有纤维交叉,叫锥体交叉。延髓的前方有横向的明显隆起,叫做脑桥。脑桥的前为纵向的左、右两个大脑脚。脑桥的前方为下丘脑。腹侧后部有小丘状隆起,为乳头体,其前方为灰结节。灰结节之下为脑垂体。垂体为一球状结以垂体柄连于灰结节。在垂体前方,有第 2 对脑神经(视神经)汇合形成的视交叉。在脑腹侧面的最前端,有椭圆形球状结构,称为嗅球。脑桥的前上方是中脑和间脑。四者合称脑干,其内部有网状结构。

第四脑室是位于延髓、脑桥和小脑之间的空腔,前通中脑导水管,后接脊髓中央管。

脑的外面包有三层膜　软膜较薄,血管丰富,紧贴于脑的表面,能产生脑脊液。蛛网膜很薄,包围于软膜之外,与软膜之间的间隙称蛛网膜下腔,内含脑脊液。硬膜较厚,包围于蛛网膜之外。

脑的血液来自颈内动脉、枕动脉和椎动脉。这些动脉在脑底汇合成动脉环,围绕脑垂体。从动脉环上分出侧支,分布于脑。

子任务三 外周神经形态与结构观察

- 了解外周神经形态与结构。
- 理解外周神经的作用特点。

学习方法

相关内容学习结合实践操作。

相关内容

一、脊神经

除颈神经为 8 对之外,其他脊神经的对数均与相应的椎骨个数相同。每条均分为背侧支和腹侧支。

(一)臂神经丛

由第 6～8 颈神经和第 1、2 胸神经的腹侧支形成,在斜角肌上、下两部之间穿出,位于肩关节内侧。其主要分支有肩胛上神经、肩胛下神经、腋神经、桡神经、尺神经和正中神经。

(二)膈神经

由后几个颈神经的腹侧支和前几个胸神经的腹侧支合成,自胸廓前口入胸之后,经纵膈分布于膈。

(三)胸神经

腹侧支又叫肋间神经,伴随肋间背侧动、静脉,沿肋骨的后缘在肋间内、外肌之间下行,沿途分支分布肋间肌。最后肋间神经又称肋腹神经,分布于腹外斜肌、躯干皮肌及皮肤。

（四）腰、荐神经丛

腰、荐神经的腹侧支相互连接形成腰荐神经丛。腰神经丛位于腰椎腹侧，主要分支有髂下腹神经和髂腹股沟神经。髂下腹神经来自第1腰神经的腹侧支。分布于腹内斜肌、腹横肌、腹直肌及腹底壁的皮肤。髂腹股沟神经来自第2腰神经的腹侧支，牛的经第4腰椎横突顶端的下方向后伸延，分布于膝褶外侧的皮肤、腹内斜肌、腹直肌和腹底壁的皮肤。荐神经丛主要分支是坐骨神经，它来自第6腰神经和第1、2荐神经腹侧支，由坐骨大孔出盆腔，沿荐结节阔韧带外侧走向后下方，分为胫神经和腓神经，分布于后肢。

二、脑神经

脑神经的种类及分布见表9-3。

表 9-3　脑神经简表

对别	名称	性质	分布范围	连脑部位	机能
Ⅰ	嗅神经	感觉	鼻黏嗅区	嗅脑	嗅觉
Ⅱ	视神经	感觉	视网膜	间脑	视觉
Ⅲ	动眼神经	运动	眼球肌	中脑	眼球运动
Ⅳ	滑车神经	运动	眼球肌	中脑	眼球运动
Ⅴ	三叉神经	混合	头部肌肉、皮肤、泪腺黏膜、口腔齿髓、舌、鼻腔等	脑桥	头部皮肤、鼻腔、口腔、舌等感觉；咀嚼运动
Ⅵ	外展神经	运动	眼球肌	延髓	眼球运动
Ⅶ	面神经	混合	鼻唇肌肉、耳肌、眼睑肌、唾液腺等	延髓	面部感觉、运动、唾液分泌
Ⅷ	听神经	感觉	内耳	延髓	听觉和平衡觉
Ⅸ	舌咽神经	混合	舌、咽	延髓	咽肌运动、味觉、舌部感觉
Ⅹ	迷走神经	混合	咽、喉、食管、胸腔、腹腔内大部分脏器及腺体	延髓	咽、喉及内脏器官的感觉和运动
Ⅺ	副神经	运动	斜方肌、臂头肌、胸头肌	延髓、颈部脊髓	头、颈、肩带部的运动
Ⅻ	舌下神经	运动	舌肌	延髓	舌的运动

脑神经名称的记忆口诀：一嗅二视三动眼，四滑五叉六外展，七面八听九舌咽，十迷一副舌下全。

三、植物性神经

在神经系中，分布到内脏器官、血管和皮肤的平滑肌、以及心肌和腺体等的神经叫植物性神经，又称自主神经或内脏神经。

躯体运动神经一般都受意识支配，而植物性神经在一定程度上不受意识的直接控制。根据形态、功能和药理的特点，植物性神经分为交感神经和副交感神经。

（一）交感神经

交感神经分为中枢部和周围部。交感神经的低级中枢位于脊髓的胸腰段的灰质外侧柱，节前纤维由外侧柱细胞的轴突形成。交感神经的周围部包括交感神经干、神经节和神经节的分支及神经丛所形成。

交感神经干位于脊柱两侧，其前端达颅底，后端两干于尾骨腹侧互相合并。干上有一系列的椎神经节。

交感神经干按部位可分为颈部、胸部、腰部和荐尾部。

1. 颈部交感神经干　颈部交感神经干包含有四个神经节，即颈前神经节、颈中神经节、椎神经节和颈后神经节。

2. 胸部交感神经干　位于胸椎椎体及颈长肌的两侧，表面被覆有胸内筋膜和胸膜，由颈胸神经节伸延到膈，连于腰部交感神经干。胸部交感神经干上有胸神经节，并分出内脏大神经和内脏小神经走向腹腔器官。

腹腔肠系膜前神经节位于腹腔动脉及肠系膜前动脉的根部，由一对圆的腹腔神经节和一个长的肠系膜前神经节组成。沿动脉的分支分布到胃、肝、脾、胰、肾、小肠、盲肠和结肠前段等器官。肠系膜前神经节与肠系膜后神经节之间有节间支连接（图9-4）。

3. 腰部交感神经干　位于腰小肌内侧缘，在腰椎椎体的侧面，由神经节发出的节前纤维走向肠系膜后神经节及盆神经丛，节后纤维走向腰神经。在肠系膜后神经节内更换神经元，随动脉分布到结肠后段、精索、睾丸和附睾或母畜的卵巢、输卵管及子宫角。还向后发出较大的腹后神经沿输尿管进入盆腔，在直肠两侧下方参加盆神经丛。

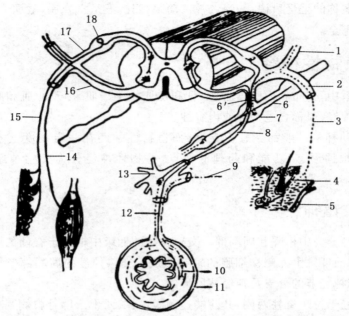

1.脊神经背侧支　2.脊神经腹侧支　3.交感节后神经纤维　4.竖毛肌　5.血管　6.交感神经干
6′.交通支　7.椎神经节　8.交感节前神经纤维　9.副交感节前神经纤维
10.副交感节后神经纤维　11.消化管　12.交感节后神经纤维
13.椎下神经节　14.脊神经运动神经纤维　15.感觉神经
纤维　16.腹侧根　17.背侧根　18.脊神经节

图 9-4　脊神经和植物性神经反射径路模式图

(二)副交感神经

副交感神经节前神经元的胞体位于中脑、延髓和脊髓的荐段。节后神经元的胞体多数位于器官壁内的终末神经节,少数位于器官附近的终末神经节。

1. **脑部副交感神经**　脑部副交感神经的节前神经元胞体位于中脑和延髓。中脑部副交感神经纤维随动眼神经分布,延髓部副交感神经纤维随面神经、舌咽神经和迷走神经伸延。

迷走神经是一对行程最长、分布最广的混合神经,含有四种纤维成分。出颅腔后与副神经伴行,向下走向颈部,在与交感神经干相会之前,迷走神经上有不明显的神经节,叫结状神经节,它发出内脏传入纤维,与迷走神经内脏传出纤维一起,分布于胸、腹腔内脏器官。

迷走神经至颈总动脉的分支处与颈部交感神经干相并列,并共同包有结缔组织形成迷走交感神经干,沿颈总动脉的背侧向后伸延到胸腔前口,交感神经干与迷走神经彼此分离。迷走神经在气管的右侧面或食管的左侧面进入胸腔内,沿着食管伸延到腹腔。

2. 荐部副交感神经 荐部副交感神经的节前神经元是位于第 1(2)至第 3(4)荐段脊髓腹角基部外侧,节前纤维随荐神经出荐盆侧孔,然后形成独立的 2～3 支,叫盆神经。盆神经沿盆腔壁向腹侧伸延,在直肠侧壁和膀胱侧壁间与腹后神经一起构成盆神经丛,丛内有盆神经节。节后纤维分布于结肠后段、直肠、膀胱、阴茎或子宫、阴道等。

子任务四 神经系统感觉分析功能的观察

学习目标

理解神经系统对感觉的分析功能。

学习方法

相关内容学习结合实践操作。

相关内容

一、感受器

动物接受外界事物和机体内环境中的各种各样的刺激,首先是由感受器或感觉器官感受,然后将各种刺激形式的能量转换为神经冲动沿传入神经传导,并通过各自的神经通路传向中枢。经过中枢神经系统的分析和综合,从而形成各种各样的感觉。

根据刺激的来源与感受器的位置分为几类。

①外感受器:皮肤感受器,提供靠近身体的外部环境变化的信息。

②距离感受器:眼、耳、鼻,提供距离身体较远的外部环境变化的信息。

③本体感受器:肌肉、肌腱、关节和前庭的感受器,发出关于身体在空间的位置和运动情况的信息。

④内感受器:内脏感受器,发出关于内脏器官的信息。

二、主要感觉器官

(一) 眼

1. **眼球**　眼球位于眼眶内,后端有视神经与脑相连,其构造由眼球壁和眼球内容物两部分组成。

(1) 眼球壁:眼球壁由三层构成,由外向内依次为纤维膜、血管膜和视网膜。

①纤维膜:可分为前部的角膜和后部的巩膜。角膜占纤维膜的前 1/5,无色透明,具有折光作用。巩膜位于眼球的后部,约占纤维膜的后 4/5,是白色不透明的致密纤维膜,有保护眼球作用。前接角膜,后接巩膜筛板,为视神经纤维的通路。

②血管膜:位于纤维膜与视网膜之间,含有大量血管和色素细胞,有营养眼内组织、调节进入眼球光量和产生眼房水的作用。血管膜由后向前可分为脉络膜、睫状体和虹膜三部分。虹膜的中央有一孔,称为瞳孔。瞳孔呈横椭圆形,其游离缘有一些小颗粒。从眼球前面透过角膜可看到虹膜和瞳孔。虹膜内有瞳孔括约肌和瞳孔开大肌分别缩小或开大瞳孔。

③视网膜:紧贴在血管膜的内面,可分为视网膜盲部和视部两部分。盲部贴附在虹膜和睫状体的内面,无感光作用。视部贴附在脉络膜的内面,由高度分化的神经组织构成,有感光作用。视部外层为色素层,由单层色素上皮构成。内层为神经层,主要由三层神经细胞组成。其中最外层为接受光刺激的感光细胞(视杆细胞和视锥细胞),是构成视觉器官的最主要部分。

(2) 眼球内容物:眼球内容物包括晶状体、玻璃体和眼房水,它们均无血管而透明,和角膜一起构成眼球的折光装置,使物体在视网膜上映出清晰的物像,对维持正常视力有重要作用。

2. **眼球的辅助器官**　眼球的辅助器官包括眼睑、泪器、眼眶和眶骨膜及眼球肌。

眼睑是位于眼球前方的皮肤褶,俗称眼皮,分为上眼睑和下眼睑,有保护眼球免受伤害的作用。眼睑外面为皮肤,内面为睑结膜,中间为眼轮匝肌和睑板腺。内外两面移行部叫睑缘,睑缘上长有睫毛。

第三眼睑又称瞬膜,是位于睑内侧角的结膜褶。呈半月形。常有色素,内有一片软骨。第三眼睑无肌肉控制,仅在眼球被眼肌向后拉时,压迫眼眶内组织而使其被动露出。动物在闭眼后或转动头部时,第三眼睑可覆盖至角膜中部。

【**知识链接**】正常结膜呈淡红色,在发热、黄疸或贫血时易显示不同的颜色,常作为临床诊断的依据。

(二)耳

耳包括外耳、中耳和内耳,外耳包括耳廓、外耳道和鼓膜。

耳廓形状因家畜种类和品种而不同,一般呈圆筒状,上端较大,开口向前,下端较小,连于外耳道。耳廓外面隆凸称耳背,里面的凹陷称舟状窝,窝内的皮肤形成纵走的皱褶。耳廓以耳廓软骨为支架,内、外被覆皮肤,内面的皮肤上部长有长毛,基部毛少而具有很多皮脂腺。耳廓基部包有脂肪垫,并附着有较发达的耳肌,包括耳廓内肌和耳廓外肌,使耳廓能作灵活运动,便于收集声波。中耳由鼓室、听小骨和咽鼓管组成。鼓室的前下方通咽鼓管。咽鼓管又称耳咽管,连接咽腔和鼓室,为衬有黏膜的管道,其黏膜与咽及鼓室黏膜相延续。咽鼓管一端开口于鼓室前下壁,称咽鼓管鼓口。另一端开口于咽侧壁,称咽鼓管咽口。空气从咽腔经此管到鼓室,可以保持鼓膜内、外两侧大气压力的平衡,防止鼓膜被冲破。

耳是平衡觉感受器和听觉感受器。

三、感觉过程的一般原理

1. 感受器对刺激的能量转化过程　感受器的基本机能是从周围环境许多形式的能量中取出某一种形式能量中的一少部分转换成生物能量,即神经系统中的电信号。

2. 感受器冲动的发放　一般来说,对不同程度的阈上刺激,感受器将产生不同程度的兴奋,刺激加强时,感受器触发的动作电位的频率增高,但动作电位的大小不变。

3. 感觉的适应　大多数感受器当刺激持续作用时,感觉逐渐减弱,有的甚至消失,这个过程叫感觉的适应。这样的感受器称快适应性感受器。少数感受器在受到持续性的恒定刺激时,能几乎以恒定的频率持续地触发神经冲动,传进中枢,这样的感受器叫慢适应性感受器。

四、感觉投射系统

根据丘脑向各部分大脑皮层投射特征的不同,可把感觉投射系统分为两类,即特异性投射系统和非特异性投射系统。

(一)特异性投射系统

一般认为,经典的感觉传导是由三级神经元的接替完成的。第一级神经元位于脊髓神经节或有关的脑神经节内,第二级神经元位于脊髓背角或脑干的有关神经核内,第三级神经元在丘脑。特异性投射系统是指从丘脑发出的纤维,投射到大脑皮层的特定区域,具有程度很高的点对点的投射关系。

特异性投射系统的功能是传递精确的信息到大脑皮层引起特定的感觉,并激发大脑皮层发出传出神经冲动。

(二)非特异性投射系统

该系统的上行传入通路的一、二级神经元就是特异性投射系统的一、二级神经元,二级神经元的部分纤维或侧支进入脑干网状结构,与其内的神经元发生广泛地突触联系,并逐渐上行,抵达丘脑内侧部,然后进一步弥散性投射到大脑皮层的广泛区域。所以,这一感觉投射系统失去了专一的特异性感觉传导功能,是各种不同感觉的共同上传途径,又称为非特异性投射系统。

非特异性投射系统主要起着两种作用:一是激动大脑皮层的兴奋活动,使机体处于醒觉状态。所以该系统又称为脑干网状结构的上行激动系统。二是调节皮层各感觉区的兴奋性,使各种特异性感觉的敏感度提高或降低。

五、大脑皮层的感觉代表区

大脑皮层是感觉的最高中枢。它通过对各种感觉冲动的分析和综合产生精细的感觉,并能把各种感觉综合起来成为整体,然后发生反应。

大脑皮层的感觉区主要有:产生触觉、压觉、温度觉和痛觉的皮肤感觉和肌肉、关节等本体感觉的躯体感觉区在顶叶的中央后部;视觉感觉区在枕叶距状裂的两侧;听觉感觉区在颞叶外侧;嗅觉感觉区在边缘叶的前梨状区和大脑基底的杏仁核;味觉感觉区在颞叶外侧裂附近;内脏感觉区在边缘叶的内侧面和皮层下的杏仁核等部。大脑皮层的这些感觉区的功能性差别只是相对的,并不是绝对的。它只能表明在一定区域内对一定功能有比较密切的联系,并不意味着各感觉区之间互相孤立和各不相关。事实上,它们之间在功能上经常密切联系,协同活动,产生各种复杂的感觉。

子任务五　神经系统对躯体运动调节功能的观察

学习目标

掌握神经系统对躯体运动的调节功能。

相关内容学习结合实践操作。

躯体运动是在中枢神经系统的调控下,以骨骼肌收缩活动为基础来进行姿势和位置改变的。它是畜禽对外界进行反应的主要活动,能够使机体迅速地适应生存条件,各级中枢对骨骼肌活动的调节如下:

一、脊髓

脊髓内含有骨骼肌反射的低级中枢如屈肌反射中枢和牵张反射中枢等,能完成简单的躯体反射。

(一)屈肌反射

用去掉脑髓的动物作实验,针刺左侧后肢跖部皮肤,可引起该肢屈曲,这种现象称为屈肌反射。此反射的发生,是左侧后肢皮肤传入神经进入脊髓后,通过一个中间神经元使屈肌收缩。同时传入神经的一些侧支通过一个抑制性中间神经元,终止于支配左后肢伸肌的运动神经元,使伸肌弛缓。

(二)牵张反射与肌紧张

当骨骼肌被牵拉时,肌腱内感受器受到刺激而兴奋,产生的冲动传进脊髓后,将引起被牵引的骨骼肌发生反射性收缩,这种反射称为牵张反射。牵张反射是实现骨骼肌运动的最基本的反射。肌紧张是在牵张反射的基础上,只有少数肌纤维轮换地进行微弱收缩的结果。

二、脑干

脑干的脑神经可直接与头部和胸腹腔脏器的感受器和效应器发生联系,并有神经纤维与中枢各部保持密切联系,大脑和小脑与脊髓之间的下行和上行纤维都要通过脑干。因此,脑干有反射和传导两种机能。

(一)延髓

延髓具有维持及调节呼吸、血管运动、心脏活动等生命中枢。延髓的前庭神经核除与外眼肌运动反射、维持和恢复头部及躯体的正常姿势有关外,还与迷路联系,通过头、腿、尾和禽翼的紧张性反射以调节对空间方位的平衡。

(二)脑桥

哺乳动物有明显的脑桥、脑干网状结构的后行易化系统从延髓网状结构外侧背部向脑桥和中脑延伸,直达间脑腹侧,共同构成脑干网状结构的后行易化系统。能加强骨骼肌的牵张反射,使骨骼肌的紧张性升高。

(三)中脑

在维持视觉与听觉上都有很大的意义。前丘内有瞳孔反射中枢和动眼中枢,完成瞳孔的收缩、扩张和眼的运动,并使头转向视觉刺激方向。红核一方面与小脑和纹状体的神经核联系,另一方面与脊髓联系,控制着肌紧张,保持着动物体的正常姿势。在中脑部切断脑干后,抑制肌紧张的中枢联系切断较多,使平衡发生改变,伸肌紧张性增加,表现去大脑僵直。

(四)间脑

其中的丘脑下部对身体各种躯体神经起反应,破坏丘脑引起屈肌紧张度增高。
此外,脑干网状结构是中枢神经系统中最重要的皮质下整合调节机构。它对脊髓中的躯体运动神经元有抑制和加强两方面的作用。

三、小脑

小脑中有控制躯体运动和平衡感觉的中枢,并有纤维与脊髓、延髓、脑桥、中脑及大脑相联系。小脑的主要功能是调节肌紧张,维持身体的平衡及协调随意运动。当破坏动物的小脑后,导致肌肉软弱无力,肌紧张降低,平衡失调,站立不稳,四肢分开,步态蹒跚,体躯摇摆,容易跌倒。全部切除禽类小脑后,不能行走或飞翔;切除一侧小脑后,则同侧腿部僵直。

四、大脑

大脑皮层是中枢神经系统控制和调节骨骼肌活动的最高中枢,它是通过锥体系统和锥体外系统来实现的。实验证明,皮质运动区支配对侧骨骼肌,呈现左右交叉关系,即左侧运动区支配右侧躯体的骨骼肌,右侧运动区支配左侧躯体的骨骼肌。

(一)锥体系统

皮质运动区内存在着许多大锥体细胞,这些细胞发出粗大的下行纤维组成锥体系统。其纤维一部分经脑干交叉到对侧,与脊髓的运动神经元相连,调节各小组骨骼肌参与的精细动作。如锥体系统受损坏,随意运动即消失。

(二)锥体外系统

除了大脑皮层运动区外,其他皮层运动区也能引起对侧或同侧躯体某部分的肌肉收缩。这些部分和皮质下神经结构发出的下行纤维,大部分组成锥体外系统。该系统调节肌肉群活动,主要是调节肌紧张,使躯体各部分协调一致。当锥体外系统受损伤后,机体虽能产生运动,但动作不协调不准确。

子任务六 神经系统对内脏活动调节功能的观察

学习目标

- 理解植物性神经作用的特点。
- 理解植物性神经对内脏活动的调节。

学习方法

相关内容学习结合实践操作。

相关内容

一、植物性神经对效应器的支配

(一)对同一效应器的双重支配

少数器官只接受一种神经支配。食道只有副交感神经支配,汗腺、竖毛肌以及皮肤和骨骼肌的血管只有交感神经支配,而肾上腺髓质则只有交感神经节前纤维的支配。大多数器官都接受交感和副交感神经的双重支配。

在一个有双重神经支配的器官上,交感神经和副交感神经的作用往往是颉颃的,一种神经引起兴奋则另一种神经引起抑制。还有一些内脏器官,交感神经和副交感神经的作用都是兴奋性的(表 9-4)。

表 9-4　交感神经和副交感神经的主要功能

器官	交感神经	副交感神经
心血管	心搏动加快、加强,腹腔脏器血管、皮肤血管、唾液腺与生殖器官血管收缩,肌肉血管收缩或舒张(胆碱能)	心搏动减慢,收缩减弱,分布于软脑膜与外生殖器的血管舒张
呼吸器官	支气管平滑肌舒张	支气管平滑肌收缩,黏液腺分泌
消化器官	分泌黏稠的唾液,抑制胃肠运动,促进括约肌收缩,抑制胆囊活动	分泌稀薄的唾液,促进胃液、胰液分泌,促进胃肠运动,括约肌舒张,胆囊收缩
泌尿生殖器官	闭尿肌舒张,括约肌收缩,子宫(有孕)收缩和子宫(无孕)舒张	闭尿肌收缩,括约肌舒张
眼	瞳孔放大,睫状肌松弛,上眼睑平滑肌收缩	瞳孔缩小,睫状肌收缩,促进泪腺的分泌
皮肤	竖毛肌收缩,汗腺分泌	
代谢	促进糖的分解,促进肾上腺髓质的分泌	促进胰岛素的分泌

(二)紧张性支配

植物性神经元经常发放冲动传送到效应器。这也是一种紧张性发放。内脏器官的机能状态往往决定于这两套紧张性发放的平衡。例如,切断心迷走神经,心率加快;切断心交感神经,心率则减慢,说明两种神经对心脏的支配都具有紧张性活动。

(三)效应器所处功能状态的影响

植物性神经的外周性作用与效应器本身的功能状态有关。例如胃幽门如果原来处于收缩状态,刺激迷走神经能使之舒张,如果原来处于舒张状态,则刺激迷走神经能使之收缩。

(四)对整体生理功能调节的意义

在环境急骤变化的条件下,交感神经系统可以动员机体许多器官的潜在功能以适应环境的急变。

副交感神经系统的活动主要在于保护机体、休整恢复、促进消化、积蓄能量以及加强排泄和生殖功能等方面。

二、内脏活动的中枢性调节

(一)脊髓

交感神经和部分副交感神经发源于脊髓灰质外侧角,因此脊髓可以成为植物性反射的初级中枢。它整合着简单的植物性反射,主要是局部的节段性反射活动。常见的反射中枢有:排粪反射、排尿反射、勃起反射、血管运动反射、出汗与竖毛反射等。这些简单反射,在正常时受高级中枢的调节。

(二)低位脑干

由延髓发出的植物性神经传出纤维支配头面部的所有腺体、心、支气管、喉、食管、胃、胰腺、肝和小肠等。同时,脑干网状结构中存在许多与内脏活动功能有关的生命活动中枢,如呼吸中枢、心血管运动中枢、咳嗽中枢、呕吐中枢、吞咽中枢、唾液分泌中枢等。这些中枢完成比较复杂的植物性反射活动。

(三)下丘脑

下丘脑是较高级的调节内脏活动的中枢。它能把内脏活动和其他生理活动联系起来,调节体温、水平衡、内分泌、营养摄取、情绪反应等生理过程。

(四)大脑的边缘系统

大脑半球内侧面皮层与脑干连接部和胼胝体旁的环周结构称边缘叶,边缘叶和与它相关的某些皮层下神经核合称为大脑边缘系统。该系统是调节内脏活动的十分重要的高级中枢,能调节许多低级中枢的活动,其调节作用复杂而多变。不仅与内脏活动有关,还与情绪、记忆等机能有关。

子任务七 神经系统反射活动的观察

学习目标

- 了解反射弧的组成。
- 通过实验证明任何一个反射。

学习方法

相关内容学习结合实践操作。

1. 原理　反射弧是反射的结构基础,要引起反射,首要条件是反射弧必须完整。反射弧的任何一部分受到破坏,反射即不出现。

2. 材料及设备　蛙(或蟾蜍)、解剖器械、探针、铁架台、烧杯、滤纸片、纱布、1%可卡因、0.5% H_2SO_4 溶液和 1% H_2SO_4 溶液等。

3. 步骤

(1)制备脊蛙。用左手拇指和食指,从蛙背侧捏住腹部脊柱,右手用剪刀伸入蛙口中,在鼓膜的后面(约在延髓与脊髓间)剪去头部,即为脊蛙(或脊蟾蜍)。用大头针制成弯钩,钩住下颌将蛙悬挂于铁架台上,待脊髓休克解除后进行实验。

(2)屈肌和伸肌反射:将蛙的左后腿浸入 0.5% 的 H_2SO_4 溶液中,几秒钟后即可见有屈肌反射(蛙腿收缩)的出现,而未受硫酸刺激的右后肢则伸直。当反射出现后,迅速用清水将其后腿皮肤上的硫酸洗净。

(3)用剪刀在左后腿股部皮肤做一环形切口,再将下腿皮肤剥除。稍停片刻,再以 1%硫酸刺激,观察是否出现反射?

(4)在右侧后肢股部的背侧,沿坐骨神经的方向(即肌肉纵行方向)将皮肤做一切口,剥开肌肉,分离出坐骨神经(包括传入、传出纤维),并在其下穿线备用。然后将蘸有 1%可卡因的小棉球放在神经干上,约经 0.5 min 后,再以同样方法刺激,结果如何? 如仍有反射出现,则以后每隔 1min 刺激一次,直到不引起反应为止。

当反射消失时,迅速以浸有 1%硫酸的小块滤纸贴于与该后肢同侧之躯干部的皮肤上,结果如何?

(5)破坏中枢。将滤纸片取下,用任氏液洗净,待反射恢复后,用探针将脊髓破坏,再刺激机体的任何部位,有何反应?

讨论分析:分析反射弧的组成以及各个部分的位置。

相关内容

一、反射与反射弧

(一)反射的概念和分类

神经系统活动的基本形式是反射。所谓反射,是指机体在中枢神经系统参与下内、外环境变化所作出的规律性应答。例如异物碰到角膜即引起眨眼反应。

1. 非条件反射　先天就有的反射称为非条件反射,它是神经系统反射活动的低级形式,是动物在种族进化中固定下来的。而且也是外界刺激与机体反应间的联系,它有固定的神经反射路径,不受客观条件影响而改变。其反射中枢多数在皮层下部位,切除大脑皮层,这种反射还存在。

2. 条件反射　通过后天接触环境、训练等而建立起来的反射称为条件反射。它是反射活动的高级形式,是动物在个体生活过程中获得的外界刺激与机体反应间的暂时联系。它没有固定的反射路径,易受客观环境影响而改变。其反射中枢在大脑皮层,切除大脑皮层,此反射消失。

(二)条件反射的形成

凡能引起条件反射的刺激称条件刺激。条件刺激在条件反射形成之前,对这个反射还是一个无关的刺激,只有与某种反射的非条件刺激相伴或提前出现并多次重复后能引起某种反射,才能成为条件刺激。即单独作用时,就能引起与非条件刺激相同的反射活动。

(三)反射弧的组成

反射的结构基础和基本单位是反射弧。反射弧包括感受器、传入神经、神经中枢、传出神经、效应器五个部分组成。

反射弧的任何环节及其联结受到破坏,或者功能障碍,都将使这一反射不能出现,或者紊乱,导致相应器官的功能调节异常。

感受器起换能器的作用,把刺激的能量转换为细胞的兴奋,引起冲动的发放。效应器是产生效应的器官。反射中枢是中枢神经系统中调节某一特定生理功能的神经元群及其突触联系的综合体。

(四)反射的基本过程

一定的刺激被一定的感受器所感受,感受器即发生兴奋;兴奋以冲动的形式经传入神经传向中枢;通过中枢的分析和综合活动,中枢产生兴奋过程;中枢的兴奋又经一定的传出神经到达效应器;最终效应器发生某种活动改变。如果中枢发生抑制,则中枢原有的传出冲动减弱或停止。在自然条件下,反射活动需要反射弧结构的完整,如果反射弧中任何一个环节中断,反射将不能进行。

二、中枢兴奋过程的特征

1. 中枢兴奋的单向传导　在中枢神经系统中,兴奋只能沿着一定的方向进行单向传导。即由传入神经元传到感受神经元,再由感受神经元传到中间神经元,最后传到传出神经元。

2. 中枢神经兴奋传导的延搁 完成任何反射都需要一定的时间。从刺激作用于感受器起,到效应器开始出现反应为止所需的时间,叫做反射时。这是兴奋通过反射的各个环节所需的总时间。兴奋在中枢内通过突触所发生的传导速度明显减慢的现象,叫做兴奋传导的中枢延搁。

3. 中枢兴奋的总和 由于中枢兴奋在突触传递中有空间总和与时间总和的特性,所以在反射活动中,传出冲动的频率与传入冲动的频率往往并不一致。

4. 中枢兴奋的扩散和集中 从机体不同部位传入中枢的神经冲动,常常在最后集中传递到中枢的比较局限的部位,这种现象称为中枢兴奋的集中;从机体某一部位传入中枢的神经冲动,常常并不局限于只在中枢的某一局部发生兴奋,而是使兴奋在中枢内由近及远的广泛传播,这种现象称为中枢兴奋的扩散。

5. 中枢兴奋的后作用 中枢兴奋都由刺激引起,但是当刺激的作用停止后,中枢兴奋并不立即消失,反射常常会延续一段时间。这种特征称为中枢兴奋的后作用。

三、影响条件反射形成的因素

条件反射的形成受许多条件的限制,归纳起来有两个方面:

1. 刺激 条件刺激必须与非条件刺激多次反复紧密结合;条件刺激必须在非条件刺激之前或同时出现;刺激强度要适易;已建立起来的条件反射要经常用非条件刺激来强化和巩固,否则条件反射会逐渐消失。

2. 机体 要求动物必须是健康的,大脑皮层必须清醒的。此外,还应避免其他刺激对动物的干扰。

四、条件反射的生物学意义

提高动物机体对环境的适应能力,便于科学饲养管理和合理使用,提高动物的生产性能。

课后练习

1. 兴奋性突触传递与抑制性突触传递有何不同?
2. 交感神经与副交感神经的功能有何不同?其生理意义是什么?
3. 条件反射的生物学意义?

任务十　内分泌系统结构、活动观察识别

相关内容

内分泌系统是由内分泌腺体、内分泌组织和分散的内分泌细胞组成的一个信息传递系统,它与神经系统联系和配合,共同调节机体的各种功能活动,以维持内环境的相对稳定。

内分泌腺腺细胞分泌的某些特殊化学物质称为激素,激素通过毛细血管或毛细淋巴管直接进入血液或淋巴,随血液循环传递到全身。机体内分泌腺包括独立的内分泌器官和分布于一些器官内的内分泌组织或细胞。内分泌腺是机体内一个重要的调节系统,通过其所分泌的激素,以体液调节的方式,对机体新陈代谢、生长发育和繁殖等起着重要的调节作用。

一、激素及其传递方式

由内分泌腺或散在的内分泌细胞所分泌的高效能的生物活性物质称为激素。激素是细胞与细胞之间传递信息的化学信号物质,具体受到某一激素作用的器官或组织细胞称为靶器官或靶组织、靶细胞。激素通过以远距分泌、旁分泌、扩散、自分泌、神经分泌外激素(信息激素)对畜禽体的新陈代谢、生长发育、各种功能活动发挥重要而广泛的调节作用。

二、激素的分类

激素的种类繁多,来源复杂,按其化学结构的不同,激素可分为:含氮激素、类固醇(甾体)激素、脂肪酸衍生激素 如前列腺素。

三、激素的作用机制

(一)激素的受体

激素受体是指靶细胞上能识别并能专一性结合某种激素,继而引起各种生物学效应的功能蛋白质,即细胞接受激素信息的结构。

根据激素受体在靶细胞上的位置不同,受体分为两类:

1. 细胞膜受体 又称膜受体,其成分一般为糖蛋白,广泛存在于含氮激素所作用的靶细胞膜上(甲状腺激素除外)。

2. 细胞内受体 广泛存在于类固醇激素所作用的靶细胞的细胞内,又可分为胞浆受体与核受体。胞浆受体是存在于靶细胞浆中的特殊的可溶性蛋白质,能特异性地与相应的类固醇激素结合,形成激素受体复合物,然后才使激素由胞浆转移到核内发挥作用;核受体是存在于靶细胞核内的一条多肽链,它能特异地与相应的类固醇激素结合,并对转录过程起调节作用。一般认为,糖皮质激素受体存在于胞浆中;雌激素、孕激素和雄激素受体既存在于胞浆,也存在于核内,但以核内为主;甲状腺激素的受体存在于核内。

(二)含氨激素的作用机制——"第二信使学说"

第二信使学说是 Sutherland 等在 1965 年提出来的。该学说认为:含氮激素是第一信使,而环磷酸腺苷(cAMP)是第二信使。当分子质量较大的含氮激素扩散到相应靶细胞时,与靶细胞上特异性的细胞膜受体相结合,形成激素受体复合物,后者再激活靶细胞膜内的腺苷酸环化酶。邻近细胞质的腺苷酸环化酶,在 Mg^{2+} 存在的条件下,促使靶细胞浆中的三磷酸腺苷(ATP)分子的高能磷酸键连续断裂,依次降解为二磷酸腺苷(ADP)、一磷酸腺苷(AMP),并使一磷酸腺苷分子由链状转为环状,变为环磷酸腺苷(cAMP)。环磷酸腺苷(cAMP)作为第二信使,使靶细胞中原无活性的蛋白激酶系统(包括蛋白激酶 C,蛋白激酶 G 等)转变为有活性的蛋白激酶,进而催化靶细胞内各种底物的磷酸化反应,引起靶细胞的各种生物学效应,如腺细胞的分泌,肌细胞的收缩,细胞膜通透性的改变以及细胞内的各种酶促反应。

在含氮激素对靶细胞发挥调节的过程中,一系列的连锁反应在依次发生,第一信使的作用在逐级被放大(形成一个效能很高的生物放大系统),因此,激素在血液中的浓度虽然很低,而靶细胞最终出现的生理效应却非常显著。

后来的研究证明,除了 cAMP 以外,环磷酸鸟苷、三磷酸肌醇、二酰甘油及钙离子均可作为第二信使(图 10-1)。

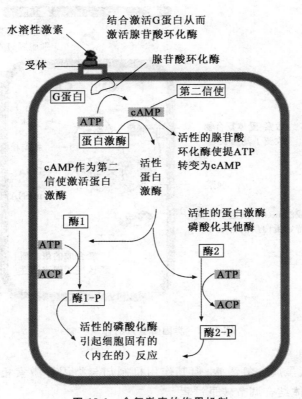

图 10-1　含氮激素的作用机制

(三)类固醇激素的作用机制——"基因表达(调节)学说"

基因表达(调节)学说认为:类固醇激素的分子较小,呈脂溶性,可以直接透过靶细胞膜而进入细胞浆中。类固醇激素在进入细胞后,有些激素(如糖皮质激素)与结合形成激素－受体合物,这种复合物经构型改造后获得了能通过靶细胞核膜的能力,而进入了核内,再与核受体结合,转变为激素核受体复合物,从而促进了核内的 DNA 样板转录为信息核糖核酸(mRNA)的过程。mRNA 又透出核膜进入胞

241

浆,诱导特定蛋白质或酶的合成,从而引起了相应的生理效应。另有一些类固醇激素(如雌激素、孕激素、雄激素)进入靶细胞后,可直接穿越核膜,与相应的核受体结合,调节基因表达(图 10-2)。

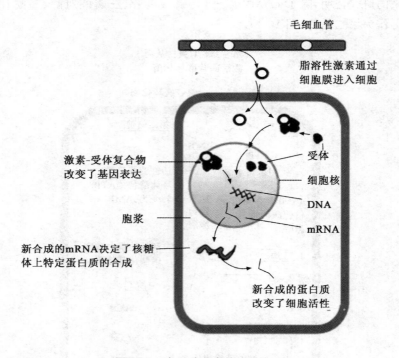

毛细血管

脂溶性激素通过
细胞膜进入细胞

激素-受体复合物
改变了基因表达

受体

细胞核

DNA

胞浆

mRNA

新合成的mRNA决定了核糖
体上特定蛋白质的合成

新合成的蛋白质
改变了细胞活性

图 10-2 类固醇激素的作用机制

甲状腺激素虽属含氮激素,但其作用机制却与类固醇激素相似,它进入细胞内,直接与核受体结合调节转录过程。

子任务一　内分泌器官结构、活动观察识别

学习目标

● 熟练掌握内分泌器官结构、活动特点。

● 难正确解决生产及临床实际问题。

相关内容学习结合实际操作。

相关内容

一、垂体

垂体又称脑垂体,为一扁圆形小体,位于脑的底部,蝶骨构成的垂体窝内,借漏斗连于下丘脑。

(一)垂体的构造

垂体的构造和功能都比较复杂,根据其发生和结构上的特点,可作如下划分:脑垂体分为腺垂体和神经垂体两个主要部分(图 10-3)。

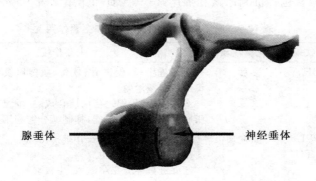

腺垂体　　　　　　　　　神经垂体

图 10-3　脑垂体的结构

腺垂体的远侧部和结节部称为前叶,其中间部和神经部则称为后叶。前叶目前已确定能分泌生长激素、催乳激素、促黑素细胞激素、促肾上腺皮质激素、促甲状腺激素、促卵泡激素、促黄体激素或促间质细胞激素七种激素。这些激素除与机体骨骼和软组织的生长发育有关外,还能影响其他内分泌腺的功能(图 10-4)。

神经垂体是一个贮存激素的地方,接受由下丘脑视上核和室旁核神经元所分泌的加压素(抗利尿激素)和催产素。

牛的垂体窄而厚,漏斗长而斜向后下方,后叶位于垂体的背侧,前叶位于腹侧。前叶与后叶之间为垂体胶腔。

马　　　　　　　　　　牛　　　　　　　　　猪

黑色示远侧部与结节部；细点示中间部；粗中、点示神经部；白色为垂体腔

图 10-4　不同家畜垂体的正中切面模式图

(二)垂体的内分泌功能

　　腺垂体的远侧部和结节部的腺组织中分泌的 7 种含氮激素的化学性质和作用见表 10-1。

　　神经垂体激素包括抗利尿素和催产素，其性质和作用见表 10-2。

表 10-1　腺垂体激素的化学性质和主要作用

种类	英文缩写	化学性质	主要作用
生长素	GH	多肽	①促进生长：促进骨、软骨、肌肉以及肾、肝等其他组织细胞分裂增殖 ②促进代谢：促进蛋白质合成、减弱蛋白质分解；加速脂肪分解、氧化和功能；抑制糖分解利用，升高血糖
催乳素	PRL LTH	蛋白质	①促进乳腺发育生长并维持泌乳 ②刺激 LH 受体生成 ③促进黄体分泌孕激素（少数动物）
促甲状腺激素	TSH	糖蛋白	①促进甲状腺细胞的增生及其活动 ②促进甲状腺激素的合成和释放
促肾上腺皮质激素	ACTH	多肽	①促进肾上腺皮质（束状带和网状带）的生长发育 ②促进糖皮质激素的合成和释放
促黑色细胞激素	MSH	多肽	①促进黑色素的合成 ②使皮肤和被毛颜色加深
促卵泡激素	FSH	糖蛋白	①促进卵巢发育生长，促进排卵 ②促进曲细精管发育，促进精子生成 ③促进雌激素分泌
促黄体生成素	LH	糖蛋白	①在 FSH 协同下，使卵巢分泌雌激素 ②促使卵泡成熟并排卵 ③使排卵后的卵泡形成黄体，分泌孕酮 ④刺激睾丸间质细胞发育并产生雄激素

表 10-2　神经垂体激素的化学性质和主要作用

种类	英文缩写	化学性质	主要作用
抗利尿素	ADH	多肽	①抗利尿作用:增加肾远曲小管、集合管对水的重吸收,使尿量减少 ②升高血压作用:使除脑、肾以外的全身小动脉强烈收缩,因而血压升高
催产素	OXT	多肽	①对乳腺的作用:促使肌上皮和导管平滑肌收缩引起排乳 ②对子宫的作用:促使妊娠子宫收缩,利于分娩。促进排卵期的子宫收缩有助于精子向输卵管移动

二、甲状腺

(一)甲状腺的结构特点

甲状腺位于喉的下后方,第 1～2 个气管环的两侧和腹侧,可分为左、右两个侧叶和连接两个侧叶的一腺峡。甲状腺是一个富含血管的实质器官,呈红褐色或红黄色,由结缔组织支架和实质构成。甲状腺表面被覆有结缔组织的被膜。被膜伸入实质内,将腺组织分隔成许多腺小叶。小叶内含有大小不等的滤泡(甲状腺腺泡),其周围有丰富的毛细血管和淋巴管。滤泡由单层腺上皮细胞围绕而成,呈囊状,无开口。滤泡腔中充盈着含有甲状腺素成分的胶状分泌物(图 10-5)。

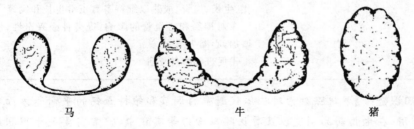

|　马　|　牛　|　猪　|

图 10-5　甲状腺的形态

滤泡腺上皮细胞有两种:一种是滤泡细胞,数目较多,能分泌甲状腺素。另一种是滤泡旁细胞(又称 C 细胞),数量较少,能分泌降钙素。

牛的甲状腺较其他家畜的发育较好,颜色较浅,侧叶呈不规则的扁三角形,长6～7 cm,宽 5～6 cm,厚约 1.5 cm,腺小叶明显,腺峡由腺组织构成,较发达,宽约1.5 cm。

绵羊的甲状腺呈长椭圆形,位于气管前端两侧与胸骨甲状肌之间,腺峡不发达。山羊的甲状腺左右两侧叶不对称,腺峡较小。

禽的甲状腺呈椭圆形,暗红色,位于胸腔前口附近气管的两侧,在颈总动脉与锁骨下动脉分叉处的前方,紧靠颈总动脉及颈静脉。甲状腺的大小因禽的品种、年龄、季节和饲料中碘的含量而有变化,鸡的约为 0.8 cm×0.4 cm。组织结构与哺乳动物的相似,也形成许多囊状滤泡。

(二)甲状腺的内分泌功能

进入体内的碘,90%以上参与合成甲状腺激素。甲状腺激素作用很广,影响到畜体的生长发育、组织分化、能量代谢、物质代谢,也涉及多种器官和系统的功能(表 10-3)。动物的变态生长、色素沉着和换毛、长齿、长角及性腺和生殖器官发育以神经系统都受甲状腺激素影响。

表 10-3　甲状腺激素的化学性质和主要作用

种类	英文缩写	化学性质	主要作用
甲状腺素	T_3、T_4	胺类	①对代谢的影响:使组织耗氧增加,产热量增加;常量时加速蛋白质及酶的合成;超生理量时加速蛋白质分解,升高血糖,促进脂肪分解和脂肪酸氧化,调节水盐代谢 ②对生长发育的影响:促进红细胞生成;促进组织分化、生长、发育、成熟以维持畜禽正常生长和发育 ③对神经和心血管的影响:提高神经兴奋性,使心率增加,心缩力增强 ④促进和维持泌乳

【知识链接】甲状腺激素对机体代谢率的调节和维持血钙的平衡等方面有着重要的作用,在生物药品制造以及兽医临床诊疗等实践中,常常需要关于甲状腺形态学方面的知识,如甲亢、甲低、呆小症等。

三、甲状旁腺

(一)甲状旁腺的结构特点

甲状旁腺是圆形或椭圆形小腺体,位于甲状腺附近或埋于甲状腺组织中。一般家畜具有两对甲状旁腺。牛有内、外两对甲状旁腺。外甲状旁腺位于甲状腺前方,靠近颈总动脉,大小 5～12 mm;内甲状旁腺较小,常位于甲状腺的内侧,靠近甲状腺的背缘或后缘。甲状旁腺的实质由排列成团或束状的腺上皮细胞组成。腺上皮细胞有两种:一种为主细胞,数量多,能分泌甲状旁腺激素(PTH);另一种为嗜碱性或嗜酸性粒细胞,其功能意义不明。

(二)甲状旁腺的内分泌机功能

甲状旁腺激素(PTH)是调节血钙血磷水平的最重要的激素,它与降钙素和维生素 D_3,共同起调节钙、磷代谢,控制血浆中钙和磷水平的作用(表 10-4)。

表 10-4　甲状旁腺激素、降钙素和维生素 D_3 的化学性质和主要作用

种类	英文缩写	化学性质	主要作用
甲状旁腺激素	PTH	蛋白质	①促使骨质溶解,将磷酸钙释放到细胞外液,使血钙升高 ②促进远曲小管重吸收钙,使血钙升高,尿钙减少 ③促进近曲小管重吸收磷,使血磷减少,尿磷升高 ④间接促进小肠对钙的吸收
降钙素	CT	多肽	①抑制骨质溶解,减少细胞膜对 Ca^{2+} 的通透性,促进骨中钙盐沉积增加成骨过程,使血钙、血磷下降 ②抑制肾小管对钙、磷、钠重吸收,使尿钙、尿磷升高
1,25-二羟维生素 D_3	VD_3	固醇	①促进小肠对钙和磷的吸收,增加血钙和血磷 ②平时促进骨钙沉积,使血钙减少。当血钙降低时,又促进骨质溶解,使血钙升高 ③促进肾小管对钙、磷重吸收,使尿钙、尿磷减少

四、松果体

松果体又称脑上腺,是红褐色卵圆形小体,位于四叠体与丘脑之间,以柄连于丘脑上部。松果体主要由松果体细胞和神经胶质形成,外面包有脑软膜,随年龄的增长松果体内的结缔组织增多,成年后不断有钙盐沉着,形成大小不等的颗粒,称为脑砂。

松果体分泌褪黑激素,有抑制促性腺激素的释放,防止性早熟等作用。此外,松果体内还含有大量的 5-羟色胺和去甲肾上腺素等物质。光照能抑制松果体合成褪黑激素。促进性腺活动。

子任务二 胰岛素、肾上腺素对血糖的影响

学习目标

● 熟练掌握胰岛素、肾上腺素的作用特点。

● 准确分析生产及临床现象，解决实际问题。

学习方法

相关内容学习结合实际操作。

1. **原理** 胰岛素具有降低血糖的作用，它通过促进易化扩散作用从而增强多种组织摄取糖的机能；同时它不但激活肝细胞内葡萄糖激酶和使糖原合成酶的浓度增高，而且还使肝细胞内环磷酸腺苷（cAMP）减少。肾上腺素能使 cAMP 增加，从而增加磷酸化酶的活性，促进糖原分解，增加血糖的浓度。

2. **材料及设备** 兔、胰岛素、0.1% 肾上腺素、20% 葡萄糖、注射器、恒温水浴槽等。

3. **方法及步骤** 取事先经过饥饿 24～36 h（1～2 d）的兔两只，称其体重，按每千克体重耳静脉注射胰岛素 10～20 IU，（或皮下注射 20～30 IU）。约经 2 h 观察动物有无不安、呼吸局促、痉挛、甚至休克现象的发生，待低血糖症状出现后，给甲兔及时耳静脉注射 20%～50% 葡萄糖 20 mL。给乙兔及时皮下注射 0.1% 肾上腺素按每千克 0.4 mL，仔细观察实验动物。记录结果。

相关内容

一、肾上腺的构造

肾上腺成对位于肾的前内侧。肾上腺外包被膜，其实质可分为外层的皮质和内层的髓质。皮质是黄色，分泌多种激素，参与调节机体的水盐代谢和糖代谢等；髓质呈灰色或肉色，分泌肾上腺素和去甲肾上腺素，其机能相当于交感神经的作用，能使心跳加快，心肌收缩力加强，血压升高。牛的右肾上腺呈心形，位于右肾的前端内侧；左肾上腺呈肾形、位于左肾前方。羊的左、右肾上腺均为扁椭圆形。

禽的肾上腺是一对，呈卵圆形或扁平的不规则形，多为乳白色、黄色或橙色。位于两肾前端，其背侧以结缔组织连于腹腔背侧壁，腹侧在雄禽为睾丸，雌禽的左肾上腺常部分或全部被卵巢覆盖。实质也由皮质和髓质构成，但分界不明显。皮质形成细胞索，髓质则形成不规则的细胞团，分散于皮质的细胞索之间，呈镶嵌状结构。

二、肾上腺的分泌特点

肾上腺实质分为周围的皮质和中央的髓质两部分。皮质部的细胞由外向内排列成三种不同的结构形式，即球状带，束状带和网状带。皮质分泌的激素称为皮质激素，包括近百种类固醇物质，按其作用大致可分为三类：①以醛固酮为代表的盐皮质激素，它们主要由球状带细胞所分泌；②以皮质醇（氢化可的松）和皮质素（可的松）为代表的糖皮质激素，它们主要由束状带细胞所分泌；③以脱氧异雄酮和雌二醇为代表的少量性激素，它们主要由网状带细胞所分泌。这三类皮质激素都是类固醇衍生物，故统称类固醇激素。肾上腺髓质的分泌细胞有两种，一种分泌去甲肾上腺素，另一种分泌肾上腺素。上述两种激素统称髓质激素，均为胺类激素。

三、肾上腺皮质激素的作用

盐皮质激素的机能，是调节机体水盐代谢；糖皮质激素的机能是调节机体的物质代谢、水盐代谢、血细胞代谢、调节心血管、增强机体抵抗力、促进胎儿肺表面活性物合成、增强骨骼肌收缩力、提高胃肠细胞对迷走神经和胃泌素的反应性，增加胃酸和胃蛋白酶原的分泌，抑制骨的形成等；性激素在皮质分泌量很少（仅有少量雄激素和极微量的雌激素），它们的机能不甚明了。

现将盐皮质激素和糖皮质激素的主要机能列表 10-5。

表 10-5　皮质激素的化学性质和主要作用

种类	化学性质	主要作用
醛固酮	类固醇	①促进肾远曲小管重吸收 Na^+、Cl^- ②促进水的重吸收 ③促进远曲小管排 K^+、H^+、NH_4^+（以上作用概括为"保钠排钾"，"保钠排钾"作用不仅仅局限于肾小管，还发生在汗腺和唾液腺处）

续表 10-5

种类	化学性质	主要作用
皮质醇	类固醇	①调节物质代谢：促进糖原异生，升高血糖；促进蛋白质分解；促进脂肪分解和脂肪酸氧化，颉颃胰岛素 ②调节水盐代谢：有较弱的保钠排钾作用 ③调节血细胞代谢：使红细胞、血小板和中性粒细胞增多；使淋巴细胞和嗜酸性粒细胞减少 ④调节心血管：允许儿茶酚胺对血管平滑肌的作用；降低毛细血管壁通透性；减少血浆渗出 ⑤参加应激反应：增强机体抵抗力 ⑥调节消化机能：使胃酸分泌增多，使胃蛋白酶分泌稍增 ⑦抗炎、抗过敏 ⑧抑制促肾上腺皮质激素的分泌

四、肾上腺髓质激素的作用

肾上腺髓质与交感神经组成"交感-肾上腺髓质系统"，髓质激素的机能与交感神经的活动密切联系。Cannon 最早全面研究了该系统的作用，提出了"应激学说"。该学说认为：机体遭遇特殊紧急情况时（如畏惧、焦虑、剧痛、失血、脱水、缺氧、暴冷、暴热以及剧烈运动等），交感-肾上腺髓质系统将正即被调动起来，肾上腺素和去甲肾上腺素的分泌大大增加，它们作用于中枢神经系统，提高其兴奋性，使机体进入警觉状态，反应变灵敏、呼吸加强、加快；心跳加快、心缩力增强、心输出量增加、血压升高、血液循环加快、内脏血管收缩、骨骼肌血管舒张，同时血流量增多，全身血液重新分配，以利于应急时重要器官得到更多的血液供应；肝糖原分解增强，血糖升高，脂肪分解加速，血中游离脂肪酸增多，葡萄糖与脂肪酸氧化过程增强，以适应在应急情况下对能量的需要。上述变化都是通过交-肾上腺髓质系统发生的适应性的反应，故称为"应急反应"，实际上，应急反应与应激反应，两者相辅相成，共同维持机体的适应能力。去甲肾上腺素和肾上腺素都是在动物遇到紧急状态时分泌加强。前者主要与循环的调整有关，后者主要与代谢变化有关，两者对心血管系统、呼吸器官、代谢、中枢神经系统、肌肉等生理活动，具有广泛的作用，但两者对某一器官的作用不完全相同。

五、胰腺的内分泌机能

(一)胰腺内分泌组织的结构与分泌特点

胰腺的实质可分为外分泌部和内分泌部。外分泌部由许多腺泡和导管组成。内分泌部位于外分泌部的腺泡群间,由大小不等的细胞群组成,形似小岛,故名胰岛。胰岛的周围有胰内结缔组织,其中有血管和神经。胰岛中的数种细胞连结成索网,网眼中有窦状毛细血管,胰岛的分泌物很容易渗入毛细血管。

家畜的胰岛细胞依其形态和染色特点,可分为5类,既A细胞、B细胞、D细胞、PP细胞和 D_1 细胞。其中A细胞占胰岛细胞总数的20%左右,它能分泌胰高血糖素;B细胞占75%左右,它能分泌胰岛素。

(二)胰岛激素的作用

主要调节糖代谢。胰高血糖素是促进分解代谢、促进体内能量动员的激素,而胰岛素是促进合成代谢、促进能量贮存的激素。两者机能相反(表10-6)。

表 10-6 胰岛激素的化学性质和主要作用

种类	化学性质	主要作用
胰高血糖素	多肽	①促进糖原分解,促进糖的异生、升高血糖 ②促进脂肪分解,促进脂肪酸氧化,使酮体增多 ③促进胰岛素和胰岛生长抑素的分泌 ④增强心肌收缩力
胰岛素	蛋白质	①促进肝糖原合成,抑制糖异生,促进葡萄糖分解和糖生脂,降低脂肪 ②促进脂肪合成和贮存,抑制脂粉分解,使酮体减少 ③促进蛋白质的合成和贮存,抑制蛋白质的分解,抑制尿素生成 ④抑制胰高血糖的分泌

课后练习

1. 腺垂体严重缺血时,可能会出现哪些内分泌障碍?

2. 静脉注射葡萄糖与口服等量葡萄糖后,哪种情况分泌的胰岛素更多,为什么?

3. 举例分析激素在畜牧兽医实践中的应用前景。

任务十一　体内有机物质代谢观察与指标检测

- 了解糖、脂肪、蛋白质的相关内容。
- 理解血糖恒定、三大物质代谢的意义及相互关系。
- 能够熟练掌握动物体生化指标的检测方法并解决生产及临床实际问题。

相关内容学习结合实践操作。

子任务一　血糖含量的测定（福林-吴宪法）

- 熟练掌握血糖的相关内容。
- 正确运用血糖相关内容解决生产及临床实际问题。

相关内容学习结合实践操作。

1. 原理　无蛋白血滤液中的葡萄糖醛基具有还原性，与碱性铜试剂混合加热后，被氧化成羧基，而碱性铜试剂中的二价铜（Cu^{2+}）则被还原成红黄色的氧化亚铜（Cu_2O）沉淀。

氧化亚铜又可使磷钼酸还原生成钼蓝，钼蓝的蓝色深浅与滤液中葡萄糖的浓度成正比，再与同样处理的标准管比色，即可求出血糖的含量。

$$Na_2CO_3 + H_2O \longrightarrow NaOH + NaHCO_3$$
碳酸钠　　　　　　氢氧化钠　碳酸氢钠

$$2NaOH + CuSO_4 \longrightarrow Cu(OH)_2 + NaSO_4$$
　　　　硫酸铜　　　　氢氧化铜　　硫酸钠

$$2Cu(OH)_2 + C_6H_{12}O_6 \xrightarrow{加热} Cu_2O\downarrow + C_5H_{11}O_5COOH + 2H_2O$$
　　　　　　葡萄糖　　　　　　　　　　　葡萄糖酸

$$3Cu_2O + 3H_3PO_4 \cdot 2MoO_3 \cdot 12H_2O \longrightarrow 3H_3PO_4 \cdot Mo_2O_3 \cdot 12H_2O + 6CuO$$
　　　磷钼酸　　　　　　　　　　　　　　　钼酸

2. **仪器与器材**　试管及试管架、奥氏吸管、吸管、血糖管、蒸锅、分光光度计；漏斗、滤纸等。

试剂：

(1)10％钨酸钠溶液：称取钨酸钠 100 g，蒸馏水溶解并稀释至 1 000 mL。此液以 1％酚酞为指示剂试之应为中性(无色)或微碱性(粉红色)。

(2)0.333 mol/L 硫酸溶液：取 1 份 1 mol/L H_2SO_4，加 2 份水。

(3)碱性铜试剂：在 400 mL 无水中加入无水碳酸钠 40 g；在 300 mL 水中加入酒石酸 7.5 g；在 200 mL 水中加入结晶硫酸铜 4.5 g。以上分别加热溶解，冷却后将酒石酸溶液倾入碳酸钠溶液中，再将硫酸铜溶液倾入，并加水至 1 000 mL。混匀，贮存于棕色瓶中。

(4)磷钼酸试剂：取钼酸 35 g 和钨酸钠 10 g，加入 10％NaOH 溶液 400 mL 及蒸馏水 400 mL，混合后煮沸 20～40 min，以除去钼酸中存在的氨(直至无氨味为止)，冷却后加入浓磷酸(80％)250 mL，混匀，最后以蒸馏水稀释至 1 000 mL。

(5)0.25％苯甲酸溶液。

(6)葡萄糖贮存标准溶液(10 mg/mL)：将少量无水葡萄糖置于硫酸干燥器内一夜后，精确称取此葡萄糖 1g，以 0.25％苯甲酸溶液溶解并移入 100 mL 容量瓶内，再以 0.25％苯甲酸溶液稀释至 100 mL 刻度，置冰箱中可长期保存。

(7)葡萄糖应用标准液(0.1 mg/mL)：准确吸取葡萄糖贮存标准液 1.0 mL，置 100 mL 容量瓶内，以 0.25％苯甲酸溶液稀释至 100 mL 刻度。

3. **方法与步骤**

(1)用钨酸法制备 1：10 mL 全血无蛋白血滤液。

(2)取血糖管 3 支，按下操作：充分摇匀，置沸水浴准确煮沸 8 min，取出切勿摇动，置冷水浴冷却 3 min。然后向各管中分别加入磷钼酸试剂 2.0 mL，混匀后放置 3 min，使形成的 Cu_2O 完全溶解，CO_2 气体逸出为止，再向各管中分别加蒸馏水至刻度(25 mL)。将各管混匀后，用分光光度计在 620 nm 波长处以空白管调节"0"点比色。

4. 计算

$$血糖(mg/100\ mL) = \frac{测定管光密度}{标准管光密度} \times 0.1 \times \frac{100}{0.1} = \frac{测定管光密度}{标准管光密度} \times 100$$

附注:

(1)正常畜禽在饲喂前采血,病畜禽要在补糖前采血,否则结果偏高。

(2)采血后最好在 2～4 h 内测定完毕。若放置过久,由于红细胞的酵解作用,会使结果偏低;如果不能及时测定,应制成无蛋白血滤液置于冰箱内保存。

(3)在本法的无蛋白血滤液中,除含有葡萄糖外,尚有微量的其他还原物质,故测定结果比实际血糖含量高约 10%。

(4)严格掌握煮沸的温度和时间。必须是沸水时放入血糖管,并开始计算时间,到 8 min 时取出立即放入冷水浴中冷却 5 min,在取放过程中切勿摇动:血糖管,以免 Cu_2O 被氧化而使结果偏低。

(5)磷钼酸试剂如出现蓝色,表示试剂本身已被还原,不能再用,应重新配制。

(6)碱性铜试剂如果出现红黄沉淀,则不宜使用,须重新配制。

相关内容

糖 代 谢

糖即碳水化合物,是一类多羟基醛或酮的衍生物,广泛存在于生物界。饲料中的糖常以多糖形式存在,如淀粉、纤维素,半纤维素和戊聚糖等。由于各种动物的消化特点不同,故其糖的来源不同。

一、糖在体内代谢的概况

(一)糖的生理功能

1. 供作能源 糖是动物生命活动所需能量的主要来源,一般占总能量的 70% 以上。有些组织、器官(如大脑)必须利用血液中的葡萄糖提供能量。肌肉(包括心肌)缺少糖时工作能力降低甚至不能工作。糖还能节省蛋白质在体内不必要的消耗。每克葡萄糖在体内完全氧化分解时,可释放约 16.72 kJ 能量。糖还可以转变成糖原和脂肪贮存。

2. 构成组织细胞的成分 糖是形成体内某些组织细胞结构及一些生物活性物质的材料。如核糖及脱氧核糖是细胞中核糖核酸及脱氧核糖核酸的组成部分;肝糖原存在于肝细胞内,是机体维持血糖恒定的物质基础;糖蛋白质是细胞膜的主要成分;糖脂是神经细胞的组成成分。

3. 为其他物质提供碳源 在蛋白质、核酸、脂类合成时,其分子中的碳链骨架多数直接或间接来自糖;糖还可通过中间代谢与氨基酸和脂肪互相转化,生成机体需要的各种物质。

【知识链接】反刍动物瘤胃微生物发酵饲料中的糖产生乙酸、丙酸、丁酸。饲粮中粗饲料的比例升高,瘤胃中乙酸比例升高,丙酸比例降低,能量利用效率越低(因为产生乙酸的同时产生甲烷和氢气),导致体脂肪的合成下降,泌乳量下降。但丙酸比例过高,乳脂率会降低。因此肉用和乳用家畜日粮的精粗饲料比例不同。

(二)血糖

1. 血糖的浓度及其恒定的意义 临床上所称的血糖是指血液中的葡萄糖。在正常情况下,糖的分解代谢与合成代谢保持动态平衡,血糖浓度比较恒定,即保持在一定范围内波动。

血糖浓度的相对恒定,是保证细胞正常代谢,维持组织器官正常机能的重要条件之一。因为动物体的各种组织细胞都要不断地从血液中摄取葡萄糖,供给生理活动的需要。特别是脑组织合成糖原的能力极低,它所需的能量主要靠血液中的葡萄糖氧化供应。当血糖浓度降低时,就会出现功能障碍。

2. 血糖的来源与去路 血糖浓度能保持恒定的原因是由于血糖有一定的来源和去路,而且二者之间处于动态平衡。

(1)血糖的主要来源是:

①饲料中的糖经消化道消化吸收后,由门静脉进入血液循环是血糖的最根本来源。

②肝糖原分解为葡萄糖入血,是空腹时血糖的主要来源。

③通过糖的异生作用(见本节"四"),可以间接补充血糖的不足。

(2)血糖的去路主要是:

①在各种组织中分解供能,这是血糖最根本的去路。

②在肝脏、肌肉和肾脏等组织中合成糖原。

③转化成非糖物质如脂肪、有机酸和非必需氨基酸等。

④从尿中排出。血糖从尿中排出是一种不正常的去路,在正常情况下肾小管可将尿中的葡萄糖重新吸收入血。只有血糖浓度过高超过肾小管的重吸收能力时,才出现糖尿。因此,常把尿中排糖的血糖界限,称为肾糖阈。各种动物的肾糖阈是不同的。

3. 血糖浓度的调节　在正常情况下,血糖的来源和去路能保持动态的平衡,使血糖浓度维持相对恒定,其原因是有神经、激素、肝脏和肾脏的调节作用。

二、糖分解途径

(一)糖的无氧分解(酵解)

糖的无氧分解是葡萄糖在没有氧的条件下分解为乳酸的过程,由于此过程与酵母的生醇发酵过程大致相同,故称为糖酵解。

1. 糖酵解的反应过程　糖酵解是在胞浆中进行的。从葡萄糖开始经 12 步反应,若从糖原开始,则需 13 步反应。为了叙述方便可分为四阶段。

(1)1,6-二磷酸果糖的生成:反应的第一步是细胞内的葡萄糖在 Mg^{2+} 存在下被 ATP 磷酸化形成 6-磷酸葡萄糖,反应不可逆且耗能。从 ATP 上将磷酰基转移到受体上的酶称为激酶。催化葡萄糖生成 6-磷酸葡萄糖的酶是葡萄糖激酶(肝脏)或己糖激酶(其他组织)。

葡萄糖　　　　　　　　　　　　6-磷酸葡萄糖

第二步反应是 6-磷酸葡萄糖异构为 6-磷酸果糖。由磷酸葡萄糖异构酶催化。

6-磷酸葡萄糖　　　　　　　　　　6-磷酸果糖

第三步是 6-磷酸果糖由 ATP 磷酸化为 1,6-二磷酸果糖。反应由磷酸果糖激酶催化。

6-磷酸果糖　　　　　　　　　　　1,6-二磷酸果糖

（2）磷酸丙糖的生成：1,6-二磷酸果糖在醛缩酶的作用下，裂解为磷酸二羟丙酮和 3-磷酸甘油醛。两者可以在磷酸丙糖异构酶的作用下互相转变，故一分子的葡萄糖可以生成 2 分子的 3-磷酸甘油醛。

1,6-二磷酸果糖　　3-磷酸甘油醛　　　　磷酸二羟丙酮　　　　　3-磷酸甘油醛

（3）丙酮酸的生成：此阶段是糖酵解过程中产生能量的阶段。首先 3-磷酸甘油醛脱氢磷酸化生成 1,3-二磷酸甘油酸。催化此反应的酶是 3-磷酸甘油醛脱氢酶，脱下的氢由 NAD^+ 接受形成 $NADH+H^+$。在无氧的条件下 $NADH+H^+$ 用于丙酮酸的还原，在有氧的条件下进入呼吸链氧化。

3-磷酸甘油醛　　　　　　　　　　　　　　　　1,3-二磷酸甘油酸

在 3-磷酸甘油醛脱氢反应中有能量产生，并吸收 1 分子无机磷酸生成 1 个高能磷酸键。随后在磷酸甘油酸激酶催化下，将此高能磷酸基转移给 ADP 生成ATP。这种产生 ATP 的反应类型称为底物水平磷酸化。因为 1 分子葡萄糖生成 2 分子丙糖，故生成 2 分子 ATP。

1,3-二磷酸甘油酸　　　　　　　　　　3-磷酸甘油酸

3-磷酸甘油酸在磷酸甘油酸变位酶的催化下,生成 2-磷酸甘油酸。2-磷酸甘油酸在烯醇化酶的催化下,脱水,分子内能量重新分配,又生成 1 分子高能磷酸化合物(磷酸烯醇式丙酮酸)。

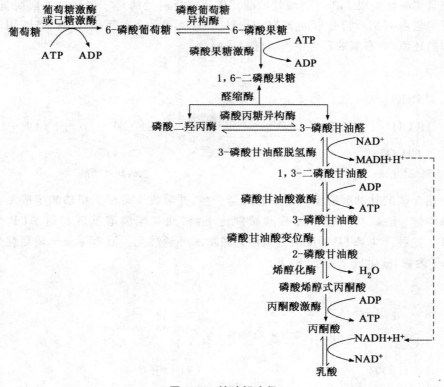

磷酸烯醇式丙酮酸在丙酮酸激酶的催化下,将其高能磷酸基转移给 ADP 生成 ATP 及烯醇式丙酮酸,这是糖酵解过程中的第二次底物水平磷酸化。烯醇式丙酮酸很不稳定,极易自动变成丙酮酸,无需酶的催化。

图 11-1　糖酵解途径

（4）丙酮酸还原成乳酸：丙酮酸在乳酸脱氢酶（LDH）的催化下，还原成乳酸。所需之 $NADH+H^+$ 是 3-磷酸甘油醛脱氢反应中产生的。因此，在无氧条件下，NAD^+ 的再生是来自丙酮酸还原反应。

$$
\begin{array}{ll}
\overset{\displaystyle O}{\underset{\displaystyle CH_3}{\overset{\parallel}{C}\!-\!OH}} \\
\end{array}
$$

乳酸是糖酵解的最终产物，糖酵解的全过程见图 11-1，总反应式为：

$$C_6H_{12}O_6 + 2ADP + 2H_3PO_4 \longrightarrow 2C_3H_6O_3 + 2ATP$$

2. 糖酵解的生理意义　糖酵解是生物体在特殊的生理和病理情况下补充能量的方式，而某些组织即使在有氧情况下，也要进行酵解作用，如成熟的红细胞、视网膜、骨髓等组织。

【知识链接】如果动物过度使役，由于能量和氧气供应不充足，肌肉中的糖原进行无氧分解，产生大量的乳酸，导致肌肉酸痛，随着乳酸的排出，酸痛感就会消失。

（二）糖的有氧分解

葡萄糖在有氧条件下氧化分解，最后生成 CO_2 和 H_2O 并释放大量能量的过程，称为糖的有氧分解，又叫有氧氧化。此过程是机体获取能量的主要途径，也是糖在体内氧化的主要方式。

1. 有氧氧化途径　糖的有氧氧化实际是无氧分解的继续。无氧时丙酮酸被还原为乳酸，有氧时则丙酮酸进一步氧化分解为 CO_2 和 H_2O。丙酮酸以前的过程在胞浆里进行，丙酮酸以后的过程在线粒体内进行。因此，有时把糖有氧氧化在胞浆中进行的阶段由于与酵解相同，而称为有氧酵解。

为了讨论方便，此过程可人为地分成三个阶段，即从葡萄糖到丙酮酸；丙酮酸进入线粒体氧化脱羧生成乙酰 CoA；乙酰 CoA 进入三羧酸循环氧化生成 CO_2 和 H_2O。由于第一阶段的反应与酵解完全相同，因此讨论糖的有氧分解时将从丙酮酸开始。

（1）丙酮酸经氧化脱羧生成乙酰 CoA：丙酮酸进入线粒体在丙酮酸脱氢酶系的催化下，氧化脱羧生成乙酰 CoA、CO_2 和 $NADH+H^+$。反应不可逆。

$$
\begin{array}{l}
CH_3 \\
| \\
C=O \\
| \\
COOH
\end{array}
+ HS{-}CoA + NAD^+ \xrightarrow{\text{丙酮酸脱氢酶系}}
\begin{array}{l}
CH_3 \\
| \\
CO \sim SCoA
\end{array}
+ CO_2 + NADH + H^+
$$

丙酮酸   乙酰辅酶 A

丙酮酸脱氢酶系是由三种酶和五种辅酶组成的一个多酶复合体,它包括丙酮酸脱羧酶、硫辛酸乙酰基转移酶、二氢硫辛酸脱氢酶,辅酶有 TPP、硫辛酸、CoA~SH、FAD 和 NAD$^+$。由于多酶复合体的形成使反应的效率显著提高。多酶复合体催化的反应过程见图 11-2。

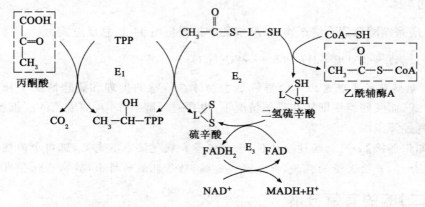

E$_1$-丙酮酸脱羧酶   E$_2$-硫辛酸乙酰基转移酶   E$_3$-二氢硫辛酸脱氢酶

图 11-2　丙酮酸脱氢酶系作用示意图

(2)三羧酸循环:三羧酸循环是克雷布斯在 1937 年提出的。由于该循环反应是从乙酰 CoA 与草酰乙酸缩合成柠檬酸开始的,柠檬酸是含有三个羧基的有机酸,故称为三羧酸循环,又称柠檬酸循环(图 11-3)。该反应是一个循环反应过程,由乙酰 CoA 与草酰乙酸缩合生成柠檬酸开始,最后生成 CO$_2$ 和 H$_2$O,同时放出大量能量。

2. 三羧酸循环的特点

(1)三羧酸循环反应位于线粒体间质中。乙酰 CoA 是胞液中糖的酵解与三羧酸循环之间的纽带。进入的二碳化合物乙酰 CoA,经两次脱羧反应,以两个 CO$_2$ 的形式离开循环。

(2)循环中消耗了两分子的水,一个用于柠檬酰 CoA 水解生成柠檬酸,另一个用于延胡索酸的水合作用。

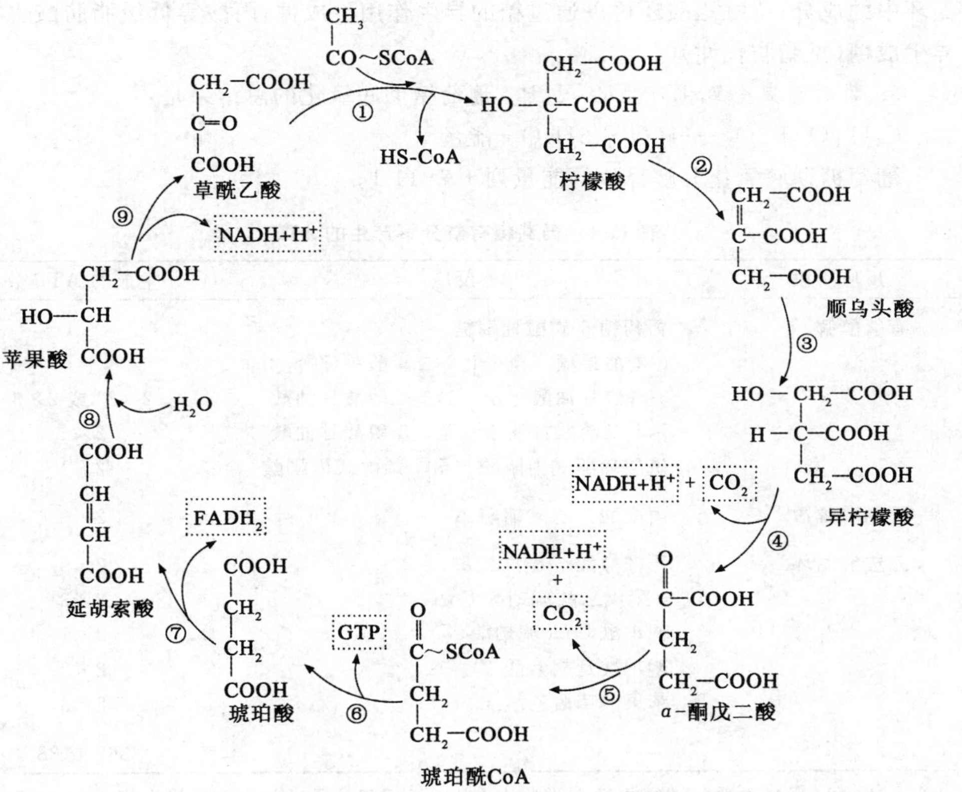

①柠檬酸合成酶　②乌头酸酶　③乌头酸酶　④异柠檬酸脱氢酶　⑤α-酮戊二酸脱氢酶复合体
⑥琥珀酰 CoA 合成酶　⑦琥珀酸脱氢酶　⑧延胡索酸酶　⑨苹果酸脱氢酶

图 11-3　三羧酸循环

(3)循环中共有四次脱氢,产生 12 分子的 ATP。四次脱氢产生 3 分子 NADH 和一分子 FADH₂。每个 NADH 产生 3 个 ATP,每个 FADH₂ 产生 2 个 ATP。再加上琥珀酰 CoA 高能硫酯键直接生成 1 个 ATP。所以每分子乙酰 CoA 经三羧酸循环共生成 12 个 ATP。

(4)循环不仅是葡萄糖生成 ATP 的主要途径,也是脂肪、氨基酸等最终氧化分解产生能量的共同途径。

(5)循环是糖、脂肪和蛋白质相互转化、相互联系的枢纽。循环中的许多成分可以转变成其他物质。如琥珀酰 CoA 是卟啉分子中碳原子的主要来源;α-酮戊二酸和草酰乙酸可以氨基化为谷氨酸和天冬氨酸,反过来这些氨基酸脱氨后也生成循环中的成分;草酰乙酸还可以通过糖的异生作用生成糖;丙酸等低级脂肪酸也可异生成糖(见脂肪代谢)。

3. 葡萄糖完全氧化产生的 ATP 葡萄糖彻底氧化的总结果是:

$$C_6H_{12}O_6 + 6O_2 \longrightarrow 6O_2 + 6H_2O + 能量$$

葡萄糖彻底氧化分解释放的能量列于表 11-1。

表 11-1　葡萄糖有氧分解产生的 ATP

反应阶段	反应	生成的 ATP 数
有氧酵解	葡萄糖 6-磷酸葡萄糖	−1
	6-磷酸果糖　至　1,6-二磷酸果糖	−1
	3-磷酸甘油醛　至　1,3-二磷酸甘油酸	2×2* 或 2×3
	1,3-二磷酸甘油酸　至　3-磷酸甘油酸	2×1
	磷酸烯醇式丙酮酸　至　烯醇式丙酮酸	2×1
丙酮酸脱羧	丙酮酸　乙酰辅酶 A	2×3
三羧酸循环	异柠檬酸　α-酮戊二酸	2×3
	α-酮戊二酸琥珀酰 CoA	2×3
	琥珀酰 CoA 琥珀酸	2×1
	琥珀酸延胡索酸	2×2
	苹果酸草酰乙酸	2×3
总计		36* 或 38

* NDAH 通过磷酸甘油穿梭进入线粒体生成 2 个 ATP,通过苹果酸穿梭生成 3 个 ATP。

从表 11-1 中可见每摩尔葡萄糖彻底氧化分解生成 CO_2 和 H_2O 时,净生成 36 mol(或 38 mol)的 ATP。这与糖酵解只生成 2 mol ATP 相比,18~19 倍。因此在一般情况下,动物体内各组织细胞(除红细胞外)都主要由糖的有氧分解获得能量。糖的有氧分解不但产能效率高,而且能量的利用率也极高。

(三)磷酸戊糖途径

糖的无氧酵解和有氧氧化是生物体内糖分解代谢的主要途径,但不是唯一途径。还有磷酸戊糖代谢途径。由于在这条途径中磷酸戊糖占主要地位,故名磷酸戊糖途径。又因为是从 6-磷酸葡萄糖开始的,故又称为磷酸己糖支路。磷酸戊糖途径存在于肝脏、乳腺、白细胞、睾丸和肾上腺皮质等组织细胞中。骨骼肌因缺乏 6-磷酸葡萄糖脱氢酶,不进行磷酸戊糖途径代谢。实验测得大鼠肝通过磷酸戊糖途径代谢的葡萄糖可高达 20%。

磷酸戊糖途径与糖酵解、有氧氧化相互联系,3-磷酸甘油醛是三种途径的交叉点。如果某一途径因受某种因素的影响不能进行时,则可通过3-磷酸甘油醛进入另一种分解途径,从而保证糖的分解继续进行。

【知识链接】肉鸡低血糖,又称尖峰死亡综合征,是一种主要侵害肉鸡的疾病,是由低血糖引起的,病鸡头部震颤、运动失调、昏迷、失明、死亡。经一些专家试验研究初步表明控制光照可减缓尖峰死亡综合征的发生发展,其机理可能是生理条件下,黑暗可促进鸡释放褪黑素、激素,使糖原生成转变为糖原异生,从而有效抑制血糖的恶性下降。

子任务二　肝糖原的提取与鉴定

学习目标

● 熟练掌握糖原代谢的生理意义及血糖浓度调节的机理。
● 正确运用糖原相关内容解决生产及临床实际问题。

学习方法

相关内容学习结合实践操作。

1. 原理　糖原是一高分子化合物(相对分子质量约为400万)。微溶于水,无还原性,与碘作用生成红色。提取糖原时,将新鲜的肝组织与石英砂及三氯醋酸共同研磨。肝组织被充分破碎后,其中的蛋白质会被三氯醋酸所沉淀,而糖原仍留于溶液中。当过滤除去沉淀后,滤液中的肝糖原可通过加入乙醇而沉淀下来。将沉淀的糖原溶于水,一部分做碘的颜色反应,一部分经酸水解成葡萄糖后,用斑氏(Benedict)试剂检验。

2. 试剂及器材

(1)10%(W/V)三氯醋酸溶液:称取三氯醋酸10 g,用蒸馏水溶解后稀释到100 mL。

(2)5%(W/V)三氯醋酸溶液:称取三氯醋酸5 g,用蒸馏水溶解后稀释到100 mL。

(3)95%(V/V)乙醇:量取无水乙醇95 mL,加蒸馏水稀释到100 mL。

(4)浓盐酸(HCl密度1.19)。

(5)20%(W/V)NaOH溶液:称取NaOH 20 g。用蒸馏水溶解后稀释到

100 mL。

(6)碘液:称称取碘 1 g、碘化钾 2 g,用 500 mL 蒸馏水溶解即成。

(7)斑氏试剂:将硫酸铜 17.3 g 溶于 100 mL 温蒸馏水中;另溶柠檬酸钠 173 g 和无水碳酸钠 100 g 于 700 mL 温蒸馏水中,待冷,将硫酸铜溶液缓缓(不断搅拌) 加入于柠檬酸和碳酸钠混合液内,最后用蒸馏水稀释至 1 000 mL。

(8)洗净的石英砂。

(9)研钵。

3. 操作

(1)肝糖原的提取

①打昏实验大白鼠[注],放血至死。立即取出肝脏[注 2],迅速用滤纸吸去附着的血液。

②称取肝组织约 1 g,置乳钵中。加入洗净的石英砂少许及 10% 三氯醋酸 1 mL,然后研磨。

③再加 5% 三氯醋酸 2 mL,继续研磨,至肝脏组织已充分磨成肉糜状为止。然后以 2 500 r/min 离心 10 min。

④将上清液转入另一离心管,测量其体积。

⑤加入等体积的 95% 乙醇。混匀后,静置 10 min,此时可见糖原呈絮状析出。

⑥将此混合物以 2 500 r/min 离心 10 min。弃去上清液,并将离心管倒置于滤纸上 1~2 min。

⑦向沉淀内加入蒸馏水 1 mL,再用玻璃棒搅拌沉淀至溶解,即得糖原溶液。

(2)鉴定

①糖原的颜色反应:取小试管 2 支,按表 11-2 编号操作:

表 11-2　糖原的颜色反应

试管号	1	2
糖原溶液(滴)	10	—
蒸馏水(滴)	—	10
碘液(滴)	1	1

混匀后,比较甲管溶液颜色有何不同? 解释之。

②糖原的水解实验:

a.将剩余的糖原溶液转入 1 支试管内,加入浓盐酸 3 滴后,将之放在沸水浴中加热 10 min。取出冷却,然后以 20% NaOH 溶液中和至中性(用 pH 试纸检验)。

b.在上述溶液内,加入斑氏试剂 2 mL。再将该试管置沸水浴加热 5 min,取出冷却。观察沉淀的生成,并解释之。

注:

①实验大鼠在实验前必须饱食,因为空腹时肝糖原含量减少。

②肝脏离体后,肝糖原会迅速分解。所以在杀死动物后,所得肝脏必须迅速用三氯醋酸处理。

相关内容

一、糖原的合成与分解

糖原是由许多葡萄糖分子组成并带有许多分支的大分子多糖。它的直链通过 α-1,4-糖苷键连接,而分支处则由 α-1,6-糖苷键相连,许多分支的外部为非还原端,糖原的合成和分解均在此端进行。糖原是动物体内糖的贮存形式,它对维持血糖的恒定具有重要意义。动物体内糖原主要存在于肝脏和肌肉中。肝糖原占肝重 3%~6%,肌糖原占肌肉重 0.5% 左右,但肌肉占整个体重 2/3,所以肌糖原总量多于肝糖原。

(一)糖原的合成

动物体由葡萄糖合成糖原的过程称为糖原合成作用。此过程在胞浆中进行,包括以下五步反应:

1. 6-磷酸葡萄糖的生成　葡萄糖在 ATP 和 Mg^{2+} 存在下,经葡萄糖激酶或己糖激酶的催化,生成 6-磷酸葡萄糖。反应式见糖酵解部分。

2. 1-磷酸葡萄糖的生成　在磷酸葡萄糖变位酶催化下,将 6-磷酸葡萄糖的磷酸基转移到第 1 位碳原子上,生成 1-磷酸葡萄糖。此步反应可逆,还需 Mg^{2+} 参加。

6-磷酸葡萄糖　　　　　　　　　　1-磷酸葡萄糖

3. 二磷酸尿苷葡萄糖的生成　1-磷酸葡萄糖和三磷酸尿苷在二磷酸尿苷葡萄糖焦磷酸化酶的催化下,生成二磷酸尿苷葡萄糖(UDP-葡萄糖),同时释放出一分子焦磷酸(PPi)。此反应是不可逆的耗能反应。能量由 UTP 供给。由于 UTP 是由 ATP 磷酸化转变来的,故此步反应所消耗的能量仍然来自 ATP。

1-磷酸葡萄糖　　　　　UTP　　　　　UDP-葡萄糖

4.1,4-糖苷键连接的葡萄糖聚合物的生成　UDP-葡萄糖在糖原合成酶催化下,将葡萄糖残基转移到糖原引物的非还原端的末端上,并以 α-1,4-糖苷键相连接,生成比原来多一个葡萄糖残基的聚合物,循环以上反应,则生成一个线状的大分子 α-1,4-糖苷键连接的葡萄糖聚合物。

UDP-葡萄糖　　　　　　　　糖原
　　　　　　　　　　　　（n个葡萄糖残基）

糖原
（n个葡萄糖残基）　　　　　　　　UDP

5.糖原的生成　上述线状 α-1,4-糖苷键葡萄糖聚合物在分支酶作用下(图 11-4),距非还原端约 6～7 个葡萄糖残基的 α-1,4-糖苷键处脱落,脱落的寡糖链在距脱落端至少 4 个葡萄糖残基处,以 α-1,6-糖苷键相连接,形成新的分支。新的分支末端又可按前述反应使糖链延长,再在分支酶的作用下形成新的分支,从而生成有许多分支的糖原分子。

(二)糖原的分解

糖原的分解是指由肝糖原分解为葡萄糖的过程。肌肉中因没有 6-磷酸葡萄糖酶,肌糖原分解时只能转变成乳酸。糖原分解到葡萄糖的过程共需三步反应:

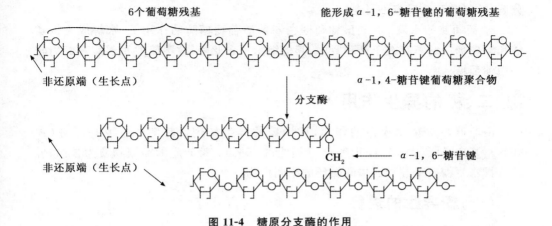

图 11-4　糖原分支酶的作用

1.1-磷酸葡萄糖的生成　此步反应需要磷酸化酶、寡聚葡萄糖转移酶和脱支酶的配合作用,其反应不耗能不可逆(图 11-5)。

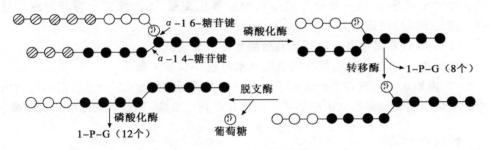

图 11-5　1-磷酸葡萄糖的生成

磷酸化酶的作用是催化糖原非还原端葡萄糖残基之间的 α-1,4-糖苷键依次磷酸解生成 1-磷酸葡萄糖。但磷酸化酶降解糖原是有限的,即该酶分解距 α-1,6-糖苷键(分支点)4 个葡萄糖残基时就停止作用。此时需寡聚葡萄糖转移酶将分支点上三个葡萄糖残基转移到主链的非还原端,从而将分支点暴露出来。脱支酶的作用是将已暴露出来的分支点上的 α-1,6-糖苷键水解,生成自由葡萄糖(约占 15%),并使糖原脱去分支,从而形成线状糖原,磷酸化酶又可继续分解生成 1-磷酸葡萄糖。

2.6-磷酸葡萄糖的生成　1-磷酸葡萄糖在磷酸葡萄糖变位酶的作用下,生成6-磷酸葡萄糖,它是糖各条代谢途径的关键化合物。该反应中的酶是糖原合成和分解共同的酶,此反应不可逆。

3. 葡萄糖的生成 6-磷酸葡萄糖在6-磷酸葡萄糖酶的作用下,水解成无机磷酸和葡萄糖。此酶存在于肝和肾中,其他组织不含此酶,故不能把6-磷酸葡萄糖转变为葡萄糖。

二、糖的异生作用

由非糖物质转变成糖的作用,称为糖的异生作用。其部位主要是肝脏(占90%),其次是肾(占10%,饥饿5～6周约占45%)。糖异生的非糖物质为甘油、乳酸、丙酸、生糖氨基酸和三羧酸循环的中间产物。

(一)糖异生的途径

糖异生的途径基本上是糖酵解的逆过程。

已知糖酵解反应过程大多数是可逆的,只有葡萄糖激酶(或己糖激酶)、磷酸果糖激酶和丙酮酸激酶催化的三步反应在生理条件下是不可逆的。前两步需要相应的酶催化才可逆行,后一步则要通过丙酮酸羧化支路,才能使整个糖酵解途径逆行。这三步反应的逆转是:

(1)6-磷酸葡萄糖由6-磷酸葡萄糖酶水解成葡萄糖。

(2)1,6-二磷酸果糖由果糖二磷酸酶水解成6-磷酸果糖。

(3)丙酮酸羧化支路。丙酮酸不能直接转变成磷酸烯醇式丙酮酸,但可通过丙酮酸羧化酶和磷酸烯醇式丙酮酸羧激酶催化的两个反应,形成磷酸烯醇式丙酮酸。

$$丙酮酸+CO_2+ATP+H_2O \xrightarrow{\text{丙酮酸羧化酶}} 草酰乙酸+ADP+Pi$$

$$草酰乙酸+GTP \xrightarrow{\text{磷酸烯醇式丙酮酸羧激酶}} 磷酸烯醇式丙酮酸+GDP+CO_2$$

(二)糖异生作用的生理意义

糖异生作用的主要生理意义在于保证机体血糖的相对恒定。而且许多动物(如牛、羊)体内的糖主要由糖异生作用转变而来。其生理意义可归纳以下两点:

1. 维持血糖恒定 在动物饥饿或糖类摄入不足时,都要靠糖异生作用维持血糖的正常浓度,以便各组织细胞从血液中摄入葡萄糖以供利用。草食动物体内的糖主要靠糖异生作用由低级脂肪酸转化而来。

2. 清除产生的大量乳酸 动物剧烈运动后(如役畜重役)肌肉内产生大量的乳酸。乳酸经血液循环运至肝脏,通过糖异生作用转变为糖,故糖异生作用可清除体内过多的乳酸,从而避免了因乳酸过多引起的酸中毒。

子任务三　尿中酮体的检测

学习目标

- 掌握酮体的生理意义及脂类的分解代谢。
- 正确运用脂类代谢的知识解决生产及临床实际问题。

学习方法

相关内容学习结合实践操作。

1. 原理　尿液中的乙酰乙酸、丙酮,在碱性溶液中,与亚硝基铁氰化钠作用产生红紫色的亚铁五氰化铁,这种物质在醋酸溶液内不但不褪色,而且色泽深度还会增加。

2. 试剂

①5%亚硝基铁氰化钠水溶液,此液不能长期保存,应配制新鲜溶液并贮于棕色瓶中。

②10%氢氧化钠水溶液。

③20%醋酸(98%的醋酸 20 mL,加蒸馏水至 100 mL)。

3. 操作　取中试管一支,先加尿液 5 mL,随即加入 5%亚硝基铁氰化钠溶液和 10%氢氧化钠各 0.5 mL(约 10 滴),颠倒混合,再加 20%醋酸 1 mL(约 20 滴),颠倒混合,观察结果。

判断:尿液呈现红色者为阳性反应,加入 20%醋酸后红色又消失者为阴性反应。根据颜色的不同,可估计丙酮的大约含量。

注意事项:尿液采集后立即送检或冷藏,否则,在室温中放置过久,其中的丙酮会自行挥发,影响检验结果。

临床意义:丙酮含量达到 3~4 个"+"号者,说明病情较重,经一段时间治疗而丙酮含量仍然不见减少者,表示预后不良。

相关内容

脂　类　代　谢

一、概述

1. 脂类的概念及分类　脂类是真脂(甘油三酯)和类脂及其衍生物的总称。

类脂包括磷脂、糖脂、固醇和固醇酯等。脂类的共同物理性质是不溶或微溶于水，溶于有机溶剂，如乙醚、氯仿、丙酮等。

2. 脂类的生理功能

（1）供能和贮能：机体内贮存的脂肪主要作为贮能和供能的物质。脂肪的贮存比糖原多，占体重的 $13\%\sim24\%$，每克脂肪氧化时产生约 37 kJ 能量，要比糖多 1 倍以上（9∶4），而且占的体积小，贮存 1 g 糖原所占的体积是 1 g 脂肪的 4 倍。所以，一切动物都贮存脂肪以供机体利用。

（2）提供必需脂肪酸：动物体不能合成，必须由饲料供给的不饱和脂肪酸称为必需脂肪酸。亚油酸、亚麻酸及二十碳四烯酸在动物体内都不能合成，但后两种可由亚油酸转变而来。必需脂肪酸有重要的生物学功能，长期缺乏会引起多种疾病。

（3）固定内脏和隔热保温的作用：内脏周围的脂肪不仅能够固定内脏，而且还可以避免内脏之间互相摩擦，并有缓冲的作用。另一方面脂肪不易传热，动物秋季形成较多皮下脂肪，冬季则能防止热的散失从而维持体温的恒定。

（4）构成细胞和其他物质的必需成分：如构成生物膜，磷脂占 $50\%\sim70\%$，胆固醇占 $20\%\sim30\%$。鞘脂类是神经纤维之间的绝缘体，棕榈酸是构成肺表面活性物质的主要成分，有防止肺水肿的作用。

（5）其他功能：脂肪能促进机体对脂溶性维生素及胡萝卜素等的吸收，能促进凝血酶原的形成（其辅基中含有脑磷脂）等。

二、脂肪的分解代谢

（一）脂肪的水解

脂肪经脂肪酶（该酶活性是受激素直接或间接调控的）催化水解生成甘油和脂肪酸，其反应如下：

脂肪　　　　　　　　　　　　甘油　　　　脂肪酸

【知识链接】在某些生理或病理条件下，如兴奋、饥饿、糖尿病等，一些激素如肾上腺素、胰高血糖素分泌增加，使脂肪酶磷酸化并被激活，从而促进脂肪水解。相反胰岛素具有抗脂肪分解的作用。

(二)甘油的代谢

除脂肪组织甘油激酶活性很低外，其他组织均可将甘油转变成磷酸二羟丙酮，并沿糖酵解的途径氧化或转变成葡萄糖和糖原。其反应见图11-6。

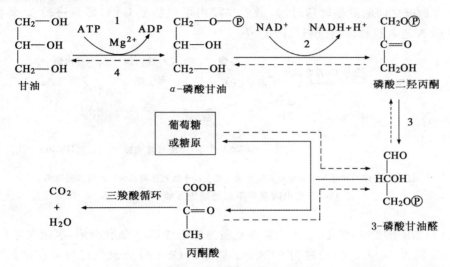

1.甘油激酶　2.磷酸甘油脱氢酶　3.磷酸丙糖异构酶　4.磷酸酶

上述反应过程中，实线为甘油的分解，虚线为甘油的合成

图11-6　甘油的代谢

从图11-6可见磷酸二羟丙酮是联系脂肪代谢和糖代谢的关键物质。

(三)脂肪酸的分解代谢

1. 脂肪酸的 β-氧化　从细胞外液摄入细胞内的脂肪酸，在细胞中氧化分解，是细胞能量的重要来源之一。

(1)脂肪酸的活化：脂肪酸在氧化分解之前，必须先活化形成脂酰 CoA。脂肪酸在线粒体外膜上的脂肪酸硫激酶(又称脂酰 CoA 合成酶)催化下，与 ATP 和 HS～CoA 反应生成活化的脂酰 CoA，反应为：

$$\text{RCOOH} + \text{ATP} + \text{HSCoA} \xrightarrow{\text{脂酰 CoA 合成酶}} \text{RCO} \sim \text{SCoA} + \text{AMP} + \text{PPi}$$

脂肪酸　　　　　　　　　　　　　　　脂酰 CoA　　　　　焦磷酸

（2）脂酰 CoA 进入线粒体的过程：催化脂酰 CoA 氧化分解的酶系存在于线粒体基质内，而游离脂肪酸和长链脂酰 CoA 都不能透过线粒体内膜进入线粒体基质内。脂酰 CoA 是通过线粒体内膜上的一种特异转运载体—肉碱运转到线粒体内的。肉碱是 L-3 羟基-4-甲基铵丁酸：$(CH_3)_3N^+ —CH_2CH(OH)CH_2COOH$

肉碱可通过其羟基与脂肪酸连接成酯，生成脂酰肉碱而透过线粒体内膜，由于线粒体内膜两侧存在着肉碱脂酰转移酶（外侧为酶Ⅰ，内侧为酶Ⅱ），能催化脂酰 CoA 与肉碱之间的酰基转移过程，最后在膜内形成脂酰 CoA，即可进行 β-氧化。脂酰 CoA 进入线粒体的过程见图 11-7。

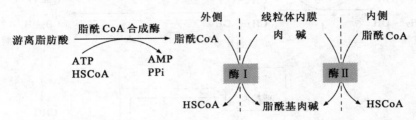

酶Ⅰ位于线粒体外侧的肉碱酰基转移酶　酶Ⅱ位于线粒体内侧的肉碱酰基转移酶

图 11-7　在肉碱参与下脂肪酸进入线粒体的过程

（3）脂肪酸的 β-氧化：进入线粒体基质内的脂酰 CoA 氧化分解，氧化发生在脂酰 CoA 的 β-碳原子上，故称为 β-氧化。脂酰化 CoA 的 β-氧化过程可分为下列 4 步反应：

①脱氢

$$\overset{\beta}{R}CH_2\overset{\alpha}{C}H_2CO \sim SCoA \xrightarrow{\text{脂酰CoA脱氢酶}} \overset{\beta}{R}CH = \overset{\alpha}{C}HCO \sim SCoA$$

脂酰 CoA　　　　　　　FAD　　FADH₂　　α,β-烯脂酰 CoA

②水化

$$\overset{\beta}{R}CH = \overset{\alpha}{C}HCO \sim SCoA \xrightarrow{\alpha,\beta\text{-烯脂酰 CoA 水合酶}} \overset{\beta}{R}CH—\overset{\alpha}{C}H_2CO \sim SCoA$$

α,β-烯脂酰 CoA　　　　　　　　　　　　　$\underset{OH}{|}$　β-羟脂酰 CoA

③再脱氢

$$\overset{\beta}{R}CH—\overset{\alpha}{C}H_2CO \sim SCoA \xrightarrow{\beta\text{-羟脂酰CoA脱氢酶}} \overset{\beta}{R}C—\overset{\alpha}{C}H_2CO \sim SCoA$$

$\underset{OH}{|}$　β-羟脂酰 CoA　　　　NAD⁺　　NADH+H⁺　　$\underset{O}{||}$　β-酮脂酰 CoA

④硫解

$$\underset{\substack{\parallel \\ O \\ \beta\text{-酮脂酰 CoA}}}{R\overset{\beta}{C}-CH_2\overset{\alpha}{CO}\sim SCoA} \xrightarrow[\substack{HSCoA}]{硫解酶} \underset{少两个碳的脂酰 CoA}{RCO\sim SCoA} + \underset{乙酰 CoA}{CH_3CO\sim SCoA}$$

由第四步生成的乙酰 CoA 进入三羧酸循环氧化分解,减少两个碳原子的脂酰 CoA 又可经过脱氢、水化、再脱氢和硫解连续 4 步反应,如此反复进行,直到脂 CoA 全部变成乙酰 CoA 为止。

【知识链接】软脂酸为 C_{16} 的脂肪酸,它经 β-氧化全部氧化为乙酰 CoA,需经过 7 次氧化,生成 8 分子乙酰 CoA、7 分子 $FADH_2$ 和 7 分子 $NADH+H^+$。氧化每分子 $FADH_2$ 生成 2 分子 ATP,氧化每分子 $NADH+H^+$ 成 3 分子 ATP,每分子乙酰 CoA 经三羧酸循环彻底氧化为 CO_2 和 H_2O,可生成 12 分子 ATP。脂肪酸活化时又消耗 2 个高能键,因此 1 分子软脂酸彻底氧化,净生成 129 分子 ATP($7\times2+7\times3+8\times12-2$)。

2. 丙酸的代谢(图 11-8)　动物体内奇数碳原子的脂肪酸经 β-氧化,除了生成乙酰 CoA 外,还要生成一分子丙酰 CoA。反刍动物瘤胃发酵产生的丙酸,要异生为糖,也要先形成丙酰 CoA。丙酰 CoA 经过丙酰 CoA 羧化酶催化,生成甲基丙二酸单酰 CoA。随后在甲基丙二酸单酰 CoA 变位酶催化下,经分子重排转变成琥珀酰 CoA,进入三羧酸循环彻底氧化或形成糖原。

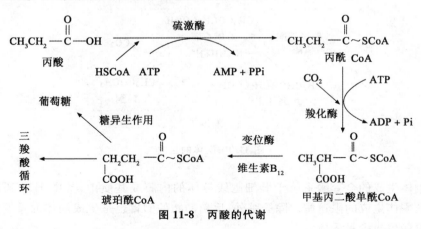

图 11-8　丙酸的代谢

3. 酮体的生成和利用　脂肪酸在肝脏中不完全氧化生成乙酰乙酸、β-羟丁酸和丙酮,这三种物质统称为酮体。

(1)酮体的生成:酮体主要在肝细胞线粒体中由乙酰辅酶 A 缩合而成。二分子乙酰辅酶 A 在硫解酶的催化下,缩合成乙酰乙酰辅酶 A,后者再与一分子乙酰辅酶 A 在 β-羟-β-甲基戊二酸单酰辅酶 A 合成酶的催化下缩合成 β-羟-β-甲基戊二酸单酰辅酶 A（HMGCoA），然后在 HMGCoA 裂解酶的催化下裂解成乙酰乙酸；乙酰乙酸在肝脏线粒体 β-羟丁酸脱氢酶催化下又还原生成 β-羟丁酸；乙酰乙酸还可脱羧生成丙酮（图 11-9）。

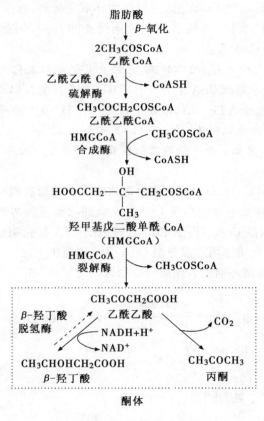

图 11-9 酮体的生成

酮体生成的全套酶系位于肝细胞线粒体的内膜或基质中，其中 HMGCoA 合成酶是酮体生成的限速酶。除肝脏外，反刍动物的瘤胃也是生成酮体的重要场所，肾脏也能生成少量酮体。

（2）酮体的利用：生成的酮体，随血液送到肝外组织进行氧化分解。其中的 β-羟丁酸由 β-羟丁酸脱氢酶（其辅酶为 NAD^+）催化，生成乙酰乙酸。乙酰乙酸再在乙酰乙酸-琥珀酰辅酶 A 转移酶的作用下生成乙酰乙酰 CoA。乙酰乙酰 CoA 在硫激酶的作用下生成 2 分子乙酰 CoA，然后进入三羧酸循环，彻底氧化释放能量。乙酰乙酸-琥珀酰 CoA 转移酶在心肌、骨骼肌及大脑等组织活性很高，而肝脏缺乏这种酶，所以肝脏只能产生酮体供肝外组织利用，而本身不能利用。少量的丙酮可转变为丙酮酸或乳酸后进一步代谢，同时丙酮又是挥发性物质，还可通过肺部直接呼出体外。

（3）酮体的生理意义：酮体是脂肪酸在肝脏氧化分解时产生的正常中间产物，是肝脏输出能源的一种形式。当机体缺少葡萄糖时，需要动员脂肪供应能量。肌肉组织对脂肪酸的利用能力有限，因此，优先利用酮体以节约葡萄糖，来满足脑组织对葡萄糖的需要。大脑不能利用脂肪酸，却能利用酮体。例如在饥饿时，人的大脑可利用酮体代替其所需葡萄糖的 25％左右。

由此可见，与脂肪酸相比，酮体能更有效地代替葡萄糖。机体通过肝脏将脂肪酸集中"转化"成酮体，以利于其他组织利用。

（4）酮病：正常情况下，肝脏产生酮体的速度与肝外组织分解酮体的速度是动态平衡的，血液中酮体含量很少。但在某些情况下，例如长期饥饿或废食、高产乳牛开始泌乳后及绵羊妊娠后期，可见到酮体生成量多于肝外组织的消耗量，在体内积存，引起酮病。患酮病时不仅血中酮体含量升高，酮体还可随乳、尿排出体外，分别称为酮血症、酮乳症、酮尿症，其中酮尿症最先出现。由于酮体的主要成分为酸性物质，因此大量积存的结果会导致机体发生代谢性酸中毒。

三、脂肪的合成代谢

动物的肝脏和脂肪组织是合成脂肪最活跃的组织。合成脂肪的直接原料是 α-磷酸甘油和脂酰辅酶 A。

（一）α-磷酸甘油的合成

α-磷酸甘油可以从以下两个途径来。一是由糖分解途径的中间产物磷酸二羟丙酮还原而来；二是从食物中消化吸收的甘油，以及脂肪组织脂肪分解产生的甘油，在甘油激酶（肝脏）的催化下，磷酸化转化而来。其过程见图 11-6。

（二）脂肪酸的合成

合成脂肪时的脂肪酸一是来自于食物中的脂类，二是体内新合成的。合成脂肪酸的直接原料为乙酰辅酶 A。脂肪酸的合成是在胞液中进行的，除反刍动物吸收的乙酸可以直接进入胞液转变为乙酰辅酶 A 外，乙酰辅酶 A 必须通过线粒体膜从线粒体内转移到线粒体外利用，而线粒体膜不允许辅酶 A 的衍生物自由通过。乙酰辅酶 A 出线粒体是借助柠檬酸－丙酮酸循环（图 11-10）的转运途径实现的。

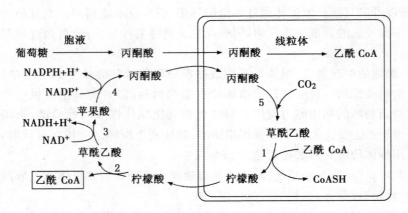

1. 柠檬酸合成酶　2. 柠檬酸裂解酶　3. 苹果酸脱氢酶　4. 苹果酸酶　5. 丙酮酸羧化酶

图 11-10　乙酰辅酶 A 转运机制

合成脂肪酸时，除开始需要一分子的乙酰 CoA 以外，其余乙酰 CoA 必须先羧化成丙二酰 CoA。

动物体内许多组织的胞液中有合成脂肪酸的酶系，它们是一组多酶复合体，含有 7 种酶与脂酰基载体蛋白（ACP）。ACP 牢固地结合了脂肪酸合成酶系，成为合成脂肪酸装配线的主要组成部分。

脂肪酸合成的起始是乙酰辅酶 A 在 ACP-酰基转移酶作用下，其乙酰基与ACP 巯基相连，生成乙酰载体蛋白。但乙酰基并不停留在 ACP 巯基上，而是转移到另一个酶 β-酮脂酰-ACP 合成酶的活性中心的半胱氨酸巯基上，成为乙酰缩合酶。空出的 ACP 的巯基，再由 ACP-丙二酸单酰辅酶 A 转移酶催化与丙二酸单酰辅酶 A 的丙二酰基结合，生成丙二酸单酰载体蛋白，再与乙酰综合酶缩合，生成丁酰 ACP。

完成了第一轮反应，生成的丁酰 ACP 从 ACP 的巯基上转移到缩合酶的半胱氨酸的巯基上，为下一轮反应的丙二酰基的进入做好准备。再经过转移、缩合、还原、脱水、再还原的反应，又使丁酰载体蛋白多了 2 个碳原子。如此反复，碳链不断延长，直至形成十六碳酰基载体蛋白，即软脂酰载体蛋白。软脂酰载体蛋白在硫解酶的催化下释放出软脂酸。绝大多数生物体的脂肪酸合成酶系终止于产生软脂酸（又称棕榈酸）。软脂酸合成过程见图 11-11。

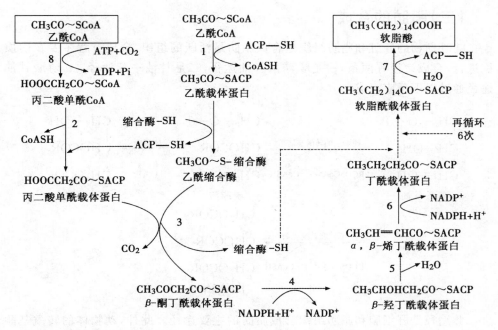

1. ACP 酰基转移酶　2. ACP-丙二酸单酰辅酶 A 转移酶　3. β-酮脂酰-ACP 合成酶
4. β-酮脂酰-ACP 还原酶　5. β-羟脂酰-ACP 脱水酶
6. 烯脂酰-ACP 还原酶　7. 脂酰-ACP 硫解酶　8. 乙酰辅酶 A 羧化酶

图 11-11　软脂酸合成过程

软脂酸合成的总反应式为：

$$8CH_3CO \sim SCoA + 14NADPH + H^+ + 7ATP + H_2O \xrightarrow{\text{脂肪酸合成酶系}}$$

乙酰 CoA

$$CH_3(CH_2)_{14}COOH + 8CoASH + 14NADP^+ + 7ADP + 7Pi$$

软脂酸

值得注意的是：

(1)软脂酸合成所需要的氢原子必须由还原型辅酶Ⅱ（NADPH）供给。在乙酰辅酶 A 的转运中,能产生 NADPH,不足的部分由磷酸戊糖途径提供。

(2)机体脂肪酸合成酶系合成的终产物为软脂酸,碳链要进一步延长和双键的添加(只能合成带一个双键的脂肪酸),则由存在于线粒体和微粒体中的酶催化完成。

(三)脂肪的合成

哺乳动物的肝脏和脂肪组织是合成脂肪最活跃的组织,合成过程主要在内质网进行,合成途径有两条,一是 α-磷酸甘油途径,二是甘油一酯途径。α-磷酸甘油途径通过以下反应完成。

$$
\begin{array}{ccc}
CH_2-O-\text{P} & CH_2-O-\text{P} & CH_2-OH \\
| & | & | \\
CH-OH & CHOCOR_2 & CHOCOR_2 \\
| & | & | \\
CH_2-OH & CH_2OCOR_1 & CH_2OCOR_1 \\
\alpha\text{-磷酸甘油} & \text{磷脂酸} & \text{甘油二酯}
\end{array}
$$

磷酸甘油转酰基酶 2RCOSCoA CoASH 磷酸酶 H_2O Pi

$$
\begin{array}{c}
CH_2OCOR_3 \\
| \\
CHOCOR_2 \\
| \\
CH_2OCOR_1 \\
\text{甘油三酯}
\end{array}
$$

甘油二酯转酰基酶 RCOSCoA CoASH

此途径是肝细胞和脂肪组织合成脂肪的主要途径。此外,动物体的转酰基酶对十六碳和十八碳的脂酰辅酶 A 的催化能力最强,所以脂肪中十六碳和十八碳脂肪酸的含量最多。

四、类脂的代谢

动物体内类脂种类很多,代谢也各不相同。其中最具代表性的是磷脂和胆固醇的代谢。

(一)磷脂的代谢

磷脂是指含有磷酸的脂类,它们是细胞结构的重要成分,也是血浆蛋白的组成部分。磷脂分甘油磷脂和鞘磷脂两类,并以甘油磷脂含量最多,分布最广泛,特别是其中的卵磷脂和脑磷脂。下面就以卵磷脂和脑磷脂为例讨论甘油磷脂的代谢。

1. 磷脂的合成代谢　哺乳动物体内各组织都能合成磷脂,但在肝脏、小肠及肾组织磷脂合成最为活跃。合成卵磷脂和脑磷脂的原料是甘油、脂肪酸、磷酸、胆碱和胆胺,而且还需要 ATP 和 GTP。其中所需的胆碱和胆胺可从食物中直接摄取,或者由丝氨酸脱羧生成胆胺,胆胺由甲硫氨酸提供甲基转变为胆碱。

卵磷脂是血浆脂蛋白的重要原料,卵磷脂合成受阻,会导致血浆脂蛋白的合成障碍,影响肝内脂肪的运出,使脂肪在肝中堆积,出现脂肪肝。卵磷脂的合成需要必需氨基酸及必需脂肪酸,同时,还需要有叶酸和维生素 B_{12} 等参加才可以促进胆碱的合成。因此,临床上常用必需脂肪酸、胆碱、甲硫氨酸、叶酸、维生素 B_{12} 等作为治疗和预防此类脂肪肝的药物。

$$
\begin{array}{c}
\quad\quad\quad\quad O \\
\quad\quad\quad\quad \| \\
CH_2-O-①C-R_1 \\
O \\
\| \\
R_2-C-②O-CH \quad O \\
\| \\
CH_2-O-③P-④O-CH_2CH_2-N^+(CH_3)_3 \\
\| \\
O^-
\end{array}
$$

卵磷脂

2. 磷脂的分解代谢　水解甘油磷脂的酶类称为磷脂酶,主要有磷脂酶 A_1、A_2、B、C 和 D,它们分别作用于磷脂分子中不同的酯键。

磷脂酶 A_1 作用水解位点①,A_2 作用水解位点②,产物为溶血磷脂 2 和溶血磷脂 1。

溶血磷脂是一类具有较强表面活性的物质,能致使红细胞膜和其他细胞膜破坏,引起溶血和细胞坏死。蛇毒中,磷脂酶 A_2 的活性相当高,故被蛇咬后会发生溶血作用。

(二)胆固醇的代谢

胆固醇是动物体重要的固醇类化合物,它既是细胞膜的成分之一,又是动物合成胆汁酸、类固醇激素和维生素 D 等生物活性物质的前体。

1. 胆固醇的合成　体内的胆固醇可来自于食物,也可由组织合成。动物机体几乎所有的组织都可以合成胆固醇,但肝脏是胆固醇合成的主要场所。机体合成胆固醇的原料是乙酰辅酶 A,此外还需有 NADPH 供氢和 ATP 供能。

2. 胆固醇的转变与排泄　血浆中的胆固醇大部分来自肝脏,少部分来自饲料和食物,并有两种存在形式,即游离型和酯型,其中以酯型为主。胆固醇在体内不能彻底分解生成二氧化碳和水,主要的代谢去路是转变成具有重要生理功能的类固醇物质。

五、脂类的运转概况

(一)脂类在体内的贮存和动员

机体所有组织都能贮存脂肪,但主要的贮存场所为脂肪组织。因此,称脂肪组织为脂库。不同动物种类,由于食物来源、环境条件、习惯等不同,贮存脂肪的性质也不同。

脂肪从脂库中释放出来,即脂库中部分脂肪水解成甘油和脂肪酸,称为脂肪的动员。正常情况,机体在胰岛素和胰高血糖素的调节下,脂肪的贮存与动员处于动态平衡。

(二)脂类的运输

1. 血脂与血浆脂蛋白 血浆中所含的脂类统称"血脂",它包括脂肪、磷脂、胆固醇及其酯和游离脂肪酸。血脂的来源有外源性的,即从饲料消化吸收来的;还有内源性的,即由机体组织合成后释放出来的。血脂的种类及含量随动物品种、年龄、性别、饲养状况不同而变动范围较大。

脂类不溶于水,因此要与血浆中的蛋白质结合才能被运输。除游离脂肪酸与血浆清蛋白结合成复合物运输外,其他的脂类都以脂蛋白的形式运输。

2. 血浆脂蛋白的主要功能 血浆脂蛋白的主要功能是体内各种脂类的主要运输形式,在血浆中能进行代谢。

子任务四 尿蛋白的测定

学习目标

● 掌握蛋白质的生物学功能和意义。
● 正确运用蛋白质代谢的知识解决生产及临床实际问题。

学习方法

相关内容学习结合实践操作。

(一)原理

检查尿中蛋白质的方法甚多,其原理基于蛋白质遇酸类、重金属盐或中性盐作用发生凝固沉淀,或加热而使其凝固,或加酒精使其凝固。

(二)操作

(1)硝酸试法。取一支中试管,先加35％硝酸1～2 mL,随后沿试管壁缓慢滴加尿液,使两液重叠,静置5 min,观察结果。两液叠面产生白色环者为阳性反应。白色环愈宽,表示蛋白质含量愈高。按含量的多少,常用1～4个"＋"号表示。

(2)磺柳酸试法。置酸化尿液少许于载玻片上,滴加20％磺柳酸液1～2滴,如有蛋白质存在,即产生白色浑浊,此法观察极为方便,其灵敏度很高,约为0.001 5％。

(三)临床意义

健康动物的尿中,仅含有微量的蛋白质,用一般方法难以检出,当喂饲大量蛋白质饲料或怀孕以及新生幼畜等,可呈现一时性的蛋白尿。病理性蛋白尿主要见于急性及慢性肾炎,此外,膀胱炎、尿道的炎症时,亦可出现轻微的蛋白尿。多数的急性热性传染病(如猪瘟,猪丹毒、流感,马腺疫,马传染性贫血,血孢子虫病等)、某些饲料中毒,某些毒物及药物中毒等亦可出现蛋白尿。尿中蛋白含量达到0.5％而且持续不降者,表示病情严重,预后不良。

相关内容

蛋白质代谢

一、概述

(一)蛋白质的组成

1. 蛋白质的元素组成　经元素分析,蛋白质一般含有碳50％～55％、氢6％～8％、氧20％～23％、氮15％～17％,硫0.3％～2.5％。在某些蛋白质中,还含有微量的磷、铁、铜、锰、锌、钴、钼等金属元素,个别蛋白质含有碘。蛋白质的含氮量较为恒定,约为16％,所以1 g氮所代表的蛋白质克数为6.25(蛋白系数)。

机体氮的摄入量与排泄量的对比关系,称为氮平衡。氮总平衡、氮正平衡、氮负平衡三种结果能反映出体内蛋白质代谢情况。

正常成年动物,在糖和脂肪完全满足供应的前提下,氮平衡处于总平衡状态下的蛋白质需要量,为蛋白质的最低生理需要量。

2. 蛋白质的基本结构单位——氨基酸　蛋白质可以受酸、碱或酶的作用而水解成为其基本结构单位——氨基酸。构成蛋白质的氨基酸大约有 20 种(见蛋白质合成部分)。这些天然氨基酸在与羧基相邻的 α-碳原子上都有一个氨基,因而称为 α-氨基酸。天然蛋白质中氨基酸都属于 L-型,氨基位于 α-碳原子左侧,故称为 L-α-氨基酸。

L-α-氨基酸　　　　D-α-氨基酸

人和动物机体不能合成,必须由食物供给的氨基酸有 8 种,被称为必需氨基酸。它们是缬氨酸、异亮氨酸、亮氨酸、苏氨酸、甲硫氨酸、赖氨酸、苯丙氨酸和色氨酸。正在生长的动物,除上述 8 种外,还需要精氨酸和组氨酸。雏鸡在上述 10 种基础上还需要甘氨酸。其余的氨基酸机体能够合成,不必由食物供给,称为非必需氨基酸。反刍动物瘤胃微生物能合成各种氨基酸,没有必需与非必需之分。

【知识链接】苜蓿蛋白质中赖氨酸含量较多,蛋氨酸含量较少;而玉米蛋白质中赖氨酸含量较少,蛋氨酸含量较多;把这两种饲料按比例混合饲喂动物,可提高其营养价值。

(二)蛋白质的分子结构

1. 肽键与多肽链　蛋白质分子中氨基酸之间是通过一个氨基酸的 α-羧基与另一个氨基酸的 α-氨基脱水缩合形成的肽键相连接,肽键即指酰胺键。氨基酸通过肽键联结起来的化合物称为肽。其中氨基酸已不是完整的分子,称为氨基酸残基。根据肽链中氨基酸残基数,分别称为二、三肽或多肽等。由许多氨基酸靠肽键连接而成的长链叫多肽链。蛋白质与多肽并无严格的界线,通常将相对分子质量 6 000 以上的多肽称为蛋白质。

2. 蛋白质的一级结构　蛋白质的一级结构是指多肽链中氨基酸的排列顺序。肽键是其主要化学键,有的尚含有二硫键,即由两个半胱氨酸巯基之间脱氢而生成的化学键(—S—S—)。

蛋白质的一级结构是蛋白质的最基本结构,是空间结构及生物学活性的基础。

3. 蛋白质的空间结构

(1)蛋白质的二级结构:蛋白质的二级结构是指其分子中主链原子的局部空间排列,不包括其侧链 R 基团的构象,也不包括此多肽链片段与其他多肽之间的构象。

蛋白质主链骨架是由一系列肽单元相互连接而成。肽单元是由肽键和 α-碳原子组成。组成肽单元有部分双键的性质,不能自由旋转(图 11-12)。

蛋白质二级结构主要有两种类型,即 α-螺旋和 β-折叠构象。

①α-螺旋:α-螺旋是指多肽链在空间构象中绕成的螺旋状结构,它是通过主链骨架上的亚氨基和羰基之间形成的大量氢键来稳定其螺旋构象的(图 11-13)。

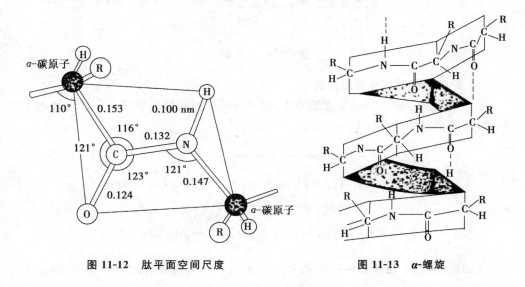

图 11-12 肽平面空间尺度   图 11-13 α-螺旋

②β-折叠:在 β-折叠构象中,多肽链几乎完全伸展,多肽链的长轴互相平行,相邻肽链之间借助氢键彼此连结,使构象稳定,氢键大致与多肽链走向垂直。多肽链的酰胺平面之间折叠成锯齿状,侧链 R 基团在折叠片的上下。

两段相邻多肽链片段如处于相同走向的 β-折叠构象时,即为顺向平行(图 11-14)。如相邻多肽链片段的主链走向相反,则为逆向平行。

(2)蛋白质的三级结构:在二级结构的基础上进一步盘曲、折叠,形成具有一定空间构象的结构,稳定蛋白质三级结构的化学键主要是次级键。

(3)蛋白质的四级结构:具有三级结构的蛋白质亚基相互作用,聚合成更复杂、更高级的四级结构。

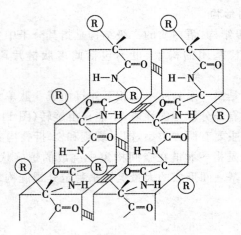

图 11-14   β-折叠

4. 蛋白质的结构与功能的关系

（1）蛋白质一级结构与功能的关系：氨基酸的种类和排列顺序决定蛋白质的空间结构，是蛋白质功能的基础。

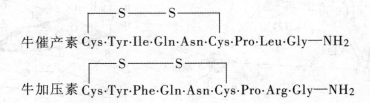

【知识链接】加压素的一级结构与催产素的一级结构极其相似。因此，加压素亦兼有微弱的催产素生理活性；催产素亦兼有微弱的加压素生理活性。但是，由于两者在第三位和第八位的残基不同，因此，加压素具有不同于催产素的生理功能；而催产素具有不同于加压素的生理活性。

（2）蛋白质空间结构与功能的关系：蛋白质空间结构决定蛋白质的功能，空间结构的改变会影响蛋白质的生物活性。

（三）蛋白质的理化性质和分类

1. 两性电离与等电点   当蛋白质处于某一 pH 溶液时，蛋白质分子所带正负电荷相等，即成为两性离子，蛋白质分子在电场中不移动，此时溶液的 pH 称该蛋白质的等电点（pI）。各种蛋白质都有各自的等电点。当溶液的 pH＞pI 时，蛋白质带负电荷,在电场中向正极移动;当溶液的 pH<pI 时,蛋白质带正电荷,在电场中向负极移动。

在同一 pH 溶液中,由于各种蛋白质所带电荷的性质和数量不同,加上蛋白质分子大小和形状的不同,在电场中移动速度也有差别。

2. **胶体性质**　蛋白质是大分子,其分子大小在胶体溶液的颗粒大小范围之内。而且蛋白质分子中的亲水基团多位于颗粒表面,在水溶液中能与水结合。因此,蛋白质水溶液具有水胶体的性质。

蛋白质溶液具有胶体溶液的性质,如溶液扩散慢,黏度大,不能透过半透膜。蛋白质的胶体性质也是某些蛋白质分离、纯化方法的基础。例如,透析法是利用蛋白质不能透过半透膜的性质以除去蛋白质溶液中的无机盐等小分子物质。

3. **变性**　物理或化学因素如加热、紫外线、酸、碱、重金属盐、去污剂、浓乙醇等可引起蛋白质结构变化,并导致蛋白质理化性质改变和生物学活性丧失,称为蛋白质变性。

用酒精、紫外线消毒及高温、高压灭菌,就是使细菌蛋白变性而失去活性。而提取、制备具有生物活性的蛋白质如酶、激素、血液制剂等,则要尽量避免使蛋白质发生变性。

4. **沉淀**　使蛋白质分子凝集而从溶液中析出的现象称为蛋白质沉淀。沉淀出来的蛋白质有时是变性的,但在控制实验条件如低温和使用温和的沉淀剂,可以得到不变性的蛋白质沉淀物。

(1)盐析:加入大量中性盐如硫酸铵、硫酸钠、氯化钠等,可使蛋白质从水溶液中沉淀析出。混合蛋白质溶液可用不同的盐浓度使其分别沉淀,这种分别沉淀的方法称为分段盐析。用盐析法沉淀出的蛋白质可不变性,因此是分离制备蛋白质或蛋白类生物制剂的常用方法。

(2)重金属盐沉淀蛋白质:重金属离子如 Cu^{2+}、Hg^{2+} 等可与蛋白质结合成盐而沉淀。

(3)酸类沉淀蛋白质:三氯醋酸、过氯酸、钨酸等可与蛋白质正离子结合,形成不溶性盐而沉淀。

(4)有机溶剂沉淀蛋白质:乙醇、丙酮等能破坏蛋白质的胶体性质,使蛋白质析出沉淀。

5. **蛋白质的颜色反应**

(1)双缩脲反应:即蛋白质在碱性溶液中能与铜离子起反应,形成紫红色化合物。所谓双缩脲是两分子尿素加热缩合的产物,该产物有与以上相同的颜色反应,故而得名。凡具有两个以上肽键的多肽都能进行双缩脲反应,而二肽无此反应。

(2)酚试剂反应：在碱性条件下，蛋白质分子中酪氨酸、色氨酸等残基使酚试剂（磷钼酸—磷钨酸）还原，显蓝色。本法是蛋白质浓度测定的常用方法。

6. 蛋白质的分类　根据分子形状，蛋白质可分为球状蛋白和纤维状蛋白。根据蛋白质的分子组成，蛋白质可分为单纯蛋白质和结合蛋白质。

（四）蛋白质的生理作用

1. 维持组织细胞的生长、更新和修补　蛋白质是组织细胞最重要的组成成分。幼龄动物的生长发育、成年动物的繁殖、生产，组织细胞的更新和修补，都需要有足够量的蛋白质供给。

2. 执行各种生物学功能　参与体内物质代谢及生理功能的调节和控制也是蛋白质的重要功能之一。催化代谢的酶都是蛋白质，调节体内代谢过程的某些激素也是蛋白质。另外，机体的其他功能除遗传由核酸完成外都是由蛋白质完成的，而且遗传功能也是在蛋白质协助下完成的。

3. 氧化供能　当摄入的蛋白质超过维持组织细胞生长、更新和修补的需要时，剩余的部分就被氧化分解。每克蛋白质在体内彻底氧化可产生 17.2 kJ 的能量。蛋白质作为能源属于次要作用，这种作用可被糖和脂肪所代替。

二、氨基酸的一般分解代谢

组成蛋白质的 20 种氨基酸，在体内的分解过程各有特点。但它们都有共同的基团 α 氨基和 α 羧基，故有共同的代谢途径。其中主要为脱氨基作用，其次为脱羧基作用。

（一）氨基酸在体内的代谢概况

饲料蛋白质经消化吸收后，以氨基酸形式经血液循环而进入全身各组织称为外源性氨基酸；组织蛋白质分解产生的氨基酸和体内合成的氨基酸，称为内源性氨基酸。两种不同来源的氨基酸混在一起，存在于细胞内液、细胞外液及各种体液中，总称为氨基酸的代谢库。氨基酸的主要代谢去路是合成蛋白质和肽类。此外，也可以转变为某些生理活性物质，如激素、嘌呤和嘧啶、卟啉、胆碱和胆胺等；也可以转变为糖或脂肪；还可以直接氧化分解供能。氨基酸的代谢概况见（图 11-15）。

（二）氨基酸的脱氨基作用

在酶的催化下，氨基酸脱掉氨基的作用称为脱氨基作用，主要有三种方式，即氧化脱氨基作用，转氨基作用和联合脱氨基作用。多数氨基酸是通过联合脱氨基作用脱去氨基。

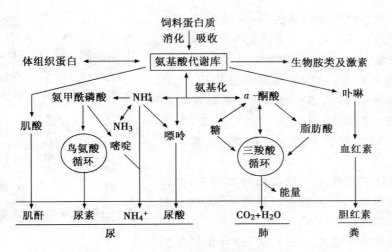

图 11-15 氨基酸的代谢概况

1. 氧化脱氨基作用 氧化脱氨基作用是氨基酸在酶的作用下,经脱氢生成亚氨基酸,亚氨基酸再自动与水反应生成 α-酮酸和氨的过程。催化氨基酸氧化脱氨的酶分两类。

(1)氨基酸氧化酶:此酶催化的反应为:

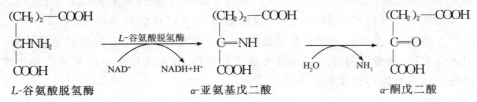

已知动物体内氨基酸氧化酶有两种,即 L-氨基酸氧化酶和 D-氨基酸氧化酶。这两种氨基酸氧化酶作用都不大。

(2)L-谷氨酸脱氢酶 此酶在动物肝、肾、脑等组织中广泛分布,活性很强,能催化 L-谷氨酸脱氢、脱氨,生成 α-酮戊二酸。它是一种不需氧脱氢酶,辅酶为 NAD^+ 或 $NADP^+$,反应可逆。反应式为:

$(CH_2)_2$—COOH		$(CH_2)_2$—COOH		$(CH_2)_2$—COOH
CHNH$_2$	$\xrightarrow[NAD^+ \quad NADH+H^+]{L\text{-谷氨酸脱氢酶}}$	C=NH	$\xrightarrow[H_2O \quad NH_3]{}$	C=O
COOH		COOH		COOH

L-谷氨酸脱氢酶 　　　　　　　　α-亚氨基戊二酸 　　　　　　α-酮戊二酸

 L-谷氨酸脱氢酶特异性强,只催化 L-谷氨酸的氧化脱氨基作用。大多数氨基酸需借助其他方式脱氨。

2. 转氨基作用　也称氨基移换作用,此作用是氨基酸在转氨酶的催化下,将氨基转移到 α-酮酸的酮基上,生成相应的氨基酸,原来的氨基酸则转变成相应的 α-酮酸,通式见图11-16。

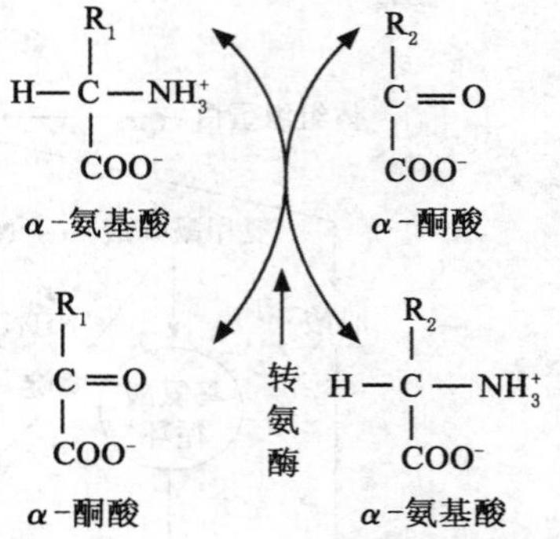

催化转氨基作用的转氨酶种类很多,在动物体分布也很广。在各组织器官中,尤以心脏和肝脏中的含量为最高。

图 11-16　氨基酸的转氨基作用

下面是两个重要的转氨酶,即谷草转氨酶(GOT)和谷丙转氨酶(GPT)催化的反应:

$$\alpha\text{-酮戊二酸} + \text{天冬氨酸} \overset{\text{GOT}}{\rightleftharpoons} \text{谷氨酸} + \text{草酰乙酸}$$

$$\alpha\text{-酮戊二酸} + \text{丙氨酸} \overset{\text{GPT}}{\rightleftharpoons} \text{谷氨酸} + \text{丙酮酸}$$

机体转氨酶的种类虽然很多,但辅酶都是磷酸吡哆醛。它可以接收氨基生成磷酸吡哆胺,再将氨基转移给 α-酮酸,本身又变回磷酸吡哆醛,即起到氨基传递体的作用。

【知识链接】正常情况下,转氨酶主要存在于细胞内,血清中活性很低。当细胞膜的通透性增高或组织坏死、细胞破裂时,就会有大量的转氨酶释放入血,造成血清中转氨酶活性明显升高。急性肝炎时,血清中谷丙转氨酶活性显著升高(某些动物则表现谷草转氨酶升高);心肌梗塞时,血清中谷草转氨酶明显上升。因此,临床上测定血清中转氨酶的活性,有助于疾病的诊断。

3. 联合脱氨基作用　转氨基作用仅是氨基的转移,并未将氨基彻底脱掉。氨基酸的脱氨基是通过转氨基作用和氧化脱氨基作用两种方式联合作用下实现的,即氨基酸的氨基先借转氨基作用转移到 α-酮戊二酸的分子上,生成相应的 α-酮酸和 L-谷氨酸,然后谷氨酸再经 L-谷氨酸脱氢酶作用,脱掉氨基又生成 α-酮戊二酸,后者再继续参与转氨基作用。这一反应过程称为联合脱氨基作用(图11-17)。此过程是可逆的,也是体内生成非必需氨基酸的重要途径。L-谷氨酸脱氢酶在肝、肾中活性很强,而骨骼肌和心肌中这个酶活性很低,这两个组织中脱氨基作用主要通过嘌呤核苷酸循环来实现。

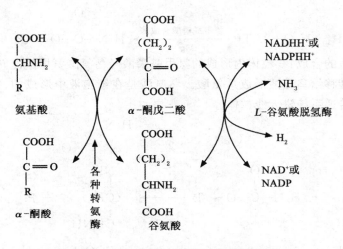

图 11-17 氨基酸的联合脱氨基作用

(三)氨的代谢

在动物体内氨是一种有毒物质,特别对神经系统有害,脑组织尤为敏感。但正常机体是不会发生氨堆积现象的,因为体内有一整套除去氨的代谢机构,使血液中氨的来源和去路保持恒定。

1. 氨的来源

(1)由脱氨基作用而来:氨基酸经脱氨基作用产生的氨是动物体氨的主要来源。其次,嘌呤、嘧啶的脱氨基作用及一些胺类物质的代谢也产生氨。

(2)由消化道吸收而来:消化道细菌作用于未被消化的蛋白质及未被吸收的氨基酸产生氨;血液中尿素扩散而进入肠腔后,在肠道细菌作用下产生氨。

2. 氨的去路 动物体内氨代谢的主要去路是转变成尿素或尿酸排出体外,肾脏中产生的氨可以中和酸而直接排出体外。同时,机体也可以利用一部分氨合成氨基酸及某些含氮物质,也可以谷氨酰胺的形式贮存一部分。

(1)尿素的生成:哺乳动物排除氨的主要途径是合成无毒的尿素。主要在肝脏合成,肾和脑等组织也能合成。尿素的生成过程是从鸟氨酸开始,最后又重新生成鸟氨酸,形成了一个循环反应过程,称为鸟氨酸循环。反应过程如下:

①氨甲酰磷酸的合成:氨、二氧化碳和 ATP,在肝细胞的线粒体内由氨甲酰磷酸合成酶催化,合成氨甲酰磷酸。

$$CO_2 + NH_3 + H_2O + 2ATP \xrightarrow[Mg^{2+}]{\text{氨甲酰磷酸合成酶}} H_2N-\overset{O}{\overset{\|}{C}}-O\sim \textcircled{P} + 2ADP + Pi$$

②瓜氨酸的合成：线粒体内形成的氨甲酰磷酸经鸟氨酸氨甲酰基转移酶催化，将氨甲酰基转移给鸟氨酸形成瓜氨酸。鸟氨酸是在细胞液中形成的，它需要经过特殊的内膜传递系统进入线粒体。

$$
\underset{\text{鸟氨酸}}{\begin{matrix} NH_2 \\ | \\ (CH_2)_3 \\ | \\ CHNH_2 \\ | \\ COOH \end{matrix}}
+
\underset{\text{氨甲酰磷酸}}{H_2N-\overset{O}{\overset{\|}{C}}-O\sim \textcircled{P}}
\xrightarrow{\text{转移酶}}
\underset{\text{瓜氨酸}}{\begin{matrix} H_2N \\ \backslash \\ C=O \\ | \\ NH \\ | \\ (CH_2)_3 \\ | \\ CHNH_2 \\ | \\ COOH \end{matrix}}
+ Pi
$$

③精氨酸的合成：瓜氨酸在线粒体内合成后，被转运到线粒体外，在细胞液中经精氨酸代琥珀酸合成酶催化，与天冬氨酸反应，消耗 ATP 生成精氨酸代琥珀酸。后者再由精氨酸代琥珀酸裂解酶催化，裂解为精氨酸及延胡索酸。

$$
\underset{\text{瓜氨酸}}{\begin{matrix} H_2N \\ \backslash \\ C=O \\ | \\ NH \\ | \\ (CH_2)_3 \\ | \\ CHNH_2 \\ | \\ COOH \end{matrix}}
+
\underset{\text{天冬氨酸}}{\begin{matrix} COOH \\ | \\ H_2N-CH \\ | \\ CH_2 \\ | \\ COOH \end{matrix}}
\xrightarrow[\substack{AMP \\ PPi}]{ATP}
\underset{\text{精氨酸代琥珀酸}}{\begin{matrix} COOH \\ | \\ H_2N \quad CH \\ \backslash \quad | \\ C=N-CH \\ | \quad\quad | \\ NH \quad CH_2 \\ | \quad\quad | \\ (CH_2)_3 \quad COOH \\ | \\ CHNH_2 \\ | \\ COOH \end{matrix}}
\rightarrow
$$

$$
\underset{\text{精氨酸}}{\begin{matrix} H_2N \\ \backslash \\ C=NH \\ | \\ NH \\ | \\ (CH_2)_3 \\ | \\ CHNH_2 \\ | \\ COOH \end{matrix}}
+
\underset{\text{延胡索酸}}{\begin{matrix} COOH \\ | \\ CH \\ \| \\ CH \\ | \\ COOH \end{matrix}}
$$

反应生成的延胡索酸又可转变为草酰乙酸,草酰乙酸经转氨基作用,由其他氨基酸接受氨基再转变为天冬氨酸,天冬氨酸再将氨基转给瓜氨酸。可见,天冬氨酸在尿素生成中是起转运氨基作用的。

④精氨酸的水解:哺乳动物体内有精氨酸酶,它能催化精氨酸水解生成尿素和鸟氨酸。鸟氨酸可再进入线粒体,重复上述反应,形成一个循环反应过程。

精氨酸 + H_2O $\xrightarrow{\text{精氨酸酶}}$ 鸟氨酸 + 尿素

(2)尿酸的生成:家禽不能合成尿素,而是将大部分氨合成尿酸排出体外。尿酸的生成途径较复杂,它首先是利用氨基酸提供的氨基合成嘌呤,然后按嘌呤的分解代谢过程转变为尿酸。

(3)谷氨酰胺的生成:动物体内产生的氨除通过上述途径代谢转变外,也有一部分可在肝、肌肉、肾、脑等组织中与谷氨酸合成谷氨酰胺。此过程由谷氨酰胺合成酶催化,需要 ATP 供应能量。反应如下:

谷氨酸 $\xrightarrow[\text{NH}_3 \quad \text{ATP} \quad \text{ADP+Pi}]{\text{谷氨酰胺合成酶}}$ 谷氨酰胺 $\xrightarrow[\text{H}_2\text{O} \quad \text{肾脏} \quad \text{NH}_3]{\text{谷氨酰氨酶}}$ 谷氨酸

形成谷氨酰胺是机体迅速化解氨毒的一种方式,同时谷氨酰胺还起运输和贮存氨的作用。例如,大脑组织产生的氨首先形成谷氨酰胺以解氨毒,然后谷氨酰胺随血液运到其他组织中进一步代谢。可以运到肝脏释放氨用以合成尿素,也可以运到肾将氨释放出来而直接随尿排出。已知肾小管上皮细胞有谷氨酰胺酶,它能催化谷氨酰胺水解释放出氨,氨被分泌到肾小管腔内和 H^+ 结合成 NH_4^+,以铵盐的形式随尿排出,使体内酸不致积聚,故还具有调节酸碱平衡的作用。

(4)合成必需氨基酸及其他含氮化合物:当机体需要合成氨基酸时,可利用贮存于谷氨酰胺中的氨或少量游离氨,通过联合脱氨基作用的逆过程合成一些氨基酸。氨也可以合成其他含氮化合物,如嘌呤类和嘧啶类化合物。

(四)α-酮酸的去路

1. 氨基化生成非必需氨基酸 α-酮酸的氨基化主要是通过脱氨基作用的逆行过程而进行的,生成的氨基酸也只限于非必需氨基酸。

2. 转变为糖和脂肪   在动物体内,α-酮酸可以转变为糖和脂肪,据此把氨基酸分为三类。一类为生糖氨基酸,包括甘氨酸、缬氨酸、丙氨酸、天冬氨酸、丝氨酸、谷氨酸、苏氨酸、精氨酸、半胱氨酸、组氨酸、脯氨酸、甲硫氨酸、天冬酰胺和谷氨酰胺;另一类为生糖兼生酮氨基酸,包括异亮氨酸、苯丙氨酸、酪氨酸和色氨酸;第三类为生酮氨基酸,只有亮氨酸和赖氨酸两种。

在动物体,糖可以转化为脂肪;酮体只能转变为乙酰 CoA,进而生成脂酰 CoA,参与脂肪的合成,但不能转变为糖。可见无论是生糖氨基酸,还是生酮氨基酸,都可以转变成脂肪。

3. 氧化生成二氧化碳和水   氨基酸脱氨基后产生 α-酮酸,都可以转变为糖代谢的中间产物。其中有的转变为丙酮酸,有的转变为乙酰 CoA,也有的转变为三羧酸循环的中间产物,最终都能通过三羧酸循环彻底氧化成二氧化碳和水,并产生能量。

(五)氨基酸的脱羧基作用

动物体内氨基酸的脱羧基作用远不如脱氨基作用普遍,只有少数氨基酸通过脱羧基作用进行代谢。催化氨基酸脱羧基的酶称为氨基酸脱羧酶,动物的肝、肾、脑等组织都有这类酶。此类酶的辅酶都是磷酸吡哆醛。

$$\underset{\text{氨基酸}}{R-\underset{\underset{NH_2}{|}}{CH}-COOH} \xrightarrow[\text{磷酸吡哆醛}]{\text{氨基酸脱羧酶}} \underset{\text{胺}}{R-CH_2-NH_2} +CO_2$$

氨基酸脱羧基后形成的胺对动物体具有特殊的生理作用。例如,组氨酸脱羧产生的组胺具有扩张血管、降低血压及刺激胃液分泌的作用;谷氨酸脱羧生成的 γ-氨基丁酸可抑制脑组织兴奋。但是,体内胺积蓄过多,会引起神经系统及心血管系统的功能紊乱。机体广泛地存在有胺氧化酶,可以使胺相继氧化成醛和氨,醛再进一步氧化成酸,最后彻底分解成二氧化碳和水。

三、某些个别氨基酸的代谢

氨基酸除上述的一般代谢途径外,几乎每种氨基酸都有自己的代谢特点,而且某些氨基酸的中间产物还具有特殊的生理作用。下面简要介绍几种比较重要的氨基酸的代谢。

1. 一碳基团的代谢　一碳基团是指某些氨基酸在分解代谢中产生的含有一个碳原子的有机基团,即亚氨甲基(—CH=NH)、甲酰基(—CHO)、羟甲基(—CH$_2$OH)、甲烯基(—CH$_2$—)和甲基(—CH$_3$)等。凡是属于一个碳原子的转移或代谢的过程,统称为一碳基团代谢(二氧化碳的代谢除外)。

2. 苯丙氨酸和酪氨酸代谢　在正常生理条件下,苯丙氨酸经苯丙氨酸羟化酶作用可以转变为酪氨酸。苯丙氨酸的重要代谢途径就是先转变为酪氨酸,然后循酪氨酸代谢途径进行代谢。它们在分解过程中生成乙酰乙酸和延胡索酸,所以苯丙氨酸和酪氨酸为生糖兼生酮氨基酸。

酪氨酸在代谢中,可转变成许多具有重要生理作用的化合物,如多巴胺、去甲肾上腺素、肾上腺素、甲状腺素和黑色素等。苯丙氨酸与酪氨酸的代谢见图11-18。

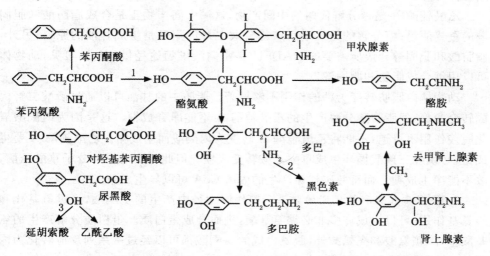

1. 苯丙酮酸尿症代谢缺陷处　2. 白化病代谢缺陷处　3. 尿黑酸症代谢缺陷处

图 11-18　苯丙氨酸与酪氨酸代谢

由于先天性的酶缺陷,可发生苯丙氨酸和酪氨酸的代谢缺陷病。例如,人类的苯丙酮酸尿症是由于苯丙氨酸羟化酶的缺陷;白化病是由于酪氨酸酶的缺陷;尿黑酸症是由于尿黑酸酶的缺陷等。

3. 色氨酸代谢　色氨酸在体内有多种代谢途径,其中通过脱羧形成 5-羟色氨,它是一种神经递质;还能合成少量的尼克酸。

4. 肌酸代谢　肌酸是由甘氨酸、精氨酸及甲硫氨酸合成的一种生物活性物质,主要存在于肌肉中,特别是骨骼肌中。它在肌肉中大部分以含高能磷酸键的磷酸肌酸形式存在,是肌肉收缩的一种能量贮备。当肌肉收缩时消耗 ATP,磷酸肌酸可及时将磷酸基转给 ADP,再生成 ATP。肌酸可以脱水生成肌酐,而肌酐则不能变回肌酸。另外,磷酸肌酸也能自行分解,失去磷酸而生成肌酐,肌酐随尿排出体外。

四、糖、脂类和蛋白质的代谢关系

动物机体的新陈代谢是一个完整而统一的过程,各种物质的代谢过程是密切联系和相互影响的。现将糖、脂类和蛋白质的代谢关系概述如下。

1. 糖代谢和脂类代谢的联系　动物体内糖转化为脂类的作用很普遍。例如,动物育肥时,饲料中的成分是以淀粉等多糖为主,说明动物机体能将糖转变为脂肪。

乙酰辅酶 A 是糖分解代谢的中间产物,这一中间产物正是合成脂肪酸和胆固醇的重要原料;糖分解的另一中间产物磷酸二羟丙酮又是生成甘油的原料;另外,脂肪酸和胆固醇合成所需要的 NADPH 是由磷酸戊糖途径供给的。可见,动物体可以用糖合成脂肪和胆固醇。

动物体内脂肪转变为糖的作用不够显著。脂肪中的甘油可以通过磷酸二羟丙酮转变为糖,但脂肪酸分解产生的乙酰辅酶 A 不能净合成糖。这是因为丙酮酸氧化脱羧作用不可逆,不能将乙酰辅酶 A 转变为丙酮酸而生成糖。乙酰辅酶 A 要生成糖,必须经三羧酸循环生成草酰乙酸转变成糖。但此时要消耗一分子草酰乙酸,故不能净生成糖。而奇数碳代谢产生的丙酰 CoA 可以异生成糖。

2. 蛋白质代谢和糖代谢的联系　糖代谢途径中产生的 α-酮酸,经过氨基化和转氨基作用,可以生成许多非必需氨基酸,进而合成蛋白质。蛋白质分解产生的氨基酸中,除赖氨酸和亮氨酸外,脱氨生成的 α-酮酸都可以经过一系列反应转化为丙酮酸,从而异生成糖。

3. 蛋白质与脂类代谢的联系　无论是生糖氨基酸,还是生酮氨基酸,都会生成乙酰辅酶 A,然后转变为脂肪和胆固醇。此外,某些氨基酸还是合成磷脂的原料。

脂肪中的甘油可以转变成糖,因而可同糖一样转变为各种非必需氨基酸。由脂肪酸转变成氨基酸是受限制的,因为脂肪酸分解产生的乙酰辅酶A虽然可以进入三羧酸循环产生 α-酮戊二酸,但必须由草酰乙酸参与,而草酰乙酸只能由糖和甘油生成,可以说脂肪酸只能与其他物质配合才能合成氨基酸。下面将糖、脂类和蛋白质之间的互相联系总结见图 11-19。

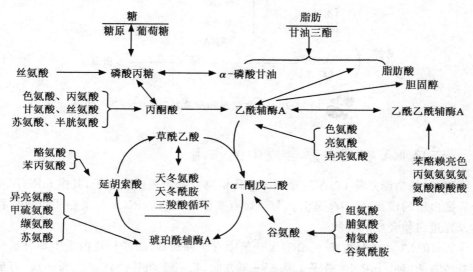

图 11-19　糖、脂、蛋白质的联系

五、蛋白质的生物合成

蛋白质是各种生命现象的物质基础,生物体内一切生命活动都离不开蛋白质。根据现代分子生物学的研究,蛋白质的生物合成主要受基因的控制以及多种因子的作用,并按一定的规律进行。

(一)中心法则与翻译的概念

DNA 是遗传信息的载体,并可通过自我复制合成出与原有分子完全一样的子代分子,把遗传信息从亲代传递给子代,并通过蛋白质的生物合成而被表达。也就是说 DNA 指导并控制蛋白质的生物合成,其控制方式是 DNA 把贮存的遗传信息通过转录到 mRNA 分子上,mRNA 再作为蛋白质合成的模板,指导蛋白质的合成,由蛋白质表现出生命活动的特征。遗传信息从亲代 DNA 传递到子代 DNA,再由 DNA 转录到 RNA,从 RNA 再传递到蛋白质的过程,称为蛋白质生物合成的中心法则。后来又发现了以 RNA 为模板合成 DNA 的逆转录现象以及某些 RNA 的自我复制现象。因此可以将生物遗传信息的传递方向归纳见图 11-20。

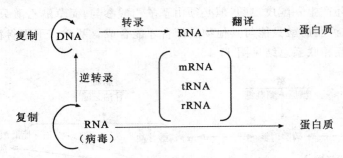

图 11-20　生物信息的传递方向

(二)RNA 在蛋白质合成中的作用

RNA 的功能是将 DNA 转录来的遗传信息翻译为蛋白质分子,其中 mRNA 是合成蛋白质的模板,tRNA 是活化与转运氨基酸的工具,rRNA 与蛋白质组成核糖体成为蛋白质合成的场所。

1. mRNA 与遗传密码　mRNA 分子中有 4 种碱基,而参与蛋白质生物合成的氨基酸有 20 种。mRNA 分子上从 $5' \rightarrow 3'$ 方向,每三个相邻的核苷酸为一组,可编码肽链上一个氨基酸,此三联核苷酸组称为一个密码子,又叫遗传密码。这样四种碱基可编出 64 个不同的遗传密码,这些遗传密码不仅可编码 20 种氨基酸,还有决定翻译过程的起始密码和终止密码(表 11-3)。遗传密码的主要有以下特性:

①密码子的简并性:在 64 种密码子中除 3 个终止密码外,其余 61 个密码都可为氨基酸编码。61 个密码子对应 20 种氨基酸,表明密码是高度简并的,即一个氨基酸由不止一种密码子编码,除甲硫氨酸与色氨酸只有一个密码子外,其他 18 种氨基酸均由两个 mRNA 上的密码子编码,这种可编码同一种氨基酸的不同密码子,称为同义密码子;这种一个氨基酸具有多个密码子的现象称为密码子的简并性。同义密码子通常第一和第二个碱基是相同的,只有第三个碱基有差异,称为摆动现象。遗传密码的这种高度简并的特性,减少了由于基因的突变而带来的有害反应。

②密码的连续性:mRNA 上的密码没有间断,从一个正确的起始点连续三个一组往下解读,直至出现终止密码。

③起始密码与终止密码:在 61 个为氨基酸编码的密码子中,为甲硫氨酸编码

的密码子 AUG 同时也是起始密码子,即当 AUG 出现在 mRNA5′-端起始处时,表示蛋白质合成的起始信号,同时代表甲硫氨酸,当出现在 mRNA 中部时仅代表甲硫氨酸。另外三个终止密码是 UAA、UAG、UGA,它们不代表任何氨基酸,仅作为蛋白质合成的终止信号。

④密码的通用性:目前这套遗传密码对所有的生物都适用,包括病毒、原核和真核生物,说明生物界是起源于共同的祖先。

表 11-3　遗传密码

第一位(5-末端)	第二位				第三位(3-末端)
U	U	C	A	G	
	Phe 苯丙	Ser 丝	Thr 酪	Cys 半胱	
	Phe 苯丙	Ser 丝	Thr 酪	Cys 半胱	
	Leu 亮	Ser 丝	终止	终止	
	Leu 亮	Ser 丝	终止	Trp 色	
C	Leu 亮	Pro 脯	His 组	Arg 精	U
	Leu 亮	Pro 脯	His 组	Arg 精	C
	Leu 亮	Pro 脯	Gln 谷氨酰胺	Arg 精	A
	Leu 亮	Pro 脯	Gln 谷氨酰胺	Arg 精	G
A	Ile 异亮	Thr 苏	Asn 天冬酰胺	Ser 丝	U
	Ile 异亮	Thr 苏	Asn 天冬酰胺	Ser 丝	C
	Ile 异亮	Thr 苏	Lys 赖	Arg 精	A
	Met 甲硫	Thr 苏	Lys 赖	Arg 精	G
G	Val 缬	Ala 丙	Asp 天冬	Gly 甘	U
	Val 缬	Ala 丙	Asp 天冬	Gly 甘	C
	Val 缬	Ala 丙	Glu 谷	Gly 甘	A
	Val 缬	Ala 丙	Glu 谷	Gly 甘	G

此外,在许多生物的线粒体和原核生物中发现有密码改变的现象,如终止密码子 UGA、UAA 和 UAG 改变为编码氨基酸的密码子;编码精氨酸的密码子 AGA 和 AGG 改变为终止密码子等等。

2.tRNA 和解码系统　tRNA 是活化和转运氨基酸的工具,同时也是解读 mRNA 分子上的遗传密码的解码器。各种 tRNA 在 ATP 供能和氨基酰 tRNA 合成酶的作用下,通过氨基酸臂 3′末端 CCA-OH 与特定的氨基酸以共价键结合,将氨基酸转运至蛋白质合成场所,并与 mRNA 上的密码互补结合。解码系统实际上是由 tRNA、氨基酰合成酶、ATP 等共同构成。结合氨基酸是 tRNA 的重要功能之一,氨基酸与 tRNA 结合时需要有 ATP 提供能量,同时需要特定的氨基酰酶催化完成。tRNA 与氨基酸结合后生成氨基酰-tRNA.

每种 tRNA 的反密码环的顶端都有三个相邻的一组核苷酸,可以与 mRNA 上的密码子按照碱基配对规律互补结合,这种结合实际上是两条走向相反的 RNA 分子的结合,由于 tRNA 与 mRNA 的走向相反,此结合过程称为反密码,tRNA 反密码环的顶端的三个相邻的核苷酸称为反密码子。如果密码与反密码都是从 $5'\rightarrow3'$ 端计数,则反密码的第 3、2、1 核苷酸分别与密码的 1、2、3 核苷酸的碱基相结合,其中反密码的第一核苷酸和密码的第三核苷酸结合时,并不严格遵循碱基配对规律,即除 A—U、G—C 配对外,还有 U—G、I—U、I—C 或 I—A 配对(1 为次黄嘌呤),这种不严格的碱基配对,称为不稳定配对或摆动配对。这样,携带同一种氨基酸的同一类 tRNA 就可结合在几种同义密码上,以保证解读的最大准确性。

3.rRNA 和蛋白质合成场所   rRNA 与蛋白质构成的核糖体是蛋白质合成的场所。

核糖体是由大小两个亚基组成,在蛋白质合成时,小亚基可与 mRNA 结合。然后大亚基再与小亚基结合,大亚基上有两个位点,一个叫 P 位点,供肽酰基占据,另一个叫 A 位点,是供氨酰基占据的位点。当 mRNA 结合在核糖体上时,P 位点与 A 位点正好与 mRNA 上两个相邻的密码相对应。转肽酶位于两个位点之间,催化肽链的形成。肽链合成终止时,核糖体即分离为大小亚基,多肽链释出。图 11-21 为大肠杆菌的核糖体。

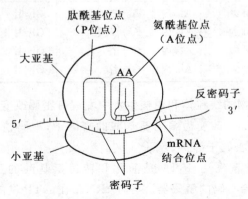

图 11-21   大肠杆菌 70 S 核糖体

（三）蛋白质生物合成过程

蛋白质生物合成过程是一系列的连续酶促反应过程。主要包括两个阶段,一是氨基酸的活化与转运,二是核糖体循环。

1. **氨基酸活化与转运**　氨基酸的活化是在氨基酰合成酶催化下,由 ATP 供能全成氨基酰-AMP-酶复合物,再将氨酰基转移到相应的 tRNA3′末端腺苷酸的核糖残基 3 位或 2 位羟基上,生成氨基酰-tRNA。活化后的氨基酸由 tRNA 携带按 mRNA 密码指导的顺序转运到核糖体上参与肽链合成。

2. **核糖体循环**　核糖体循环是指从大小亚基在 mRNA 上聚合开始肽链合成到核糖体解聚为两个亚基离开 mRNA 而结束。解聚后的两个亚基又可重新聚合开始另一条肽链的合成。在核糖体上肽链合成的过程包括合成起始、肽链延长和肽链合成终止与释放。

（1）肽链合成的起始:肽链合成的起始由大小亚基、模板 mRNA 和具有启动作用的甲硫氨酰-tRNA(原核生物是甲酰甲硫氨酰-tRNA)结合形成起始复合物,此过程需要几种因子和 GTP 参与反应(图 11-22)。

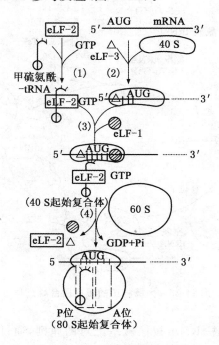

图 11-22　80 S 起始复合物的形

首先由起始因子 3(eLF-3)、mRNA 和小亚基形成一个三元复合体,同时起始因子 2(eLF-2)、起始甲硫氨酰-tRNA 和 GTP 结合成一个复合体,这两种复合体在起始因子 1(eLF-1)的作用下,形成由小亚基、mRNA 和起始甲硫氨酰-tRNA 组成的复合体即 40S 起始复合体,三种起始因子和 GTP 也结合在复合体中。最后在 GTP 酶的催化下,GTP 水解为 GDP 和磷酸,大亚基结合到小亚基上,形成 80S 的起始复合体,同时,释放出起始因子。起始复合体 mRNA 链上的两个密码,一个是起始密码 AUG 处于大亚基的 P 位点,同时与甲硫氨酰-tRNA 的反密码子互补结合,mRNA 上的第二个密码处于核糖体的 A 位点上,暂时空闲,以便接受相应的氨基酰-tRNA。

(2)肽链的延长:当起始复合体形成后,随即对 mRNA 链上的遗传信息进行连续翻译,使肽链逐渐延长。此阶段需要肽链延长因子 EF(包括 EF-Tu、EF-Ts、EF-G)与 GTP、Mg^{2+}、K^+ 等参与,经过进位、转肽、移位三个步骤完成一轮循环,使肽链延长一个氨基酸。此过程反复进行,肽链不断地延长(图 11-23)。

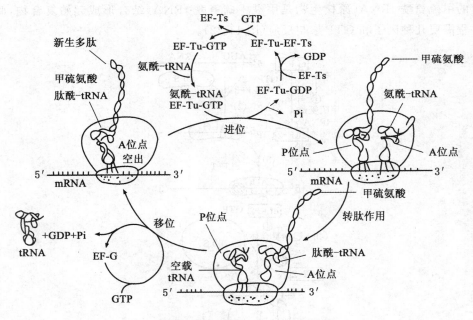

图 11-23　大肠杆菌的蛋白质合成过程

①进位:即由氨基酰-tRNA 按照碱基配对的原则,通过反密码子识别密码配对结合,进入 A 位点。此步需要延长因子 EF-Tu 和 GTP 参加反应。

②转肽：在转肽酶的作用下，P 位点上的肽酰-tRNA（第一次转肽为甲硫氨酰-tRNA）中肽酰基转移并通过活化的羧基与 A 位上的氨基酰-tRNA 中的氨基结合形成肽键，使 A 位上生成了多一个氨基酸残基的肽酰-tRNA，然后 P 位上的 tRNA 从核糖体上脱落下来。此过程需要 Mg^{2+} 和 K^+ 参与。

③移位：核糖体沿由 $5'\rightarrow3'$ 端移动一个密码子位置，此步需要延长因子 EF-G、GTP 和 Mg^{2+} 的参与。移位后，原 A 位上的肽酰-tRNA 占据 P 位，新进入的密码为 A 位而空置，使另一个相应的氨基酰-tRNA 进位。

通过以上三步反应，新生肽链可延长一个氨基酸单位，如此反复进行，核糖体沿 mRNA 链由 $5'\rightarrow3'$ 移动，肽链由氨基端向羧基端不断地延长。从氨基酸的活化到新生肽链增加一个氨基酸单位，共消耗四个高能磷酸键。

（3）肽链合成终止与释放：当核糖体移动到 A 位点出现终止密码时，就没有氨基酰-tRNA 再进入 A 位点，肽链延长停止。此时只有终止因子（RF）能识别终止密码并结合到 A 位上。终止因子与核糖体结合后，使转肽酶作用发生改变，不再起转肽作用，而起水解酶的作用，使 P 位上的新生肽链水解出来。同时在核糖体释放因子（RR）的作用下，使 tRNA 也从 P 位上脱落下来，核糖体解聚为大小两个亚基并与 mRNA 分离，至此多肽链的合成结束。解聚后的核糖体大小亚基又可重新进入核糖体循环。

在生物细胞内蛋白质的合成，常常是多个核糖体结合在同一 mRNA 分子上，同时进行肽链的合成。这样一来多个核糖体都可以同时聚合在同一条 mRNA 模板上，按照不同的进度各自合成一条多肽链，这叫做多聚核糖体。在真核生物中一条 mRNA 链上往往同时可结合数个到数十个核糖体。

3. 蛋白质的加工修饰　从 mRNA 翻译得到的蛋白质多数是没有生物活性的初级产物，只有经过加工修饰后才能成为有活性的终产物即成熟蛋白质。其加工修饰方式有以下几种：

（1）蛋白质的折叠。

（2）N-端修饰。

（3）多肽链的水解切除。

（4）氨基酸侧链修饰。

（5）糖基化修饰。

课后练习

一、填空题

1. 蛋白质的含氮量较为恒定，约为＿＿＿＿＿＿＿＿，所以 1 克氮所代表的蛋白质克数为_____。

　　2. 位于糖酵解、糖异生、磷酸戊糖途径、糖原合成和糖原分解各条代谢途径交汇点上的化合物是_____。

　　3. 人类的苯丙酮酸尿症是由于_____酶的缺陷；白化病是由于_____酶的缺陷；尿黑酸症是由于_____酶的缺陷等。

二、思考题

　　1. 生物的遗传信息是如何传递的？

　　2. 动物体在不同生理条件下如何利用葡萄糖？

　　3. 论述糖、脂类、蛋白质代谢之间的关系？

任务十二　家禽解剖结构、活动观察识别

- 了解家禽骨骼、肌肉、皮肤及皮肤衍生物的形态、结构。
- 了解家禽消化、呼吸、泌尿、生殖、神经与内分泌、免疫系统的组成。
- 掌握家禽消化、呼吸、泌尿、生殖、神经与内分泌、免疫系统各主要器官的形态、位置和结构特征。
- 能在活体或标本上,识别出家禽主要体表部位名称;重要的骨性标志和肌性标志;主要的皮肤衍生物。
- 掌握家禽的解剖方法和解剖程序,能够熟练、正确解剖家禽。
- 能够识别家禽主要器官的形态、位置和构造。

学习方法

相关内容学习结合实践操作。

(一)材料及用具

活鸡(或鸭、鹅),公/母各一只,解剖盘、手术剪,手术刀、镊子等解剖器械。

(二)方法与步骤

1. 家禽体表特征的识别

(1)观察鸡的头部、颈部、嗉囊、胸背部、腰腹部、泄殖孔、裸区等主要体表部位。

(2)识别鸡的前肢(翼部)、后肢(腿部)各骨和关节,胸骨、尾踪骨、胸大肌、翼下尺静脉等主要器官的所在部位。识别耻骨间距、趾骨间距。

(3)识别鸡的皮肤衍生物。各种羽毛、喙、尾脂腺、冠、肉髯、耳叶、鳞爪、距、趾等。

2. 家禽的解剖与组织器官的识别

(1)将家禽致死,用水(或药液)将羽毛浸湿,仰卧于解剖台上。致死方法有以下几种:

①颈动脉、颈静脉放血。

②将头部和第一颈椎分离。

③以剪刀后部当镊子用力夹住颈部将颈椎压碎。

④将 10～25 mL 的气体注入心脏或翅膀上之静脉内。

⑤将鸡的整个头部浸入水中,使其窒息而死。

⑥用铁钉或解剖剪头部插入枕骨大孔,捣碎延髓。

(2)剪开腿腹之间皮肤,用力掰开两腿,使股骨脱臼,使禽体平稳,便于解剖。

(3)沿腹中线从泄殖腔处将皮肤提起剪开直至下颌,再将皮肤向两侧撕开,使气管、食管、胸肌、腿肌充分暴露。

①观察鸡的口腔构造,鼻后孔、喉口、咽、喙、舌等器官的形态、位置与结构等解剖学特征。

②观察鸡的胸腺形态、位置、数量、分布特征以及食管、嗉囊、气管的走向、位置与结构等解剖学特征。

③观察鸡的胸肌、龙骨、胸骨滑液囊的形态、位置等特征。

(4)于胸骨脊后端处剪开一个小口,用手术剪沿胸肋和背肋之间向前剪,剪开到锁骨,剪断心脏、肝脏与胸骨相连接的结缔组织,把胸骨翻向前方(此项操作注意勿伤气囊),暴露胸腔和腹腔。观察以下内容:

①将细塑料管或细玻璃管插入喉或气管,慢慢吹气,观察颈气囊、锁骨间气囊、前胸气囊、后胸气囊等。

②观察鸡的心脏、肝脏、腺胃、肌胃、脾脏、胰腺、十二指肠、空肠、回肠、盲肠、直肠等器官的形态、位置与结构等解剖学特征。

③观察鸡的肺脏、支气管、鸣管等器官的形态、位置与结构等解剖学特征。

④观察鸡的肾脏、输尿管、睾丸、输精管、卵巢、输卵管、肾上腺等器官的形态、位置与结构等解剖学特征。

⑤观察鸡的胸前口处的甲状腺、甲状旁腺、鳃后腺等器官的形态、位置与结构等解剖学特征。

⑥观察鸡的泄殖腔、法氏囊等器官的形态、位置与结构等解剖学特征。

子任务一　家禽运动与被皮系统的识别

一、骨骼

禽类骨骼的主要特征是重量轻、强度大。这是由于禽类骨密质非常致密，一些骨相互愈合，形成了牢固的骨架，因而强度大。重量轻是由于气囊扩展到许多骨的内部，取代了骨髓，成为含气骨所致。但幼禽，几乎全部骨都含有骨髓。禽类骨骼在发育过程中不形成骨骺，骨的加长主要靠骨端软骨的增长和骨化。雌禽的某些骨内，在产蛋前形成类似松质骨的髓质骨，随着蛋壳形成的周期而增生或吸收，可贮存或释放钙盐。

家禽的骨骼也可以划分为头骨、躯干骨、前肢骨（又叫翼部骨骼）和后肢骨4部分（图12-1）。

1. 头部骨骼　禽类头骨也分为颅骨和面骨。颅骨在早期愈合为一体，呈圆形，内含脑和位听觉器官。面骨较轻，无齿。颌前骨是构成上喙的主要基础，左右各一。较早愈合为一骨，又称切齿骨，鸡的颌前骨为一锥形体，从其后部发出3对突。禽的上颌骨缺齿槽，也没有相当于哺乳动物上颌骨的颜面部，因此，在鼻骨和泪骨之间有一个大腔隙，称上颌骨窦，即眶下窦。下颌骨形成下喙的基础。下颌骨与颞骨之间有特殊的方骨，它通过翼骨、腭骨以及颧弓与上喙相

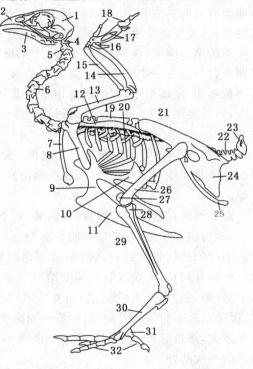

1. 颅骨　2. 颌前骨　3. 下颌骨　4. 寰椎　5. 枢椎　6. 颈椎
7. 锁骨　8. 乌喙骨　9. 胸骨（体）　10. 胸突　11. 胸骨嵴
12. 肩胛骨　13. 肱骨　14. 尺骨　15. 桡骨　16. 腕骨
17. 掌骨　18. 指骨　19. 胸椎　20. 肋骨　21. 髂骨
22. 尾椎　23. 综荐骨　24. 坐骨　25. 耻骨
26. 股骨　27. 髌骨　28. 腓骨　29. 胫骨
30. 大跖骨　31. 小跖骨　32. 趾骨

图 12-1　鸡全身骨骼

连。当开张或闭合口腔时,可同时升、降上喙,以使口腔开张更大。

2. **躯干骨** 躯干骨包括椎骨、肋骨和胸骨。

椎骨分为颈椎、胸椎、腰荐椎和尾椎。

禽的颈椎呈 S 形弯曲,数目较多,鸡有 13～14 个、鸽有 12 个、鸭有 14～15 个、鹅有 17～18 个。颈部运动灵活,伸展自如,利于啄食、警戒和用喙梳理羽毛。寰椎小,与枕髁形成多轴关节。

鸡、鸽有 7 个胸椎,鸭、鹅有 9 个。第 1 和第 6 胸椎游离,鸡、鸽的第 2～5 胸椎愈合成一整体,第 7 胸椎与综荐骨愈合;鸭、鹅则是 2～3 个胸椎与综荐骨愈合。椎体侧面有与肋头成关节的小凹,横突呈板状,其游离缘有与肋结节成关节的小凹;棘突发达,成年鸡几乎愈合成一完整的垂直板。

鸡的第 7 胸椎(鸭、鹅最后 2～3 个胸椎)及全部腰椎、荐椎和第 1 尾椎在发育早期愈合而成为一块综荐骨。综荐骨共有 14～15 个椎骨。鸡的综荐骨呈中部较宽的棱形体,尾端最小,腹侧面有相当于横突的横嵴,嵴间是椎间扎;腹侧面正中有浅沟,向后逐渐消失,是主动脉的通道。综荐骨两侧与髂骨紧密相连接而形成不动关节。

鸡、鸽有 5～6 个,鸭、鹅有 7 个尾椎。第 1 尾椎与综荐骨愈合,2～5 尾椎游离;最后一块是三棱形的尾综骨,是胚胎期由几个尾椎愈合而成的,为尾羽和尾脂腺的支架。

禽类肋的对数与胸椎数目一致,鸡、鸽有 7 对,鸭、鹅有 9 对。第 1～2 对肋为浮肋,不与胸骨相接,其余每一肋分为背侧的椎肋骨和腹侧的胸肋骨,后者相当于哺乳动物的肋软骨。二者之间形成一定的角度,前部为钝角,向后逐渐减小成锐角。椎肋骨较长,上端以肋头和肋结节与相应的胸椎形成关节。除最前一对和最后 2 对(鸡、鸽)或 3 对(鸭、鹅)肋骨外,每对肋体中部均发出一支斜向后上方的钩突,覆盖在后一肋骨的外侧面,起着加固胸廓侧壁的作用。胸肋骨的长度由前向后逐渐增大,除最后 1～2 对外,下端与胸骨形成活动关节,最后 1～2 对胸肋骨则连接在前一胸肋骨上。

禽类的胸骨非常发达,为背侧面略凹的骨板,构成胸底壁和腹底壁的支架,是由胸骨体和几个突起组成的。腹侧正中有纵行的胸骨嵴,又称龙骨,飞翔能力强的鸟类特别发达,供强大的胸肌附着。

3. **前肢骨** 家禽前肢的肩带骨包括乌喙骨、锁骨和肩胛骨。前肢游离部形成翼,由肱骨、前臂骨和前脚骨组成。

乌喙骨呈长柱状,位于胸腔前口两侧,下端与胸骨的肋突成关节。上端与肩胛骨相连接,共同形成关节窝。乌喙骨的后下部有一气孔通锁骨间气囊。

左右两锁骨的下端呈"V"字形,又称叉骨。鸡的锁骨呈棒状,下端愈合处形成一扁平突起;鸭、鹅的左右锁骨合并成"U"字形;鹅的叉骨为含气骨。锁骨上端与乌喙骨肩胛骨紧密相连。

肩胛骨狭长而扁,位于胸廓背侧壁,紧贴椎肋骨,几乎与脊柱平行。肩胛骨前端与乌喙骨相连接,形成关节盂,与肱骨头成关节。

游离部骨由肱骨、前臂骨(桡骨、尺骨)和前脚骨组成。平时折曲成"Z"字形,紧贴胸部。家禽的肱骨近端有一气孔,通锁骨间气囊,故为含气骨。尺骨比较发达。前脚部的腕骨只有两块。掌骨有第2、第3、第4掌骨3块。第3、第4掌骨较大,两端愈合。指有第2、第3、第4各指,第2、第3指有两个指节,第4指仅有1个指节。鸭、鹅第3指有3个指节骨,第4指有2个指节骨。

4. 后肢骨　家禽后肢骨比较发达,盆带骨包括髂骨、坐骨和耻骨,游离部骨由股骨、膝盖骨、小腿骨和后脚骨组成。

髂骨、坐骨和耻骨,三骨结合而成髋骨。与哺乳动物比较,禽类髋骨有两大特征:为适应后肢的支持作用,盆带与综荐骨形成牢固的连接;为适应产蛋,两髋骨在骨盆腹侧相距较远,而使禽类具有开放性的骨盆。

髂骨较长,外面以一嵴分为前后两部:前部凹,为臀肌附着面;后部形成一个较大的窝。内侧缘与综荐骨形成骨性结合和韧带连接,内面为凹的肾面,容纳肾。

耻骨前端形成耻骨突,鸡较明显。后端形成耻骨尖,突出于坐骨之后,可在肛门下方两侧触摸到。雄禽的两耻骨尖相距很近,雌禽则相距较宽,在产蛋期尤为明显。

骨盆是由左右髋骨、最后胸椎、综荐骨和第1尾根愈合而成。顶壁是胸椎、综荐骨和髂骨的大部分;侧壁由部分髂骨、坐骨和耻骨围成;腹侧开放。

股骨是游离部的第一段,为管状长骨,但短于小腿骨,特别是鸭、鹅的股骨。股骨上端的内侧有股骨头,外侧为大转子。股骨下端的前面为股骨滑车,与膝骨成关节,向后延续为股骨髁,与小腿骨成关节。

膝骨为三角形的小骨,上下压扁,与股骨滑车成关节。

小腿骨是游离部的第二段,分胫骨和腓骨。胫骨发达,在鸡、鸽比股骨长1/3～1/2,在鸭、鹅则几乎为股骨的2倍。胫骨的近端有内外两个关节面,与股骨髁成关节,并能作一定范围的转动。骨体的上部呈三棱形,胫骨嵴明显,股骨的远端已与近列两个跗骨愈合,故称胫跗骨。腓骨退化,位于胫骨外侧缘。

后脚骨是游离部的第三段,包括跗跖骨和趾骨。跗骨在鸟类已不独立存在。近列跗骨与胫骨愈合,其他跗骨与跖骨愈合。因此跖骨又称跗跖骨。禽的跗关节实际上相当于跗间关节。

跖骨发达,有大跖骨和小跖骨。大跖骨是由第 2、3、4 跖骨愈合而成。公鸡跖骨上有发达的距突。

趾骨有四趾,相当于第 1、2、3、4 趾。第 1 趾向后向内,仅有支撑大跖骨的作用;其余三趾向前,主要起支持和运动作用。第 3 趾最发达,当禽体栖息于栖架时,则以四趾攀握。

二、骨连接

1. **前肢骨连结** 前肢与躯干之间除乌喙骨与胸骨形成关节外主要以一些肩带肌与躯干骨相连。肩胛骨与锁骨之间、锁骨与乌喙骨之间虽为关节,但几乎不能活动。锁骨与胸骨之间有胸锁韧带相连。肩关节强大,由肩胛骨、乌喙骨形成的关节盂与肱骨头构成,为双轴关节,主要作内收和外展运动。肘关节、腕关节、掌指关节和指节骨间关节主要行伸屈运动。

2. **后肢骨连结** 髂骨和综荐骨形成骨性结合和韧带连结。髋关节为髋臼和股骨头构成的多轴关节,主要作伸屈运动,不能作外展运动。膝关节包括股髌关节、股胫关节、股腓关节。股胫关节之间有半月板,在髌骨与胫骨之间有髌韧带。此外,有胫跗关节、跗趾关节和趾节骨间关节,行伸屈运动。

三、肌肉

家禽肌纤维较细,肌肉没有脂肪沉积。其全身肌肉的数量和分布及发达程度,因部位而有不同,与其身体结构以及各部位的功能活动相适应。肌纤维分白肌纤维、红肌纤维和中间型的肌纤维。白肌纤维颜色较淡,血液供应较少,肌纤维较粗,收缩作用较快但短暂。红肌纤维大多呈暗红色,血液供应丰富,肌纤维较细,收缩作用较慢但持久。鸭、鹅等水禽和善飞的禽类红肌纤维多,肉为暗红色;飞翔能力差或不能飞的禽类,肌肉以白肌纤维为主,如鸡的胸肌为淡红色甚至白色。

1. **皮肌** 薄而分布广,一类为平滑肌,终止于羽毛的羽囊,控制羽毛的活动。另一类皮肌有的终止于翼的皮肤褶(翼膜),叫翼膜肌,飞翔时起着紧张翼膜的作用。

2. **头颈部肌** 颈肌发达,分化较多,所以头颈运动灵活,头部缺少面肌,咀嚼肌较发达,另有一些作用于方骨的肌肉。

3. **躯干肌** 胸部和腰荐部因活动性很小,肌肉也不发达。尾部肌肉较丰富,因为尾羽在飞翔时起着舵的作用。胸廓肌肉作用于肋骨的两段,吸气时使其角度增大。腹肌虽与家畜一样也分为四层,但很薄弱,且在腹底壁相当大的部分全为腱膜。由于禽类膈不发达,故腹肌也参与呼吸作用。

4. 翼肌　最发达者是胸肌,其重量可占全身肌肉的一半左右。胸大肌,位于浅层,可起使翼向下扑动的作用,胸小肌和胸第三肌位于深层,起使翼上举的作用。翼部的其他肌肉主要作用于肘和腕关节,起着展翅和收翅的作用,而肘和腕两关节又由于桡骨和尺骨的长短及位置关系,其作用被肌肉联成一整体,展翼时同伸,收翼时同屈。前臂外侧有腕桡侧伸肌与指总伸肌,它们是重要的展翼肌,为了限制禽的飞翔,可作此两肌的切断手术。

5. 后肢肌　骨盆肌肉不发达,股部和小腿部的肌肉多而发达。其中耻骨较特殊,它位于股部前内侧,不大,其腱绕过膝关节的外侧面转到小腿后面,向下并入趾浅屈肌。因此,当禽栖息在架上时,由于体重使膝关节屈曲,通过耻骨肌及其腱以及趾浅屈肌,使脚趾同时也机械地屈曲起来,从而牢固地攀住栖架,所以又称它为栖肌。行走时,栖肌也有协助趾屈肌的作用。

四、皮肤

家禽皮肤较薄。皮下组织疏松。无汗腺和皮脂腺。尾部具有尾脂腺,水禽尾脂腺特别发达,分泌物被喙压出并涂布在羽毛上,起润泽作用。皮肤还形成一些固定的皮肤褶,在翼部叫翼膜,在水禽趾间形成蹼,前者用于飞翔,后者用于划水。

五、皮肤衍生物

1. 羽毛　羽毛是皮肤的衍生物,根据羽毛的形态可分为被羽、绒羽和纤羽。被羽的构造比较典型,有一根羽轴,下段叫羽根,着生在皮肤的羽囊内;上部叫羽干,羽干两旁由许多羽枝构成羽片。绒羽和纤羽不具典型结构,绒羽的羽茎细,羽枝长,主要起保温作用。纤羽细小,只在羽干顶部有少数羽枝。被羽着生在禽体的一定部位,称为羽区,其余的部位称裸区。

【知识链接】家禽羽毛保温性能好,无汗腺。炎热季节气温超过30℃就容易发生热应激反应,严重影响生长发育和生产性能,夏季应做好通风降温工作。

2. 冠、肉髯、耳垂和角质喙　冠又称肉冠,是头部背侧的皮肤衍生物,公禽特别发达。肉髯一对,是头部腹侧的皮肤衍生物。耳垂又称耳叶,是位于耳后的皮肤衍生物。角质喙是皮肤表皮形成的角质鞘,被覆上、下喙的表面,分为上喙和下喙。不同禽类喙的形状也不一样,鸡喙呈圆锥形,鸭鹅的喙长而扁。雏鸡上喙尖部背侧形成一尖突,叫破蛋齿,可用来啄破蛋壳而出壳。

3. 鳞片、距和爪　鳞片是脚部皮肤表皮角化增厚形成的,鳞片位于跖趾部,有大、中、小鳞片。距位于跖部远端内侧,包在距骨质表面。公禽的发达而长;母禽较小。爪位于趾端爪骨表面。

4. 尾脂腺　禽类的皮肤腺只有尾脂腺,位于尾综骨的背侧,能分泌油脂,可油润羽毛和皮肤。水禽尾脂腺特别发达。

子任务二　家禽消化系统结构、活动观察识别

一、口、咽

禽没有唇、颊、齿和软腭。喙是采食器官,咽与口腔没有明显分界,常合称为口咽。

咽顶壁前部正中有鼻后孔;咽底壁为喉。唾液腺很发达,虽不大,但分布很广,在口腔和咽的黏膜下几乎连续成一片,其导管直接开口于黏膜表面,主要分泌黏液,有润滑食物的作用。

二、食管与嗉囊

(一)食管

食管分颈段和胸段。颈段与气管一同偏于颈的右侧,位于皮下。鸡、鸽的食管在胸廓前口处形成嗉囊;鸭、鹅没有真正的嗉囊,在食管颈段扩大成纺锤形,以贮存食料,有括约肌与胸段为界。食管末端略变狭而与腺胃相接。食管黏膜分布有食管腺,为黏液腺。鸭食管后端的淋巴滤泡较明显,称食管扁桃体。

(二)嗉囊

嗉囊位于皮下,叉骨之前,为食管的膨大部分;鸡的偏于右侧,鸽的分为对称的两叶,嗉囊内面沿背缘形成食管嗉囊裂,又称嗉囊道。嗉囊的前、后两开口相距较近,有时食料可经此直接进入胃内。

嗉囊壁的构造与食管相似,黏膜内有丰富的黏液腺分泌黏液,使饲料润湿和软化。嗉囊内的温度、含水量以及经常保持中性至弱酸性反应(pH 6.0～7.0),不仅为唾液淀粉酶,也为植物性饲料本身所含的酶的作用提供了适宜的环境。

嗉囊内的环境条件适宜于微生物的栖居和活动。成年鸡嗉囊的微生物区系中乳酸菌占优势,能对饲料中的糖类进行初步发酵分解,产生有机酸。这些有机酸一部分可经嗉囊壁吸收,大部分随食物下行至消化道后段再被吸收。

三、胃

禽胃分两部分,前为腺胃,后为肌胃,中间为峡。

(一)腺胃

呈短纺锤形,位于腹腔左侧,在肝两叶之间的背侧图 12-2。前以贲门与食管直接相通,仅黏膜具有较明显的分界;向后以峡与肌胃相接,两者间的黏膜形成胃中间区。黏膜表面分布有乳头。前胃浅腺为黏膜浅层形成的隐窝,分泌黏液。前胃

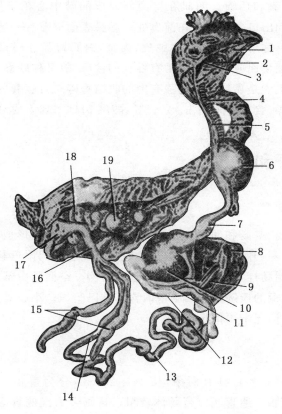

1.口腔 2.喉 3.咽 4.气管 5.食管 6.嗉囊 7.腺胃 8.肝 9.胆囊
10.肌胃 11.胰 12.十二指肠 13.空肠 14.回肠 15.盲肠
16.直肠 17.泄殖腔 18.输卵管 19.卵巢

图 12-2 鸡的消化系统

深腺肉眼可见,为复管泡状腺,集合成许多腺小叶,以集合管开口于黏膜乳头上。深腺分泌盐酸和胃蛋白酶原。

腺胃虽然分泌胃液,但因为体积小,食物停留时间短,所以胃液的消化作用并不在腺胃,而主要在肌胃内进行。

(二)肌胃

俗称为肫,为双面凸的圆盘形,壁很厚而较坚实;位于腹腔左侧,在肝后方两叶之间。其壁为平滑肌,由背、腹两块厚的侧肌和前、后两块薄肌构成厚的背侧部和腹侧部,及薄的前囊和后囊。四肌在胃两侧以厚的腱中心相连接,形成腱镜或腱面。肌胃的入口和出口(幽门)都在前囊处。黏膜表面被覆有一层厚而坚韧的类角质膜,能保护黏膜,称胃角质层,俗称肫皮、内金,由肌胃腺分泌物与脱落的上皮细胞在酸性环境下硬化而成。肌胃内常有吞食的沙砾,故又称砂囊。

肌胃的主要机能是靠胃壁肌肉强有力的收缩磨碎来自嗉囊的粗硬食物。肌胃的内容物相当干燥,含水量平均占 44.44%,酸度 pH 2~3.5,适于胃蛋白酶的消化作用。

四、肠、肝和胰

(一)小肠

分为十二指肠、空肠和回肠。十二指肠位于腹腔右侧,形成"U"字形的长袢,分为降支和升支,降、升两支的转折处达盆腔。升支在幽门附近移行为空回肠。空回肠形成 6~12 圈肠袢,以肠系膜悬挂于腹腔右侧。空回肠中部的小突起,叫卵黄囊憩室,是卵黄囊柄的遗迹。空回肠壁内含有淋巴组织。小肠黏膜表面形成绒毛,黏膜内有小肠腺,但无十二指肠腺。

(二)大肠

分为盲肠和直肠。盲肠有两条,长 14~23 cm,分为盲肠基、体和尖三部分。盲肠基较狭,以盲肠口通直肠。盲肠体较粗。盲肠尖为细的盲端。在盲肠基的壁内分布有丰富的淋巴组织,称为盲肠扁桃体,以鸡最明显。鸽的盲肠小如芽状。禽无明显的结肠,仅有一短的直肠,8~10 cm,称为结直肠,以系膜悬挂于盆腔背侧。大肠肠壁具有较短的绒毛和较少的肠腺。

（三）肝和胰

肝较大，分为左右两叶，位于腹腔前下部。成年禽肝为暗褐色，刚孵出的雏禽因吸收卵黄色素而显黄色。除鸽外，家禽右叶都有胆囊，右叶肝管先到胆囊，由胆囊发出胆囊管。左叶肝管不经过胆囊，与胆囊管共同开口与十二指肠终部。

五、泄殖腔

泄殖腔是消化、泌尿和生殖的共同通道，位于盆腔后端，略呈球形。以黏膜褶分为粪道、泄殖道和肛道三部分（图12-3）。粪道较膨大，前接直肠，黏膜上有较短的绒毛，以环形襞与泄殖道为界。泄殖道短，背侧面有一输尿管开口。在输尿管开口的外侧略后方，雄禽有1对输精管乳头，雌禽则只在左侧有一输卵管开口。泄殖道以半月形或环形的黏膜襞与肛道为界。肛道背侧在幼禽有腔上囊的开口，向后以肛门开口于体外。

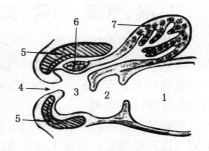

1.粪道　2.泄殖道　3.肛道　4.肛门
5.括约肌　6.肛腺　7.腔上囊

图12-3　幼禽泄殖腔正中矢面模式图

【知识链接】家禽的消化道较短，对饲料营养物质的消化吸收率低，因此鸡粪常可再利用。家禽的饲料应易于消化吸收，防止造成浪费。为帮助肌胃更好地磨碎食物，提高对饲料的消化率，应在饲料内加入适量干净的砂石，产蛋期为母鸡补饲碎贝壳，既能补充钙，也可起到类似的作用。

子任务三　家禽呼吸系统结构、活动观察识别

一、鼻腔

家禽的鼻腔较狭，鼻孔位于上喙基部。鸡鼻孔上缘盖有一个膜质鼻孔盖，内有软骨支架，鸭、鹅等水禽鼻孔四周为柔软的蜡膜。鸽的上喙基部在两孔之间也形成蜡膜。鼻中隔大部为软骨。

每侧鼻腔有三个鼻甲：前鼻甲正对鼻孔，为C形薄板；中鼻甲较大，向内卷曲；后鼻甲位于后上方，呈小泡状，有嗅神经分布（鸽无后鼻甲）。鼻后孔为一个，开口于咽顶壁前部正中，两边的黏膜褶在吞咽时因肌肉的作用而关闭。

鸭、鹅等水禽的鼻腺较发达,呈半月形,位于眼眶顶壁及鼻腔侧壁。主导管有两个:内侧主导管开口于鼻中隔腹侧;外侧主导管开口于前鼻甲腹侧。水禽鼻腺对调节机体渗透压起重要作用。鼻腺又称盐腺,对生活在海洋上的禽类更为重要。

眶下窦又称上颌窦,位于上颌外侧和眼球前下方,略呈三角形的小腔,鸡的较小,鸭、鹅的较大。外侧壁为皮肤等软组织,它以较宽的口与后鼻甲腔相通,而以狭窄的口通鼻腔。

二、喉、气管、鸣管、支气管

喉位于咽的底壁,在舌根后方,约与鼻后孔相对,喉口呈缝状,以两黏膜褶围成。喉软骨只有环状软骨和一对杓状软骨,没有会厌软骨和甲状软骨,喉腔内无声带。喉软骨上分布有扩张和闭合喉口的肌肉,喉口在吞咽过程中,可因喉肌的作用而引起反射性地关闭。

气管较长而粗,伴随食管后行,到颈后半部,一同偏至右侧,入胸腔又转到颈的腹侧。进入胸腔后在心基上方分为两个支气管,分叉处形成鸣管。

鸣管是禽类的发音器官,其支架为几个气管环和支气管环以及一块鸣骨(图12-4)。鸣骨呈楔形,位于气管叉的顶部。在鸣管的内侧壁和外侧壁上有两对弹性薄膜,叫内、外鸣膜。两鸣膜形成一对狭缝,当禽呼吸时,空气振动鸣膜而发声。

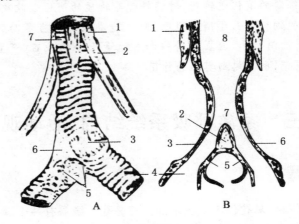

A.外面

1.胸骨喉肌 2.后气管肌 3.外鸣膜 4.支气管 5.内鸣膜 6.鸣骨 7.气管

B.纵剖面

1.胸骨喉肌 2.鸣骨 3.外鸣膜 4.支气管 5.内鸣膜 6.外鸣膜 7.鸣腔 8.气管

图 12-4 鸡的鸣管

三、肺

禽类的肺不大,略呈扁平四边形,不分叶,位于胸腔背侧,从第1或第2肋骨向后延伸到最后肋骨,背侧面有椎肋骨嵌入,形成几条肋沟。肺除腹侧面前部有一肺门外,还有些开口,与气囊相通。

支气管入肺后纵贯全肺,称为初级支气管,后端出肺而连接于腹气囊。从初级支气管分出4群次级支气管,从这些次级支气管,又分出许多三级支气管,又叫旁支气管,呈襻状。相邻的三级支气管之间还有吻合支。支气管分支不形成支气管树,而是互相连通形成管道(图12-5)。每条三级支气管壁被许多辐射状排列的肺房所穿通。肺房是不规则的球形腔,其底壁形成一些小漏斗,漏斗再分出许多直径$7 \sim 12\ \mu\mathrm{m}$的肺毛细管,相当于家畜的肺泡。肺毛细管仅有网状纤维作为支架,衬以单层扁平上皮,外面包围着丰富的毛细血管。在禽类,一条三级支气管及其相联系的气体交换区(包括肺房、漏斗和肺毛细管)构成一个肺小叶,呈六面棱柱状,包以薄的结缔组织膜。

四、气囊

气囊是禽类特有的器官,是肺的衍生物,由支气管的分支出肺后形成(图12-5)。气囊在胚胎发生时共有6对,但在孵出前后一部分气囊合并,多数禽类只

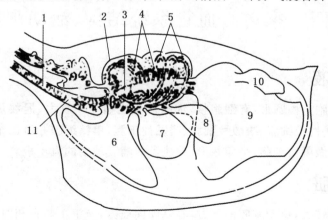

1.气管　2.肺　3.初级支气管　4.次级支气管　5.三级支气管　6.锁骨间气囊

7.前胸气囊　8.后胸气囊　9.腹气囊　10.肾憩室　11.鸣管

图 12-5　禽气囊及支气管分支模式图

有 9 个,可分前后两群。前群有 5 个气囊:1 对颈气囊,一个锁骨气囊和一对胸前气囊,2 个颈气囊在胸腔前部背侧正中互相合并,由此再发出分支沿颈椎的横突管和椎管向前延伸;锁骨气囊实际是由 2 个气囊合并而成,位于胸腔前部腹侧,并分出一些憩室到腋部和肱骨、胸骨和锁骨内。胸前气囊位于两肺的腹部。后群气囊有 4 个:1 对胸后气囊和 1 对腹气囊。前者位于肺腹侧的后部,腹气囊最大,位于腹腔内两侧,并分出憩室至综荐骨、髂骨及肾背面。前群气囊均与腹内侧支气管直接相通;胸后气囊与腹外侧支气管直接相通;腹气囊直接与初级支气管相通。此外,除颈气囊外,所有气囊还与若干三级支气管相通,称为返支气管。

气囊壁很薄,内皮为单层扁平上皮,仅在开口处为柱状纤毛上皮;外层是与浆膜相连续的单层扁平上皮。两层上皮之间为疏松结缔组织,血管较少。

气囊有多种生理功能,可减轻体重,平衡体位,加强发音气流,发散体热以调节体温,并因大的腹气囊紧靠睾丸,而使睾丸能维持较低温度,保证精子的正常生成。但最重要的还是作为贮气装置而参与肺的呼吸作用。

【知识链接】气囊扩大了呼吸面积,既有利于散热,也有利于吸收药物。家禽在发生感染时可以通过喷雾法给药,既方便又容易吸收;接种预防呼吸系统疾病的疫苗,如传染性支气管炎疫苗、传染性喉气管炎疫苗时,最好使用喷雾法。

子任务四 家禽心血管系统结构、活动观察识别

一、血液

禽类红细胞呈椭圆形,有细胞核,细胞体积比哺乳动物大,但数量少。白细胞分为五类,异嗜性粒细胞、嗜酸性细胞、嗜碱性细胞、单核细胞和淋巴细胞。参与凝血的血细胞叫做凝血细胞,呈卵圆形,功能类似哺乳动物的血小板。

二、心脏

禽的心脏较大,位于胸腔前下方,心基朝向前方,与第 1 肋骨相对;心尖夹于肝脏的左、右叶之间,与第 5 肋骨相对。也有两个心房和两个心室,其形态构造与哺乳动物的相似,其特点是右心房有一静脉窦,右房室口不是三尖瓣而是一个肌肉瓣,没有腱索。

三、血管

血管系统包括动脉和静脉。主动脉由左心室发出,分为主动脉弓和降主动脉。主动脉自起始部向前右侧斜升,然后弯向背侧,到达胸椎下缘移行为主动脉弓。主动脉弓近段在心包内弯向右肺动脉背侧,然后穿过心包和肺膈,位于右肺前端内侧。远段移行为降主动脉(约在第 4 胸椎处)。后者沿着脊柱腹侧中线后行,经过胸部和腹部,直到尾部,沿途分支分布到体壁和内脏器官。

子任务五　家禽泌尿、生殖系统结构、活动观察识别

一、泌尿系统组织器官识别

1. **肾**　禽肾比例较大,占体重的 1% 以上。位于腰荐骨两旁和髂骨的内面,前端达最后椎肋骨。肾外无脂肪囊包裹,仅垫以腹气囊的肾憩室。禽肾呈红褐色,分为前、中、后三部(图 12-6)。没有肾门,血管、神经和输尿管在不同部位直接进出肾脏。输尿管在肾内不形成肾盂或肾盏,而是分支为初级分支(鸡约 17 条)和次级分支(鸡的每一初级分支上有 5~6 条)。禽肾表面有许多深浅不一的裂和沟,较深的裂将肾分为数十个肾叶,每个肾叶又被其表面的浅沟分成数个肾小叶。肾小叶呈不规则形状,彼此间由小叶间静脉隔开。每个肾小叶也为皮质和髓质,但由于肾小叶的分布有浅有深,因此整个肾不能区分出皮质和髓质。

2. **输尿管**　输尿管是输送尿液的肌质性管道,分别从肾的中部发出,沿肾的腹面向后伸延,末端开口于泄殖道顶壁的两侧。输尿管管壁薄,常因尿液中含有尿酸盐而显白色。

二、生殖系统组织器官识别

(一)公禽

公禽生殖器包括睾丸、附睾、输精管和交配器(图 12-6)。

1. **睾丸和附睾**　左、右睾丸均呈豆形。睾丸在腹腔内对称位于脊柱两侧下方,内侧缘以短的睾丸系膜悬于腹腔顶,内侧紧挨主动脉,后腔静脉和肾上腺。充

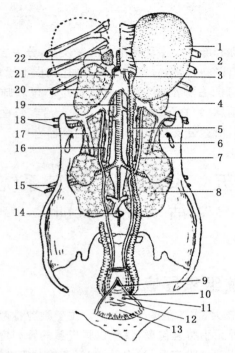

1.睾丸 2.睾丸系膜 3.附睾 4.肾的前叶 5.输精管 6.肾的中叶 7.输尿管 8.肾的后叶 9.粪道
10.输尿管口 11.射精管口 12.泄殖道 13.肛道 14.肠系膜后静脉 15.坐骨动脉及静脉
16.肾后静脉 17.肾门后静脉 18.股动脉及静脉 19.主动脉
20.髂总静脉 21.后腔静脉 22.右肾上腺
(右侧睾丸及部分输精管除去,泄殖腔剖开)

图 12-6 公鸡的泌尿器官和生殖器官

分发育的睾丸前端达肺腹面后 1/3,后端达肾前叶,其体表投影正对最后两椎骨肋的上部。睾丸的大小和重量随品种、年龄和性活动期的不同而有很大差异。

附睾小,为长纺锤形,紧贴于睾丸的背内侧缘,被睾丸系膜覆盖,主要由睾丸输出小管构成。附睾管很短,一出附睾即延续为输精管。

2.**输精管** 细长而弯曲,伴随同侧输尿管笔直向后伸延,初在输尿管内侧,肾后叶前端移至外侧,由此向后管径逐渐增大;终段与输尿管同潜入泄殖道顶壁,前部变直,后部壁内结缔组织和肌纤维增多,扩大成纺锤形的输精管容器,末端形成输精管乳头,在输尿管口内侧稍下方开口于泄殖道。在交配季节,输精管增长变粗,行程中形成无数纤曲,以贮存精子。雄禽无副性腺,精清主要由精曲小管的支

持细胞、睾丸输出小管、附睾管和输精管等的上皮细胞分泌,雄鸡一次射精量为
0.8~1 mL,含精子5万~60万个/mL。

3. 交配器　公鸡的交配器不发达。位于肛门腹侧唇以内,主要结构有:①阴
茎体包括一正中阴茎体和一对外侧阴茎体;②输精管乳头每侧一个;③淋巴褶每边
一个,位于外侧阴茎体与输精管乳头之间;④血管体每侧一个,呈纺锤形,位于泄殖
道和肛道的腹外侧壁内,在外侧阴茎体与输精管容器之间。交配射精时,血管体产
生淋巴注入淋巴褶内,一对外侧阴茎体即勃起,并与正中阴茎体形成一沟,精液从
输精管乳头经沟注入雌鸡阴道。幼雏阴茎体较大,可用以鉴别雌雄。

雄鸭和雄鹅的阴茎较发达,勃起时,从肛门突向前下方,长达5cm。阴茎平时
隐于肛道腹正中线偏左。

(二)母禽

母禽生殖器由卵巢和输卵管组成。左侧卵巢和输卵管发育正常,右侧的退化,
仅留残迹(图12-7)。

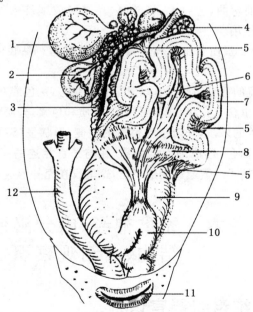

1.卵巢中的成熟卵泡　2.排卵后的卵泡膜　3.漏斗部的输卵管伞　4.左肾前叶
5.输卵管背侧韧带　6.输卵管腹侧韧带　7.蛋白分泌部　8.峡部
9.子宫及其中的卵　10.阴道　11.肛门　12.直肠

图12-7　母鸡的生殖器官

1. 卵巢　左卵巢以系膜附着于左肾前叶及肾上腺的腹侧。幼禽左卵巢为扁平椭圆形,含无数小卵泡,表面呈颗粒状。随年龄增大不断发育生长,形成一群大小不一的各级卵泡,突出于卵巢表面,以细柄与卵巢相连,使整个卵巢呈葡萄串状。成熟卵泡直径可达 5 cm。重量可达 40～60 g。排卵时,卵泡破裂,卵子排入输卵管。停产后,卵巢萎缩。

2. 输卵管　左输卵管发育完全,位于腹腔左半部。幼禽的细而较直。产蛋期的输卵管粗长而纡曲,形如肠管,长 60～70 cm。停产期的输卵管萎缩,长仅30 cm。输卵管背缘以背系膜(背侧韧带)附着于腹腔背中线偏左,自左侧第 4 椎骨肋伸延至左肾前叶。输卵管的腹系膜(腹侧韧带)向后伸延至阴道第 2 曲,游离缘厚而短,含平滑肌束。

输卵管由前向后,可分为漏斗、蛋白分泌部、峡 、子宫和阴道五部分。

漏斗部:是输卵管的起始端,位于卵巢的后方,边缘有游离的黏膜褶,叫输卵管伞,中央有一宽的输卵管腹腔口。漏斗部有摄取卵子的功能,也是卵子与精子受精的部位。

蛋白分泌部:长而弯曲,管腔大,管壁厚,黏膜形成螺旋形的纵襞;内含丰富的腺体,有分泌蛋白的作用。

峡部:短而窄,位于蛋白分泌部和子宫之间,管壁薄。黏膜内有腺体,能分泌角质蛋白,形成卵壳膜。

子宫:是峡后较宽的部分,管壁较厚,常呈扩张状态,灰色或灰红色。卵在这里停留的时间最长。黏膜里含有壳腺,能分泌钙质、角质和色素,分泌物沉积形成卵壳。

阴道部:是输卵管的末段,开口于泄殖道的左侧,形状呈"S"形,是雌禽的交配器官。阴道部的黏膜呈白色,形成细而低的褶,在与子宫相连的一段含有管状的子宫腺,叫精小窝,能贮存精子。蛋通过阴道产出,这里仅在壳外形成一层薄的角质膜。

子任务六　家禽神经、内分泌系统
结构、活动观察识别

一、神经系统组织器官识别

(一)中枢神经系统

1. 脊髓　家禽的脊髓细而长,一直延续到尾部,后端不形成马尾。颈胸部和腰荐部形成颈膨大和腰膨大，是翼和腿的低级运动中枢所在地。

2. 脑 家禽的脑较小，呈桃形，脑干部没有脑桥，大脑半球前部较窄，后部较宽，皮质层较薄，表面光滑，不形成脑沟和脑回。小脑蚓部发达。中脑顶盖形成一对发达的中脑丘，相当于家畜的中脑前丘，还有一对半环状枕，相当于家畜中脑的后丘。间脑也分为上丘脑、丘脑、下丘脑。嗅脑不发达，嗅球较小，故家禽的嗅觉不发达。

(二)外周神经系统

1. 脊神经 由脊髓发出，鸡有 40 对。臂神经丛是由颈部（或颈胸部）4～5 对脊神经形成的，分支经锁骨、第一肋骨和肩胛骨形成的三角形间隙走出。腰荐神经丛是由腰荐部的 8 对脊神经形成的，位于腰荐骨两旁和髂骨的肾窝里，在肾的内面。其中最大的坐骨神经由坐骨孔走出而到后肢的内侧，支配后肢。

2. 脑神经 有十二对，第五对三叉神经发达，第七对面神经不发达。

3. 植物性神经 交感干的颈部行于颈椎两侧的横突管内，胸部则形成一串小环包绕每一肋骨的上端。交感神经的外周部还形成一肠神经，为一神经节链；从十二指肠终部沿肠管行于系膜内，直到直肠末端。它接受来自一些交感神经丛的纤维，发出神经纤维到肠管。此外，它也接受来自迷走神经和盆神经丛的副交感纤维。属于副交感系的迷走神经很发达。

二、内分泌系统组织器官识别

1. 甲状腺 甲状腺 1 对，是椭圆形、暗红色小体。位于胸腔入口处附近，在气管两旁，邻近颈总动脉和颈静脉。大小可因家禽的品种、年龄、季节、饲料中的含碘量而发生变化，一般都呈黄豆粒大小。

2. 甲状旁腺 2 对，很小，位于甲状腺之后，常被结缔组织一起连接于甲状腺或颈总动脉外膜上。

3. 腮后腺 1 对，很小，也位于甲状腺之后，与甲状旁腺邻近，呈球形，淡红色。能分泌降钙素，参与禽体内钙的代谢。

4. 肾上腺 1 对，位于两肾前端，大多为扁平的不规则形，不大，乳白色或橙黄色。禽肾上腺的皮质和髓质较分散，因此无截然分界。

5. 脑垂体 位于丘脑下部，为扁平长卵圆形，以垂体柄与间脑相连，分为垂体前叶和垂体后叶。

子任务七　家禽免疫系统结构、活动观察识别

一、中枢免疫器官

1. 胸腺　禽的胸腺一对,位于颈部气管两侧的皮下,从颈前部沿颈静脉延伸到胸腔前口的甲状腺处。有时胸腺组织可进入甲状腺和甲状旁腺内,彼此间无结缔组织隔开。因此,完全切除家禽胸腺是困难的。每侧胸腺一般有3～8叶,鸡有7叶,鸭、鹅为5叶,呈淡黄或带红色。幼龄时体积较大,性成熟后重量开始下降,到成鸡仅保留一些痕迹。

2. 骨髓　禽类的B淋巴细胞则是淋巴干细胞从骨髓内转移到法氏囊中分化、成熟的。

3. 腔上囊　腔上囊又称法氏囊(图12-8),是禽类特有的免疫器官,位于泄殖腔背侧,开口于肛道。鸡的呈球形,鸭、鹅为椭圆形。腔上囊同胸腺一样,幼龄家禽较发达,性成熟后开始退化,随着年龄增长。体积逐渐缩小,到10月龄(鸭一年,鹅更迟)时,仅剩小的遗迹,甚至完全消失。法氏囊的主要功能是产生B淋巴细胞,参与机体的体液免疫。

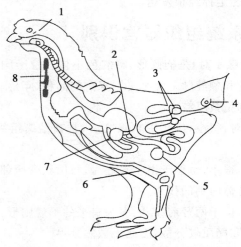

1.哈德氏腺　2.淋巴小结　3.盲肠扁桃体　4.法氏囊

5.卵黄蒂　6.骨髓　7.脾　8.胸腺

图 12-8　雏鸡免疫系统

二、周围免疫器官

1. 淋巴结　禽类与哺乳动物类似的淋巴结仅见于鸭、鹅等水禽,有两对。一对是颈胸淋巴结,位于颈基部,在颈静脉与椎静脉的夹角内,紧贴颈静脉,呈长纺锤形;另一对是腰淋巴结,为长带形,位于腰部主动脉两侧,在肾与综尾骨之间,后端达坐骨动脉。

其他禽类没有真正的淋巴结,而是以壁淋巴小结存在于所有淋巴管的壁内,或以单独的淋巴小结存在于所有的实质器官(胰、肝、肺、肾等)和它们的导管内,或以集合淋巴小结存在于消化道壁,如盲肠扁桃体。

2. 脾　位于腺胃右侧,为褐红色,鸡的脾呈球形,鸭、鹅的脾呈钝三角形,鸽为长形。外包有薄的结缔组织膜,红髓与白髓的界限不清。

3. 哈德氏腺　也称瞬膜腺,较发达,呈淡红色,位于第三眼睑(瞬膜)的深部,为复管泡状腺。腺体内含有许多淋巴组织和大量的淋巴细胞,参与机体的免疫。

【知识链接】给禽类免疫接种弱毒疫苗时,可采用滴鼻和点眼方法,在抗原刺激下眼底哈德氏腺和结膜下弥散淋巴组织产生免疫应答,分泌的特异性抗体通过泪液进入呼吸道黏膜,成为上呼吸道的抗体来源之一。

参考文献

[1] 杨志敏,蒋立科.生物化学.北京:高等教育出版社,2005.

[2] 周顺伍.动物生物化学.3版.北京:中国农业出版社,2000.

[3] 阎隆飞.生物化学.5版.北京:中国农业出版社,1982.

[4] 王金胜.基础生物化学.北京:中国农业出版社,2003.

[5] 南京农业大学.家畜生理学.3版.北京:中国农业出版社,1999.

[6] 姚泰.生理学.5版.北京:人民出版社,2001.

[7] 王玢.人体及动物生理学.北京:高等教育出版社,1998.

[8] 陈守良.动物生理学.北京:北京大学出版社,1996.

[9] 范作良.家畜解剖.北京:中国农业出版社,2001.

[10] 陈耀星.畜禽解剖学.北京:中国农业出版社,2000.

[11] 沈霞芬.家畜组织学与胚胎学.3版.北京:中国农业出版社,2002.

[12] 范作良.家畜生理.北京:中国农业出版社,2001.

[13] 陈杰.家畜生理学.北京:中国农业出版社,2001.

[14] 北京农业大学.动物生物化学.2版.北京:农业出版社,1987.

[15] 陈杰.家畜生理学.4版.北京:中国农业出版社,2003.

[16] 张周.家畜繁殖.北京:中国农业出版社,2001.

[17] 张忠诚.家畜繁殖学.北京:中国农业出版社,2005.

[18] 桑润滋.动物繁殖生物技术.北京:中国农业出版社,2002.

[19] 杨宁.家禽生产学.北京:中国农业出版社,2005.

[20] 杨宁.现代养鸡生产.北京:北京农业大学出版社,1995.

[21] 沈同,王镜岩.生物化学.北京:高等教育出版社,2000.

[22] 于自然,黄熙泰.现代生物化学.北京:化学工业出版社,2001.

[23] 刘莉.动物生物化学.北京:中国农业出版社,2001.